变化环境下黄河凌汛洪水
致灾成灾过程及演化机制

冀鸿兰　王军　牟献友　邓宇　罗红春　王娟　侯智星　著

中国水利水电出版社
www.waterpub.com.cn
·北京·

内 容 提 要

本书主要研究变化环境下黄河凌汛洪水致灾成灾过程及其演化机制，内容包含气温变化、水库运用、河道条件等环境变化影响下的河道冰情演化解译，冰凌灾害风险及损失评估模型的建立与应用；揭示了河冰宏细观结构变化的力学过程与机理；辨识并总结了极端天气下的冰塞冰坝形成演变及致灾机理；厘清了凌汛期河道冰-水-床/堤的互馈作用过程与机理。

本书可供从事河流冰情研究的人员参考。

图书在版编目（ＣＩＰ）数据

变化环境下黄河凌汛洪水致灾成灾过程及演化机制 / 冀鸿兰等著. -- 北京 : 中国水利水电出版社，2021.11
ISBN 978-7-5226-0156-4

Ⅰ. ①变… Ⅱ. ①冀… Ⅲ. ①黄河－防凌－研究 Ⅳ. ①TV875

中国版本图书馆CIP数据核字(2021)第209443号

书　　名	变化环境下黄河凌汛洪水致灾成灾过程及演化机制 BIANHUA HUANJING XIA HUANG HE LINGXUN HONGSHUI ZHIZAI CHENGZAI GUOCHENG JI YANHUA JIZHI	
作　　者	冀鸿兰　王军　牟献友　邓宇　罗红春　王娟　侯智星　著	
出版发行	中国水利水电出版社 （北京市海淀区玉渊潭南路1号D座　100038） 网址：www.waterpub.com.cn E-mail：sales@mwr.gov.cn 电话：（010）68545888（营销中心）	
经　　售	北京科水图书销售有限公司 电话：（010）68545874、63202643 全国各地新华书店和相关出版物销售网点	
排　　版	中国水利水电出版社微机排版中心	
印　　刷	清淞永业（天津）印刷有限公司	
规　　格	184mm×260mm　16开本　16印张　390千字	
版　　次	2021年11月第1版　2021年11月第1次印刷	
印　　数	0001—1200册	
定　　价	**98.00元**	

前言

我国北纬30°以上的寒区河流都面临不同程度的凌汛问题，其中又以黄河宁蒙河段的凌汛最为著名。不同于伏汛灾害，凌汛灾害具有孕灾环境复杂、致灾因子多样、突发性和链发性强、抢险防控难度大等特点，尤其以冰塞冰坝造成河道水位短时期内陡涨，导致堤防决口引发的灾害最为严重。因此，历史上也有"伏汛好抢、凌汛难防""凌汛决口、河官无罪"之说。频发的凌汛灾害，给沿黄地区人民的生产生活安全带来了严重威胁，也引起了诸多经济和社会问题，故黄河防凌一直是治河与减灾工作中的重点之一。

不同于其他河流，黄河宁蒙河段因其特殊的地理位置与气候条件，封河顺序自下而上，开河顺序则自上而下，容易引起卡冰结坝现象。短期内，在气温及河道边界等不可控的前提下，利用水库进行水量调度是目前防凌中重要的手段之一，在长期的理论与实践中，黄河宁蒙河段形成了"上控—中分—下泄"的工程防凌体系，已取得明显成效。自小浪底水库建成运用以后，黄河下游的凌汛问题基本得以解决，且冰凌现象也少有出现，但上游宁蒙河段的凌汛灾害问题依然突出，原因在于上游大中型水库距离宁蒙河段尤其是内蒙古河段很远，很难对凌情及时进行调控，而凌汛突发的特征使得水库调度难以完全匹配区域河段防凌的适时性能。此外，随着河道整治工程与涉河建筑物的兴建，加之梯级水库的投入运用，黄河宁蒙河段的水沙情势发生了巨大的改变，典型河段如巴彦高勒—三湖河口河段淤积严重，平滩流量显著降低，河道冰情复杂多变，凌汛期更容易形成险情。

随着我国经济建设的迅速发展，北方工农业生产日趋发达，水资源开发利用与工农业用水需求日益增加，黄河凌汛问题对于宁蒙河段经济发展的影响将愈加突出。在高强度的人类活动和极端气候频发的双重驱动下，黄河凌汛的不确定性进一步增加，凌灾演化过程与结果更为复杂。因此，为了满足国家"建立高效科学自然灾害防治体系"的迫切要求及保障黄河防凌安全的现实需求，需要开展气候、地理等环境变化下黄河凌汛灾害时空演变及致灾成灾机制的研究。2018 年内蒙古农业大学、黄河水利委员会黄河水利科学研究院、郑州大学与合肥工业大学组成课题组，承担了国家重点研发计划课题"变化环境下黄河凌汛洪水致灾成灾过程及演化机制研究"，进行了为期 3 年的科学系统研究。本课题聚焦黄河凌汛问题，基于历史统计资料，建立凌汛灾害信息库，多学科交叉解析黄河凌汛致灾模式及特征；提取凌汛中常见的冰塞冰坝模式，构建多因素综合下的模拟判别式，研究冰塞冰坝形成演变及致灾机理；围绕冰塞冰坝的发展解体过程，开展河冰宏细观结构变化的力学研究，阐释冰的开裂破坏过程；对于河冰解体溃决引发的凌汛洪水，掌握冰—水—沙的互馈作用过程及河床变化规律，构建冰坝壅水过程与堤防溃决的数学模型，揭示凌汛成灾过程及演化机制。从变化环境下黄河凌情的新形势出发，课题以明确黄河凌汛致灾成灾过程，阐释凌汛成灾演化机制为目标，旨在揭示变化环境对凌灾演变的复合影响机制和伴生效应，拓展黄河冰凌研究的深度与广度，推动冰科学基础理论发展。通过大量的野外观测及室内试验与综合分析研究，最终完成了课题预定的研究任务，集课题的主要研究成果，编写成本书。

本课题是国家重点研发计划项目"黄河凌汛监测与灾害防控关键技术研究与示范"中的 6 个课题之一，研究属性为机理性研究，在项目中属于基础理论层。课题组成员包括：内蒙古农业大学冀鸿兰、牟献友、李超、翟涌光、于建楠、郑永朋、罗红春、李民康、王天久、宝山童、石兆丰、刘辉、张鑫、杨震、张伟、樊宇，黄河水利科学研究院邓宇、马子普、时芳欣，郑州大学王娟、陈旭东、黄樾、李迅，合肥工业大学王军、黄铭、徐翘、曹广学、张爱勇、程铁杰、侯智星、胡昊天、苏奕垒、杨皖龙、张凯。

本书是课题组全体成员分工协作共同努力完成的成果，共分为 8 章，各章执笔人员如下：

前言和第 1 章绪论：冀鸿兰。

第 2 章变化环境下黄河凌汛灾害时空演变规律及驱动机制：张鑫、翟涌光、牟献友。

第 3 章冰凌洪水灾害风险评估与灾情损失评价：罗红春、王天久、牟献友。

第 4 章黄河冰细观结构与断裂性能研究：邓宇、王娟。

第5章 极端天气条件下黄河冰塞冰坝形成及致灾机理：侯智星、胡昊天、王军。

第6章 静水冰与动水冰原型观测分析：罗红春、刘辉、冀鸿兰。

第7章 冰封期河道冰水动力学行为特征：罗红春、李民康、冀鸿兰。

第8章 黄河什四份子河段堤岸土体特性及本构模型：杨震、李超、冀鸿兰。

全书由冀鸿兰汇总统稿，由于编者水平有限，掌握资料不够全面，难免存在不足或疏漏之处，敬请各位专家学者批评指正。

编者

2021 年 5 月

目录

第 1 章

绪 论

全球 60％的寒区河流均会受到不同程度的凌汛困扰，凌汛灾害作为黄河特有的灾害之一，其具有孕灾环境复杂、致灾因子多样、突发性和链发性强、抢险难度大等特点，尤其冰塞冰坝易造成河道水位陡涨，导致堤防决口引发的灾害最为严重。在我国，黄河是凌汛出现最频繁的河流，特别是上游的宁蒙河段，几乎每年都会出现凌汛现象。由于特殊的地理位置，宁蒙河段封河自下而上，开河自上而下，春季上游解冻开河时，河槽蓄水和上游来水及消融冰水汇流，形成明显的凌峰，引起河道冲淤变形、河岸侵蚀坍塌等，容易形成凌汛险情，诱发凌汛灾害。自 1986 年黄河上游龙羊峡水库与刘家峡水库联合调度以来，宁蒙河段的凌情出现了极大的变化，水库调节在一定程度上有效缓解了河道凌情，凌灾事件频次及严重程度得到了一定的遏制，冰坝灾害减少，但冰塞灾害增多。由于水库对水流的调蓄作用，宁蒙河段流量过程坦化，汛期水动力严重不足，大量泥沙无法被带走而淤积于河道中，河段形态发生改变，河床明显淤高，平滩流量急剧降低，冰期过流能力减小，冰凌更容易在弯道、桥架、闸门等地堆积，堵塞水流，增大槽蓄水增量，冰塞形成后更容易引发凌汛洪水。此外，受冰塞冰坝壅水影响，凌洪漫滩导致堤防长期偎水，凌洪对堤防的冲刷淘蚀与长时间浸泡，增大了堤防漫溃决风险。对于黄河凌汛的研究，目前已取得了大量卓有成效的成果，但是凌汛具有变异多样性，黄河凌汛仍有诸多悬而未决的问题，河冰方面的基础理论研究仍然需要进一步拓展与深化。

1.1　黄河凌汛

1.1.1　黄河上游凌汛

1.1.1.1　黄河沿至兰州河段

黄河沿至兰州河段为黄河上游的首端，虽气候严寒而漫长，但由于黄河穿行于青藏高原山脉之间，各河段河道比降相差悬殊，流速变化亦较大。因此，有的区间河段既有流凌又能封冻；有的区间河段仅能流凌不能封冻；还有的区间河段在自然条件下经常发生封冻，但水库修建后改变了热力水力条件，仅水库上游发生过几次冰塞，水库下游变封冻为不封冻。该河段的冰塞灾害主要发生在刘家峡至盐锅峡河段。1961 年冬，盐锅峡水库回水末端至刘家峡河段曾形成巨大的冰塞体长 35km，冰盖厚近 1m，最大冰花厚 14～15m，冰塞体积约 4000 万 m^3。巨大的冰塞造成了严重的壅水，小川站最高壅水位达

1628.860m，比起涨水位高9.25m；刘家峡导流洞出口处最高壅水位达1630.70m，比起涨水位高10.26m，此水位接近千年一遇洪水位，超过了下游围堰顶6.4m，历时70多d。冰水不仅淹没了施工工地、公路和桥梁。而且水源地和居民区的房屋也遭到了破坏。1962年、1963年、1963年、1964年该河段也产生了冰塞，其壅水高度略低于1961—1962年。

1.1.1.2 宁蒙河段

宁蒙河段地处黄河流域最北端，黄河宁蒙段河势走向大致呈 Γ 形，河段全长1237km，纬度范围为北纬37°17′～40°51′，水流自低纬度流向高纬度，11月至翌年2月，低纬度河段多年平均气温比高纬度河段高3.4 ℃，导致黄河宁蒙段自下游向上游逐渐封河，自上游向下游解冻开河，封开河相反时序变化不利于凌汛灾害防治。

据冰坝冰凌洪水灾害历史资料统计：1910年，黄河解冻开河时卡冰结坝，洪水漫溢淹死大量牲畜；1926年3月，黄河解冻开河，三盛公一带河水猛涨，高及墙顶，大片土地房屋被淹；1927年3月，黄河大堤决口，大水直冲临河市城内，冲毁房屋300多间，损失20万元；1933年，黄河解冻开河时，磴口县黄河大堤决口，淹没土地150多km；1945年春，黄河临河市河段塔儿湾卡冰结坝，造成临河城被淹；1950年3月，河套地区渡口堂处卡冰结坝，杭锦后旗被淹20km，沿河一带被淹45km；1951年开河时，河套地区渡口堂一带再次卡冰结坝，造成黄杨闸工程被水包围，附近7万多亩土地被淹，倒塌房屋567间；1952年3月，河套地区渡口堂附近形成冰坝，造成周围两个县近9万亩耕地被淹，凌峰进入包头市境内后再度结坝，造成对岸准格尔旗堤岸决口，淹地近4000亩；1963年3月，黄河伊克昭盟河段开河时多处结坝，淹没耕地2万余亩❶，倒塌房屋200余间；1993年11月，封河期间，磴口县河段黄河大堤决口，淹没面积达80km²，1.3万人被迫搬迁，直接经济损失4000万元；1996年3月黄河达拉特旗河段开河期间，造成乌兰乡、解放滩乡两处漫堤决口，淹没耕地、草场9.48万亩，冲毁房屋1165间，淹死牲畜3106头（只），直接经济损失达7000万元；2001年12月17日9时，黄河乌达桥下10km处民堤堤防溃决，乌海市发生了严重的凌情，受灾面积约50km²，损失大小牲畜近4900头（只），损坏机电井15眼，乡村公路15km，灌溉渠系80km，2所学校、3个养殖场、13个加工厂被淹，直接经济损失约1.3亿元；2003年9月5日，黄河巴盟段大河湾决口，乌前旗公庙镇和先峰乡交界处（堤防桩号245＋500km）坝体决口，口门宽度达54m。淹没乌前旗2个乡镇13个村庄的民宅、农田和学校及水利、电力、通信等重要设施，受灾面积25km²，受灾农户1724户，淹没房屋10344间，毁坏淤积各级渠沟306km、机电井86眼、组合井117眼、轻型井146眼、渠沟桥93座、口闸169座、节制闸5座、尾闸7座、人畜饮水工程7处，淹没枸杞7000多亩，直接经济损失约1.16亿元；2008年3月20日，鄂尔多斯市杭锦旗独贵塔拉奎素段堤防决口，受洪水威胁的村屯涉及群众13731人，其中独贵塔拉镇6522人，淖尔乡7290人。

自黄河上游龙羊峡与刘家峡水库联合调度，结合海勃湾与万家寨水利枢纽防凌调度运用后，开河期水库适时控制泄流，减小河道流量，使水力因素减弱，热力因素相对增强，开河形势以"文开河"为主，冰坝个数减少。同时也产生一些新问题，如冰塞发生概率和

---

❶ 1亩约666.67m²。

数目增多，冰塞发生的时间分布发生了改变，冰塞由水库运用前在封河时出现转化为水库运用后的封河和开河都出现，槽蓄水增量变大，凌灾损失严重。刘家峡水库运用前18年（1950—1967年）中，内蒙古河段发生冰塞灾害2次，概率为11%；自水库运用后至1995年28年中，有11年发生冰塞灾害，概率为39%，1986年以后冰塞灾害主要发生在内蒙古巴彦高勒附近河段。总的来说，内蒙古河段冰情由水库运用前主要在开河期易产生冰塞凌灾，转为封、开河期都易产生冰塞凌灾，尽管开河时凌汛灾害概率有所减小，但封河期冰塞灾害严重加剧。同时内蒙古河段的致灾模式也发生，冰塞时间分布由只在封河期出现转为封、开河期都容易出现。

1.1.2 黄河中游凌汛

黄河河曲至潼关河段位居黄河中游峡谷河段，河道纵比降大，水流急，多数年份不发生冰凌洪水，唯龙口至天桥河段和禹门口至潼关河段发生过一次冰凌洪水。黄河中游北干流龙口至天桥河段全长70km，历年12月初前后，首先在石窑卜弯道卡口处封河，且易产生冰塞冰凌洪水。1977年2月，位于石窑卜下游约43km处的天桥水电站建成投入运用后，对该段河道防凌形势产生了一定的影响。1982年1—2月在龙口至河曲河段，出现了历史上罕见的冰塞冰凌洪水。冰塞体达6868万m^3，冰盖厚1.1m，冰盖下最大冰花厚9.3m。最高壅水位超过历史记载的最高水位4m，高出娘娘滩地2m。受灾范围涉及左岸山西省河曲县5个乡镇的23个村庄、3个厂矿和34处机电站，有131户534人、738间房屋受灾，淹没耕地362hm²；右岸内蒙古准格尔旗1个乡镇的4个村庄，有195户807人、1198间房屋受灾，淹没耕地128hm²、厂矿2个、机井10眼、机电站26处及商店、缝纫社、工商局、学校等。在这次冰灾过程中，天桥水电厂停止发电敞泄排凌45d，少发电6750万kWh。历时两个多月的冰凌灾害，使山西、内蒙古及天桥水电厂直接经济损失700多万元（当时价），间接损失1亿元以上。近些年来，随着外部环境的改变，包括全球气候变暖以及水库调度，凌汛灾害极少发生。

1.1.3 黄河下游凌汛

黄河下游河段全长768km，两岸筑有大堤，是驰名中外的地上"悬河"。黄河下游是一个不稳定的封冻河段，凌情变化复杂，在历史上曾以决口频繁难以防治而著称。黄河下游20世纪50年代初至70年代末有水文资料记载的冰坝有9次，但其中有2次因冰坝壅水引起大堤决口（1951年1月30日晚垦利前左冰坝、1955年1月29日晚利津王庄冰坝）、2次河段严重冰塞与冰坝混合难以分辨（1969年1月19日齐河顾小庄冰坝、2月11日邹平方家冰坝），还有2次（1957年1月27日在宽浅河段形成的梁山南党冰坝及1973年1月19日利津东坝冰坝）冰坝持续时间过长，失去代表性，除此之外，尚余3次冰坝，即1956年1月29日济南老徐庄冰坝、1970年1月27日济南老徐庄（齐河王窑）冰坝、1979年1月23日博兴麻湾冰坝。黄河下游冰坝持续时间一般为2d左右，最短0.5d，最长3d。该河段两侧的黄淮海大平原，是我国重要的工农业基地，城镇密集，人口众多，公路、铁路交通发达，是沟通全国、连接内陆与海洋的经济大动脉。因此，凌汛决口必将给国民经济和人民生命财产造成重大损失。

近些年来，黄河下游凌情发生了改变。黄河下游在 1951—2017 年的 56 个冰情年度中，首凌日期基本无变化，首封日期提前，开河日期明显提前；单个凌汛期内封河、开河频次不稳定；封河长度、封河天数、最大冰量均有显著下降；封河流量、开河流量明显减小；封河气温明显上升。特别是小浪底水库运用后，下游河段冰情发生了明显变化，具体表现为：首凌日期推迟 6d，首封日期提前 1d，开河日期提前 8d；封河天数减少 7d，封河长度缩短 140km，最大冰量减小 0.27 亿 m^3；封河当日流量减小 167m^3/s；未封河年发生频率由 14.3% 增加到 31.6%，下游凌情明显减轻。

黄河下游防凌调控模式以三门峡水库（1960 年）、小浪底水库（1999 年）蓄水为时间节点，分为四个时期：1950—1959 年天然状态时期、1960—1972 年三门峡水库防凌运用时期、1973—1998 年三门峡水库全面调节时期、小浪底水库与三门峡水库联合运用时期（1999 至现在）。其中三门峡水库于 1960 年建成后，开始为下游防凌运用，对缓解下游凌灾起了重要作用。为不增加库区淤积，不影响潼关河床高程的抬高，一般情况下防凌蓄水位不超过 326.00m，相应库容为 18 亿 m^3，特殊情况经国务院批准，水位不超过 328.00m相应库容 20 亿 m^3。1973 年开始水库防凌全面调节运用后其下游的水情、冰情主要有下列变化：封河流量增大，首封河日期推迟；封河长度缩短；"文开河"年份增加，"武开河"年份减少；封冻期冰塞年份增多。而小浪底水库运用后，凭借其强大的调蓄能力，也为下游防凌创造了良好条件。水库的调节运用有效地减少了下游河道封河长度和冰层厚度，凌情又得到进一步缓解。

总的来说，随着气温持续偏高、来水偏枯、引黄水量增加等情况的发生，黄河下游凌情出现了以下新特点：小流量封河年份增多；不封河年份增多；封河日期偏晚，开河早；封冻期短，封河长度短，冰量少；小流量可能造成下游河道提前封河；封河冰盖低，易卡冰形成冰塞冰坝等。

1.2 河冰研究进展

1.2.1 河冰基础理论研究进展

我国在河冰研究领域开展了多年的工作，积累了丰富的实践经验，目前已在河流冰水力学基础理论、冰凌原型观测以及防凌破冰等方面的研究和应用上取得了突出性进展。

（1）基础理论方面。50 年来国内外河冰水力学理论已经从定性描述冰的物理现象发展到定量模拟冰的生命周期。目前主要集中在水热循环机理、流冰形成输移扩散、锚冰岸冰形成发展、封河冰塞机理、开河冰坝机理、水工建筑物冰塞过程、水冰沙互馈作用七个主要方面。

（2）模型模拟方面。受原型观测的限制，河冰研究主要以模拟为主，1984 年起，河冰研究进入了冰的形成、发展、消失全过程的数值模拟阶段，美国克拉克森大学沈洪道教授发展了河冰数值理论，涵盖 RICE、RICEN、DynaRICE、RICEY 等一系列一维、二维数值模型，成功应用于各大河流的冰情模拟之中。国内，基于冰凌生消演变机理，先后建立了部分一维、二维河冰数值模型，这些模型极大地推动了后续河冰理论研究的进程。但因一维、二维模型上难以完全体现河冰过程的复杂性且实际应用不多，加之计算模型仅与理论分析相结合，缺乏与原型试验和现场实测数据的对比，仍需开展大量的野外原型观测，以实测资料来不断完善。

（3）冰情预报方面。冰情预报主要针对流凌、封河、开河和凌汛灾害情况开展预报，关键参数包括流凌日期、水温、首封日期和位置、冰厚、开河日期、冰坝等级及冰坝洪水灾害评估等。研究方法也从最初简单的指标法、经验相关法，发展到人工神经网络、模糊数学方法等。目前冰情预报主要集中于开河和冰坝形成之前以及冰坝发生后的洪水预报，但依然缺乏对冰情与冰水力学理论耦合并应用到预报模型之中。

（4）原型观测方面。河渠冰的形成、发展、消融过程十分复杂，许多物理现象尚无法从理论上解决，需要借助于物理模型实验和原型观测手段解决。传统的冰凌观测技术依赖于人工，风险极大，且测量区域受到限制，随着新技术的发展，目前出现了诸如电磁波、声波等物理观测方法。

经过多年的努力，在河流冰情预报、河流冰塞模拟、河冰力学结构、河冰生消机理、冰凌识别算法、海冰观测分析、渠冰输水模拟、渠道冰塞防治、溃堤洪水模拟、水库冰温分布等方面取得了较大的成就，已能够比较准确地预报开河日期与开河形式，利用上游水库控制武开河的发生已取得一些经验；近些年，在长距离输水问题上也有所突破，对于冰情监测及破冰防凌方向也取得了一定进展。目前河冰基础理论研究已经呈现出多学科理论、方法、技术、手段相互结合与相互作用的发展趋势。

1.2.2 河冰遥感研究进展

遥感是至今为数不多的能以非接触方式大范围对地物进行同步观测的低成本手段，随着其影像时间和空间分辨率的逐步提高，为开展全面、快速和大规模的河冰监测及研究提供了可能。相比海冰、湖冰的遥感监测，河冰遥感监测对影像的空间分辨率要求更高。

河冰遥感按遥感方式的不同可简单分为主动河冰遥感和被动河冰遥感两大类。除了大气的吸收和散射等作用之外，河冰的遥感影像所记录的辐射信息还受到河冰表面的吸收、反射和散射等作用的影响。河冰遥感想要获得比较精准的结果，则需要仔细考虑如何消除大气和积雪的干扰。在河冰发育的不同时期，其反射特征也存在差异，表面水体的存在也会影响河冰的反射特征。通常光学卫星传感器具有较高的光谱分辨率和空间分辨率，覆盖范围广，返回周期短。在可见光波段，河冰反射率较高，在短波红外波段反射率较低，这些特征明显不同于周围地物。因此，光学影像可用于探测河冰的分布范围和面积，并可识别河冰的冻结和消融状态。雷达影像具有区分不同类型河冰的能力和探测河冰厚度的潜力，几乎不受云层的干扰。然而雷达影像自身的复杂性、相对较低的时间分辨率限制了其在大范围河冰监测中的应用。

河冰光学遥感主要是利用河冰在各个波段的反射率特征的差异进行河冰提取，早期河冰遥感监测主要依靠目视解译或人机交互判读。后来，随着中分辨率成像光谱仪 MODIS 数据的开放，因其具有较高的时间分辨率，在河冰监测研究中得到了广泛应用，通常用于调查河冰的分布范围和河冰制图，以及河冰破裂模式的时空特征。此外，Landsat 系列卫星影像因其拥有更高的空间分辨率，也常被用来监测河冰，绘制河冰的分布范围及冻结与消融状态。归一化积雪指数 NDSI 是一种常见且重要的提取冰雪的算法，该算法可有效区分冰体和开阔水域。由于不同地区河冰特征存在差异，需要根据河冰的实际情况来确定合适的 NDSI 阈值进而监测河冰。

河冰微波遥感主要为主动遥感。由于常用的被动微波数据如 SMM、SSM 和 AMSR 等数据限于空间分辨率等因素无法应用于河冰遥感监测，因此，往往选择合成孔径雷达数据 SAR；其次还有机载雷达，但目前在河冰监测方面应用较少。微波遥感影像通常用于识别河冰的分布范围与类型，反演河冰的厚度，目前关于河冰厚度的反演仍未获得可靠的结果。与光学遥感相比，其最突出的优点是几乎不受云层的干扰，并且具有区分不同类型河冰的能力。近年来，Sentinel-1 微波遥感数据以其良好的时空分辨率显示出了良好的应用前景。河冰厚度的遥感反演仍存在很大的不确定性，这是当前河冰遥感的难点，未来仍具备很大的研究潜力和空间。

1.2.3 冰情观测研究进展

冰期水文要素的测量相较非冰期具有显著的测量难度大和测量参数多的特点。通过水文站观测河流可获得站点上的水情信息，但该方式在财力、物力方面均耗费巨大。同时，对于日益增长的河流水情信息需求，迫切需要一种能够快捷、准确补充河流实测数据的方法。近年来观测技术装备发展迅速，目前已经形成了初步的冰情观测技术装备体系。

大尺度遥感遥测式冰情观测装备主要以远程卫星、低空飞行器为载体，利用图像、光线、雷达波等物理量在冰体处的变化，来获取大范围的冰盖厚度、冰塞（冰坝）位置、冰体槽蓄量、冰封率等数据。与液态水体相比，冰不论是在可见光近红外波段还是在微波波段，均具有相对明显的反射和散射特性，因此，河冰遥感提取方法相对简单，但是若要实现自动化、准确的提取，仍有一定难度。此外，对于河冰厚度、流速等的遥感研究往往需要结合多种数据和手段。随着近年来无人机技术的兴起和发展，无人机搭载探地雷达的方式在冰厚参数的获取方面带来了新的突破。虽然对于立封冰面测量效果虽不如平封冰面，但总体效果良好，能够满足防凌工作、日常科研以及生产生活等方面的认知需求。中尺度的移动式观测，包括雷达拖曳测量、移动图像识别和移动式测量等。探地雷达结合气垫船、两栖车等设备，通过雷达拖曳测量的方法相较于大尺度测量，在成本和应用门槛上大幅降低，并且能够实现冰厚和水深的联测；移动图像识别主要用于锚冰和岸滩侵蚀等的测量，但近些年由于锚冰逐渐受到学者的研究重视，因此在锚冰的观测上仍以定性判断为主，尚无深入认知，观测设备也有待完善。小尺度定点式冰情观测装备包括岸边固定式、冰体内埋设式、水内埋设式和单点式。传统设备如量冰尺、测深锤、ADCP 等接触式测量方法依然有效可靠，但是效率低下，可覆盖面较少，不能满足大范围连续测量要求。有学者利用空气、水、冰的物理特性差异，建立了电阻-温度冰情自动检测系统，实现固定式单点连续测量。此外，伴随着雷达、图像识别技术的发展，接触式也逐渐向非接触式发展，目前已有非接触式冰厚和水位一体化远程监测装置应用于黄河上，实现了无人值守连续监测的新模式。

目前，黄河冰情监测仍存在冰下凌情信息获取困难、冰情要素信息时空不连续等问题，未来，如何更加高效地结合大、中、小尺度的观测数据，实现更高精度、更加全面的

河流水情要素监测以及冰塞冰坝险情的快速识别与防治，将是该领域发展的重要方面。

1.3 本书研究目标及内容与主要研究成果

1.3.1 研究目标及内容

本书是基于课题"变化环境下黄河凌汛洪水致灾成灾过程及演化机制研究"的研究成果系统总结撰写而成，其属于国家重点研发计划项目"黄河凌汛监测与灾害防控关键技术研究与示范"的基础理论部分，课题的主要目标：基于力学分析方法、基本力学性能试验与长系列资料，分析黄河凌汛致灾模式和时空演变特征，明晰复杂变化环境对黄河凌汛灾害时空演变驱动机制；开展凌汛期不同阶段的河冰基本力学性能研究，阐释河冰的开裂破坏过程；研究极端天气条件下冰塞冰坝演变及致灾机理；研究冰－水－床/堤的互馈作用，揭示凌汛洪水致灾成灾过程及演化机制。课题的主要研究内容如下：

（1）变化环境下黄河凌汛灾害时空演变规律及驱动机制。分析新环境变化下黄河凌汛灾害演变的时空格局，确定凌灾易发河段；辨识凌灾时空演变的热力、动力与河道边界条件等主要驱动因素，探明不同凌灾模式下各驱动因素的联动作用机制；明晰凌灾"环境驱动－凌汛演化－成灾机制"的全链条响应路径，阐明变化环境对凌灾演变的复合影响机制和伴生效应。

（2）凌汛期不同阶段河冰的断裂力学特性。开展黄河河冰的细观结构试验与基本力学性能试验，掌握黄河河冰的抗压强度、抗拉强度和断裂强度等主要力学性能，分析凌汛期不同阶段黄河冰结构和力学性能的变化规律；分析河冰细观组分变化对宏观开裂的影响，提出黄河冰材料的力学性能代表体；研究河冰开裂过程宏细观多重尺度模拟方法，构建河冰的宏细观数值计算模型；揭示黄河冰的断裂破坏机理。

（3）极端天气条件下黄河冰塞冰坝形成及致灾机理。结合冰塞冰坝形成及演变机理的试验研究、数值模拟和实测资料，研究罕见低温、冷暖剧变等极端天气条件下黄河典型河段冰塞冰坝形成及演变过程；基于力学分析方法，建立考虑极端天气作用的冰塞冰坝单元力学平衡方程，提出冰塞冰坝的力学稳定性判别条件；分析冰塞冰坝形成－演变全过程中河道水位变化、冰厚分布及输冰能力的变化规律，揭示冰塞冰坝的致灾机理。

（4）冰－水－床/堤的互馈作用及凌汛灾害的演化机制。研究低温水流与冰－床双边界条件下河道水流及泥沙输移分布特征，分析冰凌作用下泥沙输移的影响因素，提出冰期水流挟沙能力及河床冲淤计算模式；建立模拟冰坝壅水过程与堤防溃决的数学模型，确定堤防溃口从形成到发展过程中冰－水－堤的相互作用关系，揭示低温环境下堤防险情形成及凌汛灾害的演化机制。

1.3.2 主要研究成果

通过时序分析与遥感技术，分析了黄河内蒙古段凌灾种类、凌汛灾害主要影响因素的时空变化；基于突变理论，分别建立了凌洪灾害风险评估和灾损评价指标体系，对巴彦淖尔市沿黄5个旗县区凌洪灾害风险及河套平原地区5个旗县的历史灾情损失进行了综合评估；开展了黄河冰的断裂性能试验，结合细观结构观测和宏观力学试验，观测了黄河冰的晶体结构，分析了不同温度、速率下黄河冰的断裂形态，明确了黄河冰断裂性能与温度、加载速率和晶体结构的关系；回顾了明流条件与冰盖条件下桥墩冲刷的研究现状，对冰盖条件下的桥墩冲刷问题包括桥墩局部冲刷过程及最大冲刷深度、局部冲刷坑体积与面积进行了室内模型试验；对水塘静水冰和黄河动水冰进行了试验研究，研究完整冬季水塘静水冰情变化及其与外部气温水力特性的响应关系，并应用数学模型进行模拟；同时，利用无人机载雷达对黄河什四份子弯道冰层进行探测，解译并分析了冰厚及冰层雷达图谱；开展了冰封期冰水情原型试验，分析了冰下水流特征及冰塞形成过程，并利用数值软件对冰水动力过程进行了模拟；最后，对堤岸岸坡原状及重塑土体进行了基本物性试验，研究了冻融循环对土体力学性质的影响规律及堤岸土体力学机理的变化规律，取得的主要研究成果如下：

（1）黄河内蒙古段河道 1988—2018 年总体向右岸侵蚀，巴彦高勒至三湖河口河道摆动范围最大，R3 区域河段由于弯道较多，河道摆动变化多端，整体呈现向左岸迁移的趋势，且摆动范围主要集中在曲率较大的 270~315km 处。河冰分布呈现"中间多两边少"的特征，巴彦高勒至三湖河口河冰面积最大，包头至头道拐最小。研究期内河冰经历稳定期（1989—1997 年）、扩张期（1998—2000 年）、收缩期（2001—2019 年），全段河冰面积在 936.27~1723.50km² 之间。各子河段中，R1 段河冰以沿流向收缩为主，2015 年后海勃湾水库坝址下游 20km 内不再封冻。R2 段 2001 年前左右两岸大体呈现对称变化，2001 年起左岸边缘区（0~0.5km、0.5~1km）年平均收缩率为 2.17km²/a、2.48km²/a，右岸为 1.14km²/a、0.88km²/a，左岸河冰收缩而右岸大体保持不变。R3 段河冰分布呈现向两岸扩张再收缩的变化特征，2016 年前漫滩现象严重，2016 年起两岸同时向主槽收缩，漫滩现象大为缓解。R4 段 2016 年前河段首部漫滩现象严重，尾部以主槽封冻为主，其余河段局部漫滩，2016 年起以全段主槽封冻为主。

（2）巴彦淖尔市沿黄 5 个旗县区凌洪灾害风险评估结果，突变隶属函数度值由大到小排序为：磴口县（0.956）属极高风险地区；杭锦后旗（0.923）、临河区（0.907）属高风险地区；乌拉特前旗（0.899）、五原县（0.885）属中等风险地区。各风险区风险等级随黄河过境顺序大体呈现逐级递减的趋势；突变评价结果与当地历史险情统计情况对比后基本吻合。各风险区典型灾害案例灾情损失综合评价结果，从大到小排序为：2008 年杭锦旗（0.973）属于特重灾、1993 年磴口县（0.954）属于特重灾、1996 年达拉特旗（0.837）属于重灾、1999 年托克托、清水河、准格尔三旗县（0.805）属于重灾、1993 年乌拉特前旗（0.739）属于中灾；评价结果与实际灾情损失情况基本吻合。河道淤积和气温升高是黄河巴彦淖尔市段凌洪灾害风险整体偏高的主要原因；泥沙淤积使河床抬升，平滩流量大幅降低，同流量水位持续走高，加之凌汛期气温逐年升高，融冰速率加快，对槽蓄水缓慢释放极为不利，进一步加剧了该河段漫堤漫滩的风险。

（3）黄河冰晶体分层结构可以分成四类，分别是柱状冰结构、粒状冰结构、柱状冰和粒状冰交替变化结构以及上层粒状冰下层柱状冰的结构。黄河冰晶粒的等效直径在 0.05~46.40mm 之间。在水平方向，3~6mm 等效直径的晶粒在总晶粒中的占比最高，并且晶粒直径越大，对应的晶粒占比越低。在垂直方向，随着深度的增加，大尺寸晶粒的数量占比增加，晶粒等效直径平均值从 3.51mm 升高到 11.52mm，这种升高趋势在柱状冰层表现得更加明显。黄河冰的断裂模式：在加载过程中，黄河冰试样的张开位移明显高于滑开位移，两者的比值在 0.13～0.16 之间，可以将 I 型断裂作为河冰断裂性能研究的重点。试样的断裂模式与晶体结构密切相关，粒状冰试样的裂纹清晰平滑，裂纹大多沿着预制裂缝尖端向上发展；柱状冰试样裂纹走向曲折，部分试样的裂纹从预制裂缝侧面向上发展。黄河冰断裂韧度的取值范围和变化规律：断裂韧度的范围为 35～133kPam$^{1/2}$，在 -10～-2℃的温度范围，黄河冰断裂韧度随着温度的升高而降低，但变化的幅度不大；在 4.46×10^{-6}/s～8.93×10^{-4}/s 的速率范围，断裂韧度随加载速率的增加呈降低趋势，并且这个趋势在加载速率大于 4.46×10^{-4}/s 时表现得更加明显；在相同的温度和速率条件下，柱状冰试样的断裂韧度为粒状冰试样的 1.25～1.46 倍。

（4）冰盖条件下，冲刷开始时，桥墩局部冲刷坑的范围和深度发展较明流条件下要快；随时间推移，冲刷范围和深度逐渐变大，局部冲刷速率逐渐下降，随流速、水深、墩径的增大，冲刷达到平衡的时间随之增长；冰盖下的水流最大流速点位置向河床偏移，桥墩局部冲刷深度大于相应明流条件，且局部冲刷深度随时间的变化速率大于明流条件，试验数据范围内，平衡冲刷深度比明流条件下的约大 12%，平衡冲刷所需时间比明流条件下的要大约 10%；和明流条件相比，冰盖条件下因接近床面近底流速增大，使得墩前床沙起冲流速减小，水流的相对冲刷能力增强，局部冲刷较明流条件有所增强，桥墩附近局部最大冲刷深度比明流条件的多出 20%～30%，表征冲刷坑范围的冲刷坑面积和冲刷坑体积可超出明流条件的 40%～50%，与冲刷深度相比，冲刷坑面积和冲刷坑体积有更明显的增大；明流和冰盖条件下，局部冲刷坑体积与冲刷坑面积的关系可以用幂函数的形式来表示，冲刷坑面积相同时，冰盖条件下的冲刷坑体积更大。按照试验数据分析，当弗劳德数大于 0.15 时，冰盖条件与明流条件的冲刷坑面积、体积表现出差异，此时弗劳德数越大，这种差异越明显，冰盖条件较明流条件下的冲刷坑面积与冲刷坑体积越大。

（5）静水冰盖的生消主要受气温影响，冰盖不稳定变化期和消融后期冰厚受时间段气温影响明显，日内变化较大，冰盖的稳定增长期冰厚主要受累积日均负气温影响，日内时间段气温对其影响较小。在冰盖增长期，日内不同时段的冰盖增长斜率不同，日内时段气温越高，冰盖增长斜率越低，在静水冰盖生长过程中，水体垂向上呈逆温分布，气温对水体的分层结构有所影响，表层水温受气温变化影响较大，深层受其影响相对较小，融冰期随着气温升高，水体升温呈先慢后快的趋势。冰面温度受时段气温影响明显，随气温波动同步变化。动水冰盖中（如黄河冰），利用无人机搭载探地雷达对黄河冰层进行探测的方法可行，冰厚测量效果对于立封冰面一般，在平封冰面适用度更高，总体效果较好。什四份子弯道冰厚分布不均匀，冰厚多在 50～90cm 之间；纵向冰厚沿程逐渐减小，弯顶处冰厚最小，横向冰厚凹岸侧大于凸岸侧，清沟断面冰厚一般呈小—大—小趋势，靠进水面位置冰厚最小，开河期冰厚多在 13cm 左右，凹岸侧大于凹岸侧。雷达电磁波在黄河冰层中的传播速度并不固定，在什四份子弯道冰层中传播速度多在 15～17cm/ns 之间。弯道冰层介电特性与纯冰有差异，介电常数不固定，但多在 3.2 上下浮动。

（6）分形理论不仅可以应用于明渠水流，对冰盖下水流流速垂线分布同样适用，通过分形理论可推出冰盖条件下水流流速垂线分布公式；冰盖下的水流分布，无论是冰盖区还是河床区，其流速垂线分布均具有分形现象，能用双对数分布公式表达，然而，弯道水流垂线流速在水流核心区不服从对数分布。对什四份子弯道冰封期测验发现，弯道冰下水流流速基本服从双对数分布规律，无冰塞及回流影响下，平封冰盖区域的流速分布更接近理论分布；弯顶卡冰封河及下游较大的流速条件共同促进了清沟的形成，弯顶上游，主流易位，凸岸河槽流速大于凹岸河槽流速，清沟逐渐向动力条件较强的凸岸河槽偏离且不易封冻，弯顶及下游水流已不在冰塞范围内，凹岸主槽仍具有较大的流速。冰下水流湍动能大小与流速大小在径向分布与纵向分布上具有较好的一致性，冰盖增强了近冰底附近的水流紊动，湍动能沿水深方向近似呈S形分布，在近底区变幅较大；弯道水流纵向雷诺应力大于横向雷诺应力；雷诺应力大小与流速大小在径向和纵向分布上具有较好的一致性；垂线上，雷诺应力尚无统一的规律可循，但在近底处存在较大的动量交换，雷诺应力变幅较大。

（7）在弯道河冰运动模拟中，过弯道时，流凌前缘沿水流主轴线不断向前发展，逐渐向凹岸聚集，弯道处流凌分布多呈现楔形分布。随弯曲度的增大，弯顶断面离凸岸高流速区越远，低流速集中区较为延后，冰水流沿凹岸到水流中心速度差呈增大趋势，流凌的存在增大凹岸表层水流横向环流，在一定程度上影响凸岸底部大环流的发展。弯顶断面水位冰水流比清水流高，随弯曲度的增大两者差值变小。数值模拟效果大致体现了畅流期弯道流态的变化，反映了弯道主流线变化的一般规律，但 FLOW-3D 模拟畅流期流速的误差小于 RIVER-2D，精度较高。RIVER-2D 模拟稳封期流速相对误差较大，在 3、4 断面凹岸区相对误差为 40% 左右，具有一定参考价值。

（8）冻融期堤岸土体温度变化随时间呈"先降后升、冻慢融快"的特点。冻土层土体湿度在冻结初期下降，冻结稳定期上升，融化期趋于稳定，且冻结初期和冻结稳定期土体湿度呈日周期性变化，沿深度方向，80cm 深处土体湿度最大，并沿上下逐渐减小。冻融期土体温度主要受累积负温绝对值影响，二者成显著的二次曲线关系，深度越深显著性越大。沿深度方向土体湿度的分布主要取决于土体颗粒粒径与土体密度。

（9）当堤岸粉土的含水率大于等于最优含水率时，其三轴应力-应变关系曲线整体呈应变稳定型或应变硬化型，低围压下，土样含水率越高曲线峰值后硬化现象越明显，含水率为 15% 时，堤岸粉土在不同次数冻融循环后，应力-应变关系曲线存在明显的峰值后软化现象。同一含水率下，黏土应力-应变关系曲线随冻融次数的增加而逐渐降低，其中经历 1 次冻融循环对土体应力峰值影响最大，应力-应变关系曲线降幅最大，7 次冻融循环后曲线趋于稳定。同一含水率下，黏聚力随冻融循环次数的增加而逐渐降低，在第 9 次冻融循环后开始趋于稳定，其中第一次冻融循环对粉土的黏聚力影响最大，同时，初始含水率越高的土样在多次冻融后，其黏聚力也越低。不同含水率条件下，内摩擦角随冻融循环次数的增加呈现先减小，在 7~9 次冻融后又逐渐增大并趋于稳定的波动变化，整体变化幅度小于 1°，受冻融循环作用的影响并不显著，但含水率的变化对土体内摩擦角影响较大，证明黄河堤岸粉土在冻融侵蚀的作用下，其抗剪强度的变化主要表现在冻融循环作用对黏聚力的影响，受内摩擦角影响较小。由于最优含水率及饱和含水率下粉土的应力-应变关系曲线较为稳定，可用 Kondner 双曲线函数描述其应力-应变关系特性，故选用相同归一化因子 $(\sigma_1-\sigma_3)_{3ult}/E_{i2}$ 对两种含水率下的应力-应变关系曲线进行归一，建立的归一化方程均能对两种含水率、不同冻融次数下的应力-应变曲线进行较好的预测；由于含水率为15％的情况下粉土的应力-应变关系曲线峰值后软化现象较明显，则基于南水模型在曲线表达式中加入调整系数，并结合邓肯-张模型中对切线模量$\bar{E}$的计算方式，求出所需模型参数，模型预测值与试验实测值较接近，能够较好地描述黄河堤岸粉土在不同冻融循环次数后应变软化的特征。

参 考 文 献

[1] ROKAVA P, Budhathoki S, Lindenschmidt KE. Trends in the timing and magnitude of ice-jam floods in Canada. Scientific Reports, 2018, 8 (1): 5834.

[2] 蔡琳. 中国江河冰凌 [M]. 郑州：黄河水利出版社，2008.

[3] 黄强，李群，张泽中，等. 龙刘两库联合运用对宁蒙河段冰塞影响分析 [J]. 水力发电学报，2008，27 (6): 142-147.

[4] 许炯心. 黄河上游内蒙古河段平滩流量对人类活动和气候变化的响应 [J]. 地理科学，2016，36 (6): 837-845.

[5] 姚惠明，秦福兴，沈国昌，等. 黄河宁蒙河段凌情特性研究 [J]. 水科学进展，2007 (6): 893-899.

[6] 张防修，席广永，张晓丽，等. 凌汛期槽蓄水增量过程模拟 [J]. 水科学进展，2015，26 (2): 201-211.

[7] 田福昌，王艳鹏. 黄河宁蒙段凌汛洪水风险分类及其分布特征 [J]. 人民黄河，2021，37 (3): 36-39.

[8] SHEN H T, SU J S, LIU L W. SPH Simulation of River Ice Dynamics [J]. Journal of Computational Physics, 2000, 165 (2): 752-770.

[9] 杨开林，刘之平，李桂芬，等. 河道冰塞的模拟 [J]. 水利水电技术，2002 (10): 40-47.

[10] 茅泽育，吴剑疆，张磊，等. 天然河道冰塞演变发展的数值模拟 [J]. 水科学进展，2003 (6): 700-705.

[11] 杨开林. 河渠冰水力学、冰情观测与预报研究进展 [J]. 水利学报，2018，49 (1): 81-91.

[12] 郜国明，邓宇，田治宗，等. 黄河冰凌近期研究简述与展望 [J]. 人民黄河，2019，41 (10): 77-81，108.

[13] 郭新蕾，王涛，付辉，等. 河渠冰水力学研究进展和趋势 [J]. 力学学报，2021，53 (3): 655-671.

[14] 陈守煜，冀鸿兰. 冰凌预报模糊优选神经网络BP方法 [J]. 水利学报，2004 (6): 114-118.

[15] 王涛，刘之平，郭新蕾，等. 基于神经网络理论的开河期冰坝预报研究 [J]. 水利学报，2017，48 (11): 1355-1362.

[16] 王军，陈胖胖，江涛，等. 冰盖下冰塞堆积的数值模拟 [J]. 水利学报，2009，40 (3): 348-354+363.

[17] 茅泽育，许昕，王爱民，等. 基于适体坐标变换的二维河冰模型 [J]. 水科学进展，2008 (2): 214-223.

[18] 李志军，徐梓竣，王庆凯，等. 乌梁素海湖冰单轴压缩强度特征试验研究 [J]. 水利学报，2018，49 (6): 662-669.

[19] 邓宇，王娟，李志军. 河冰单轴压缩破坏过程细观数值仿真 [J]. 水利学报，2018，49 (11): 1339-1345.

[20] 练继建，赵新. 静动水冰厚生长消融全过程的辐射冰冻度-日法预测研究 [J]. 水利学报，2011，

42 (11)：1261-1267.

[21] 冀鸿兰，石慧强，牟献友，等．水塘静水冰生消原型研究与数值模拟 [J]．水利学报，2016，47 (11)：1352-1362.

[22] 张宝森，李春江，孙凯，等．基于数字图像处理技术的冰凌参数识别方法 [J]．人民黄河，2021，43 (2)：41-44+48.

[23] 季顺迎，王安良，苏洁，等．环渤海海冰弯曲强度的试验测试及特性分析 [J]．水科学进展，2011，22 (2)：266-272.

[24] 郭新蕾，杨开林，付辉，等．南水北调中线工程冬季输水冰情的数值模拟 [J]．水利学报，2011，42 (11)：1268-1276.

[25] 刘孟凯．南水北调中线工程总干渠冰期输水调控仿真研究 [J]．农业工程学报，2019，35 (16)：95-104.

[26] 付辉，杨开林，郭永鑫，等．南水北调典型倒虹吸防冰塞安全运行试验 [J]．水科学进展，2013，24 (5)：736-740.

[27] 黄国兵，杨金波，段文刚．典型长距离调水工程冬季冰凌危害调查及分析 [J]．南水北调与水利科技，2019，17 (1)：144-149.

[28] 苑希民，田福昌，王丽娜．漫溃堤洪水联算全二维水动力模型及应用 [J]．水科学进展，2015，26 (1)：83-90.

[29] 脱友才，刘志国，邓云，等．丰满水库水温的原型观测及分析 [J]．水科学进展，2014，25 (5)：731-738.

[30] 丛沛桐，王瑞兰，李翠霞．黄河封河期冰凌预警地电测试技术研究 [J]．水科学进展，2006 (6)：877-880.

[31] 秦建敏，程鹏，秦明琪．冰层厚度传感器及其检测方法 [J]．水科学进展，2008 (3)：418-421.

[32] 刘之平，付辉，郭新蕾，等．冰水情一体化双频雷达测量系统 [J]．水利学报，2017，48 (11)：1341-1347.

[33] 刘辉，冀鸿兰，牟献友，等．基于无人机载雷达技术的黄河冰厚监测试验 [J]．南水北调与水利科技 (中英文)，2020，18 (3)：217-224.

[34] 杨开林，郭新蕾，王涛，等．冰下爆破预防冰坝的理论探索及实践 [J]．水利学报，2020，51 (2)：127-139.

[35] LATIFOVIC R, POULIOT D. Analysis of climate change impacts on lake ice phenology in Canada using the historical satellite data record [J]. Remote Sensing of Environment, 2007, 106 (4)：492-507.

[36] ZHANG F, LI Z, Lindenschmidt K E. Potential of Radarsat-2 to improve ice thickness calculations in remote, poorly accessible areas：a case study on the Slave River, Canada [J]. Canadian Journal of Remote Sensing, 2019, 45 (2)：234-245.

[37] 冀鸿兰，杨光，翟涌光，等．黄河万家寨河段河冰冰厚遥感提取及年内变化特征分析 [J]．水电能源科学，2020，38 (1)：24-27.

[38] 罗红春，冀鸿兰，郜国明，等．基于分形理论的冰下水流流速垂线分布研究 [J]．水利学报，2020，51 (1)：102-111.

[39] 宋本辉，李畅游，李超，等．黄河内蒙古段冰封期泥沙输移特性与规律研究 [J]．泥沙研究，2015 (1)：36-41.

[40] SUI J Y, KARNEY B W, SUN Z C, et al. Field Investigation of Frazil Jam Evolution：A Case Study [J]. Journal of Hydraulic Engineering, 2002, 128 (8)：781-787.

[41] 郜国明，李书霞，张宝森，等．2013—2014年凌汛期黄河头道拐断面冰塞演变及河床冲淤特性 [J]．中国防汛抗旱，2019，29 (2)：20-22.

［42］ 秦毅，李子文，刘强，等．黄河内蒙河段凌汛期河床变化的特点及其带来的影响［J］．水利学报，2017，48（5）：1－11.

［43］ DEMERS S T，BUFFIN－BÉLANGER，ROY A G. Helical cell motions in a small ice－covered meander river reach［J］. River Research and Applications，2011，27（9）：1118－1125.

［44］ LOTSARI E，KASVI E，KÄMÄRI M，et al. The effects of ice－cover on flow characteristics in a subarctic meandering river［J］. Earth Surface Processes and Landforms，2017，42：1195－1212.

［45］ 赵水霞，李畅游，李超，等．黄河什四份子弯道河冰生消及冰塞形成过程分析［J］．水利学报，2017，48（3）：351－358.

［46］ 郜国明，李书霞，张宝森，等．2013—2014年凌汛期黄河头道拐断面冰塞演变及河床冲淤特性［J］．中国防汛抗旱，2019，29（2）：20－22.

［47］ 夏军强，王光谦，吴保生．游荡型河流演变及其数值模拟［M］．北京：中国水利水电出版社，2005.

［48］ PROSSER I P，HUGHES A O，Rutherfurd A I. Bank erosion of an incised upland channel by sub－aerial processes：Tasmania，Australia［J］. Earth Surface Processes and Landforms，2000，25：1085－1101.

［49］ 汪恩良，姜海强，付强，等．冻融对饱和渠基土物理力学性质的影响［J］．农业机械学报，2018，49（3）：287－294.

［50］ OSMAN A M，THORNE C R. Riverbank stability analysis Ⅰ：theory［J］. Journal of Hydraulic Engineering，ASCE，1988，114（2）：134－150.

［51］ DARBY S E，THORNE C R. Development and testing of riverbank－stability analysis［J］. Journal of Hydraulic Engineering，ASCE，1996，122（8）：443－454.

［52］ AMIRI－TOKALDANY E，DARBY S E，TOSSWELL P. Bank stability analysis for predicting reach－scale land loss and sediment yield［J］. Journal of the American Water Resources Association，2003，39（4）：897－909.

［53］ SIMON A，CURINI，DARBY S E，et al. Bank and near－bank processes in an incised channel［J］. Geomorphology，2000，35（3）：193－217.

第 2 章
变化环境下黄河凌汛灾害时空演变规律及驱动机制

　　淡水冰（例如冰川、湖冰、河冰）是冰冻圈的重要组成部分，在全球气候、地表面能量平衡、水分通量、水滨及水生生态系统健康中扮演重要角色。在人口聚居区域，其对社会、经济层面的影响同样不容小觑。河水冻结导致的冰凌灾害作为中高纬度河流易生自然灾害，严重威胁沿岸人民生命财产安全，制约沿岸可持续发展。以黄河内蒙古段为例，每年冰期可持续 4~5 个月，受河道形态、水文条件、气象条件、人类活动影响，每年凌情不尽相同，河段内冰凌灾害频发。据已公开文献记载，1993—2008 年所发生的冰凌灾害中累计受灾群众达 2.4 万人，受灾面积接近 240km²，保守估算经济损失超 11 亿元人民币。然而，相比冰冻圈其他组成部分，对于河冰的认知仍存在差距，河冰空间分布变化事关堤防的巩固安全、上游水库防凌调度以及跨河建筑物的布设等防凌减灾工作，因此，了解冰情要素及其影响因素的时空变化对于揭示变化环境下黄河凌汛灾害时空演变规律及驱动机制是十分必要的。

　　以往学者对冰情变化的研究多集中于基于水文观测的封开河时间、封冻时长、槽蓄水增量以及凌峰流量等凌情数据的变化。但是，随着气候、人类活动、河道特征、水沙特性等因素变化影响，河冰的空间分布同样会发生变化，而空间分布的变化势必会影响防凌减灾工作的对策。黄河内蒙古段封冻河段总长度大于 700km，若进行实地河冰分布观测需耗费大量人力、物力、财力、时间，且无法保证观测标准的统一性和数据的时效性。1980年以来，遥感的蓬勃发展为淡水冰研究提供了可靠的技术手段和大量的历史遥感影像。目前，基于光学遥感技术的淡水冰研究总体呈现三个方向：其一，季节性冻结冰的物候研究。例如，Kropáček J 等利用中分辨率成像光谱仪（MODIS）8 天合成数据反演青藏高原 59个湖泊 2001—2010 年间湖冰的冻融日期；姚晓军等利用 MODIS 及 Landsat TM/ETM＋遥感影像反演并分析可可西里地区湖冰物候变化，得到了湖冰冻融的空间模式为一岸扩展向另一岸；Chu T 等利用红外波段在冰和水表面的不同反射率，对 2000—2015 年间加拿大西北领地奴河的封开河时间进行了估计，精度令人满意。其二，多年冻结冰的空间变化研究。例如，在冰川监测领域上，刘娟等利用 Landsat OLI 遥感影像结合冰川编目数据，得出了冈底斯山冰川面积收缩加快及北朝向收缩最快的结论；李志杰等利用 Landsat 卫星影像，对 1993—2016 年间喀喇昆仑山什约克流域冰川空间变化进行分析，得出冰川整体萎缩且北朝向萎缩速率最快的结论；高永鹏等利用 Landsat OLI 影像对河西内流区冰川变化进行监测。其三，冰凌监测研究。Kääb A 等利用高时间、空间分辨率遥感影像分别对西伯利亚地区勒拿河、穆尔河及北美黄石河、育空河浮冰流速及冰塞进行监测，所得结果

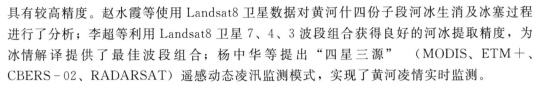

具有较高精度。赵水霞等使用 Landsat8 卫星数据对黄河什四份子段河冰生消及冰塞过程进行了分析;李超等利用 Landsat8 卫星 7、4、3 波段组合获得良好的河冰提取精度,为冰情解译提供了最佳波段组合;杨中华等提出"四星三源"(MODIS、ETM＋、CBERS‐02、RADARSAT)遥感动态凌汛监测模式,实现了黄河凌情实时监测。

综上,受上游水库调度、河道萎缩等因素影响,作为季节性冻结的河冰同样存在时空变化。因此,为补充黄河内蒙古段河冰分布资料,判定河冰偎堤高危区,预警凌汛险情,本书中的研究基于历史遥感影像,使用遥感、GIS 技术提取河冰分布信息并分析河冰时空分布及变化特征,以期为黄河内蒙古段重点堤段巡查、防凌调度、跨河建筑物布置等提供科学依据。

2.1 变化环境下黄河内蒙古段凌汛致灾模式

2.1.1 凌汛致灾模式分类

冬季的黄河内蒙古段,在气候变化、地形变化以及水力条件的共同驱动下,会产生一系列的冰凌洪水现象,甚至造成凌灾。冰凌洪水从形成条件角度来看,可分为冰塞冰凌洪水、冰坝冰凌洪水。

2.1.1.1 冰塞冰凌洪水

由于冰花、水内冰堵塞过水断面形成严重壅水而产生的洪水,称为冰塞冰凌洪水。进入凌汛阶段后,随着逐渐封河,河面会出现大量的冰花,冰花聚集到一定的数量首先会在弯道等狭窄处发生停留,在此基础上不断地堆积铺展形成了冰盖;冰塞的形成基础便是冰盖。在冰盖不断发展蔓延的过程中,遇到流速较大的情况,冰盖前端由于大的流速是无法完成继续发展的,所以必然会导致流冰下潜到冰盖下形成一定的滞积,这便出现了初始冰塞;初始冰塞会在这种不断的滞积中进行三维发展,其发展程度会受到流速、水深、冰量以及是否是主流区等因素的制约;冰塞的持续时间相对较长,当冰塞在流冰量和输冰能力达到一种平衡状态时,冰塞发展为最大,引起水位升高,如果发生了严重壅水便会导致冰塞冰凌洪水。

2.1.1.2 冰坝冰凌洪水

流冰在河道内受阻,冰块不断地挤压和堆积形成一个巨大阻水冰堆体,犹如在河道内筑起一座冰坝,严重阻塞过水断面,使上游水位迅猛上涨,这种现象称为冰坝冰凌洪水。

在河段开河期,气温的骤升突变会导致河道流量迅速增加,水位猛涨,发生武开河。上游大量冰块会由上游向下游涌入,下游的冰盖会因冲撞而破裂。这样的冰块往往质地坚硬,在一些狭窄地段极易形成冰坝,当冰坝发展到一定规模,在热力与水力因素综合作用下,无法承受上游冰水压力,最终达到冰坝溃决,倘若形成连锁冰坝,发生连锁溃决便会形成更大的灾害。

2.1.1.3 两种冰凌洪水的对比

表 2.1 给出了冰凌洪水两种模式的对比,可见两种冰凌洪水在发生时间、发生特点、洪峰流量以及主要制约因素等方面都不尽相同。

表 2.1　　　　　　　　　　　　　　冰凌洪水两种模式对比

模　式	冰塞冰凌洪水	冰坝冰凌洪水
发生时间	封河期	开河期
冰块组成	冰花	冰盖解冻后的大冰块
特点	流量小、水位高、上涨快、变幅大、持续时间长	水位上涨快、水位高、持续时间短
洪峰	发展缓慢，无明显洪峰	沿途增加
生消时间	气温、流量稳定，可持续 1～2 个月或者整个冬季；气温回升，流量增大，也可以十几天消失	持续时间较短，短达几个小时，长则几天或十几天
易发生河段	主流区、弯道等	交叉口、弯道等狭窄段
主要制约因素	气温、流量	气温、流量
灾害形式	淹没损失、渗漏、塌陷	溃坝、淹没、损毁水工建筑物

2.1.2　凌汛洪水案例统计

表 2.2 统计了 1990—2010 年黄河内蒙古段冰坝灾害成灾地点及断面区间信息以及结成时间。从 1990—2010 年冰坝冰凌洪水灾害统计来看，灾害的主要发生时间以开河为主；在空间上，三湖河口至头道拐为内蒙古河段冰坝的易发河段，所占频次比例近 78%；巴彦高勒至三湖河口为内蒙古河段不易发河段，所占比例仅 16%；而石嘴山至巴彦高勒冰坝频次相较巴彦高勒至三湖河口次之，仅占 5.4%。时间上，冰坝的主要形成时间为开河期，集中在三月中旬及中下旬。其中有五次较为典型灾害发生年。一是 1989 年黄河开河期，昭君坟水文站水位接近畅流期黄河最高水位。黄河内蒙古段河道内近 3000 人居住的最大村庄田家圪旦村解放以来首次进水，人员被水围困。开河期 4 次发生严重卡冰结坝，2 次飞机破冰除险。二是 1993 年黄河封河期，黄河大堤决口，封河期溃堤为黄河流域有记录以来首次。三是 1996 年黄河开河期，水位超过百年一遇洪水位，三处堤防决口，为历史同期决口最多年份。四是 1997 年黄河开河期，河道槽蓄水量仅 7.11 亿 m³，为有记录以来最少年份，由于开河速度快，槽蓄水量集中释放，凌峰达到 3060m³/s，为历史第二峰值，凌峰经过河道水位超过 1981 年黄河特大洪水时最高水位。五是 2008 年黄河开河期三湖河水位创有记录以来最高，灾害地点发生于内蒙古独贵塔拉镇河段，属于 1989—2010 年间最严重的一次凌汛决口，两处堤防漫顶溃堤，造成了严重经济损失。2010 年后基本没发生特别严重灾害。

表 2.2　　　　　　　　　　　　　1990—2010 年冰坝灾害统计

年份	地　　点	断面区间	结成时间
1990	伊盟达旗河段	昭君坟—头道拐	3 月 13 日
1991	伊盟达旗	昭君坟—头道拐	3 月 22 日
1991	包神铁路大桥下	昭君坟—头道拐	3 月 24 日
	包头官地	昭君坟—头道拐	3 月 24 日

续表

年份	地　点	断面区间	结成时间
1992	乌达铁桥至公路桥	石嘴山—巴彦高勒	开河期
	伊盟达旗召圪梁黄河弯道处	昭君坟—头道拐	3月15日
1993	巴盟乌前旗白土圪卜河段	巴彦高勒—三湖河口	3月15日
	包头官地至新河口河段	昭君坟—头道拐	3月16日
	包头南海子和包神铁路桥	昭君坟—头道拐	3月21日
1994	五原县白音赤老工程处	巴彦高勒—三湖河口	3月20日
	伊盟乌兰新建堤对应河段	昭君坟—头道拐	3月23日
	包钢水源地和包神铁路桥	昭君坟—头道拐	3月22日
1995	土右旗	昭君坟—头道拐	3月19日
	乌前旗	巴彦高勒—三湖河口	3月21日
	包头市郊	昭君坟—头道拐	3月21日
1996	黄柏茨湾	石嘴山—巴彦高勒	3月5日
	三苗树	巴彦高勒—三湖河口	3月21日
	新西林场	昭君坟—头道拐	3月25日
	包神铁路桥上游	昭君坟—头道拐	3月28日
1998	五原县	三湖河口—昭君坟	3月6日
	包头市郊南海子	昭君坟—头道拐	3月9日
	托克托白什四子	昭君坟—头道拐	3月10日
1999	万家寨库区	头道拐—万家寨	3月1日
	包头铁路大桥下游	昭君坟—头道拐	3月13日
2000	五原县	巴彦高勒—三湖河口	开河期
	乌前旗	巴彦高勒—三湖河口	开河期
	包头市	昭君坟—头道拐	开河期
2001	伊盟达旗	昭君坟—头道拐	3月17日
2004	杭锦旗道图段	三湖河口—昭君坟	3月14日
	杭锦淖尔段	三湖河口—昭君坟	3月16日
	三岔口	三湖河口—昭君坟	3月16日
2005	中和西张四圪堵	三湖河口—昭君坟	3月25日
2007	包西黄河铁路特大桥	三湖河口—昭君坟	三月上旬
2008	杭锦旗独贵塔拉奎素段	三湖河口—昭君坟	3月19日
2009	乌拉特前旗	三湖河口—昭君坟	3月18日
	达拉特旗恩格贝镇蒲圪卜河段	三湖河口—昭君坟	3月19日
2010	包头市	三湖河口—昭君坟	3月22日

表 2.3 和表 2.4 分别统计了水库投入使用前后各段凌灾发生频次,由表可知,水库运用后,开河期水库适时控制泄流,减小河道流量,使水力因素减弱,热力因素相对增强,

开河形势以"文开河"为主，冰坝个数减少，同时也产生一些新问题，如冰塞发生概率和数目增多，改变了冰塞发生的时间分布，冰塞由水库运用前在封河时出现转化为水库运用后的封河和开河都出现，槽蓄水增量变大，凌灾损失严重。刘家峡运用前 17 年（1950—1967）中，内蒙古河段发生冰塞灾害 2 次，概率为 11%；自水库运用后至 1995 年 28 年中，有 11 年发生冰塞灾害，概率为 39%，1986 年以后冰塞灾害主要发生在内蒙古巴彦高勒附近河段。内蒙古河段冰情由水库运用前主要在开河期易产生冰塞凌灾，转为封、开河期都易产生冰塞凌灾，尽管开河时凌汛灾害几率有所减小，但封河期冰塞灾害严重加剧。同时内蒙古河段的致灾模式也发生，冰塞时间分布则由只在封河出现转为封、开河都容易出现。

表 2.3　　　　　　　　　　　　1990—2010 年河段凌情频次

河道断面区间	1990—2010 年凌灾次数	所占比例/%
石嘴山—巴彦高勒	2	5.4
巴彦高勒—三湖河口	6	16.2
三湖河口—头道拐	29	78.4

表 2.4　　　　　　　　　　　　1950—1995 年河段凌情频次

宁蒙河段冰塞	刘家峡水库运用前（1950—1967 年）	水库运用后（1967—1995 年）
冰塞发生次数	2	11
冰塞发生概率/%	11	39

2.2　变化环境下凌汛灾害时空演变规律

2.2.1　黄河内蒙古段气温时空变化

选取托克托县、包头、临河、乌海四个气象站点 1968—2018 年逐年日平均气温数据，采用距平分析、Mann - Kendall 突变点检验，探讨黄河内蒙古段凌汛期平均气温的时间变化趋势、空间变化、突变特征以及凌汛期气温的高频变化特征。

托克托县、包头、临河、乌海四站凌汛期气温分别为 − 5.35℃、− 5.33℃、− 4.35℃、− 2.78℃，呈现出由上游到下游气温逐渐变低的趋势，上游较下游平均气温高 1.57℃。流凌期、封冻期、开河期的平均温度如图 2.1～图 2.4，包头与托克托县两站平均温度相差很小，流凌期和开河期包头站温度稍高，封冻期托克托县站稍高一点，但总体的分布趋势同样呈现出由上游到下游气温逐渐降低的趋势，上下游温差分别为 2.33℃、2.85℃、2.54℃。

凌汛期的冰情不仅与温度的高低有关，还与低温持续时长有很大关系，为此统计了凌汛期内平均气温持续低于 0℃ 的天数 T_0，其结果见表 2.5，各站的天数分别为 99d、99d、90d、79d，从上游到下游呈现递减的趋势，由此可以得出不仅气温的地理分布有上游高、下游低的差别，而且随时间的变化也呈现出封河时下游降温早、上游降温晚的特点。开河期回暖时情况刚好相反。

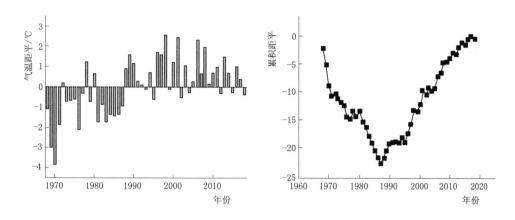

图 2.1 托克托县平均气温距平变化

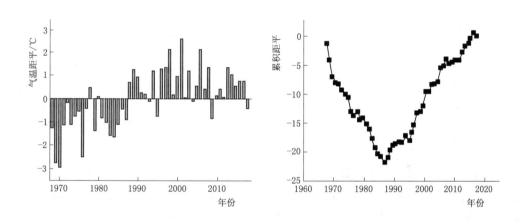

图 2.2 包头平均气温距平变化

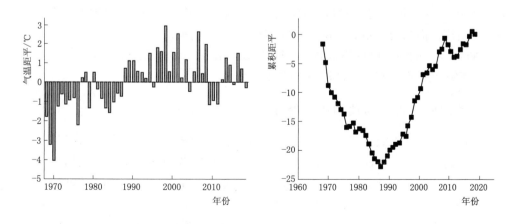

图 2.3 临河平均气温距平变化

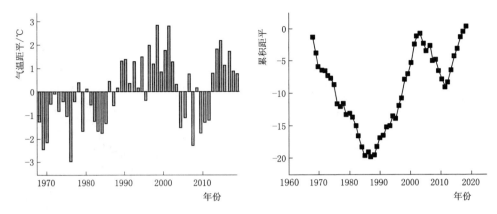

图 2.4　乌海平均气温距平变化

表 2.5　　　　　　　　　　　1968—2018 年各站平均气温

统计值		托克托县	包头	临河	乌海
平均气温	凌汛期/℃	−5.35	−5.33	−4.35	−2.78
	流凌期/℃	−5.1	−5.28	−4.07	−2.78
	封冻期/℃	−9.06	−8.77	−7.85	−6.21
	开河期/℃	1.23	1.17	1.78	3.77
凌汛期内平均气温持续低于 0℃的天数 T_0/d		99	99	90	79

1968—2018 年平均气温的距平序列（图 2.1～图 2.4）表明，四站平均气温的距平值在 20 世纪 80 年代中期之前大多为负值；80 年代中期以后连续出现正值。四站距平序列的最大值除去包头站出现在 2001 年，其余各站均出现在 1998 年，托克托县、包头、临河、乌海四站分别高出基准期年均气温 2.53℃、2.62℃、2.85℃、2.82℃。

四站在凌汛期的变化趋势大致相同，因此选取黄河内蒙古段包头站凌汛期平均气温为例进行 Mann - Kendall 突变检测，结果表明（图 2.5）凌汛期平均气温的 UFK 和 UBK 曲线在置信区间内相交，相交点在 1986 年附近，说明包头站凌汛期平均气温升高的突变点发生在 1986 年左右。值得注意的是，UFK 曲线在 1990 年后超出置信区间，表明包头站凌汛期平均气温在 1990 年后增温非常明显。

2.2.2　黄河内蒙古段河道边界时空变化

通过归一化水体指数（MNDWI）从卫星影像上提取出的水体边界来确定畅流期河道边界条件，得到不同时期河道摆动信息，通过分析近 30 年河道摆动的变化趋势，以及河道摆动的沿程变化，以此来探讨河道摆动的时空分布；并通过对比不同时期河道形态变化，以此来得到河道平面形态的变化规律。

图 2.6 为黄河内蒙古段 1988—2018 年近 30 年的河道边界提取结果，可以看出河段在研究时段内摆动明显。其中，R1 河段河道形态比较稳定，摆动幅度较小；R2 河段河道摆

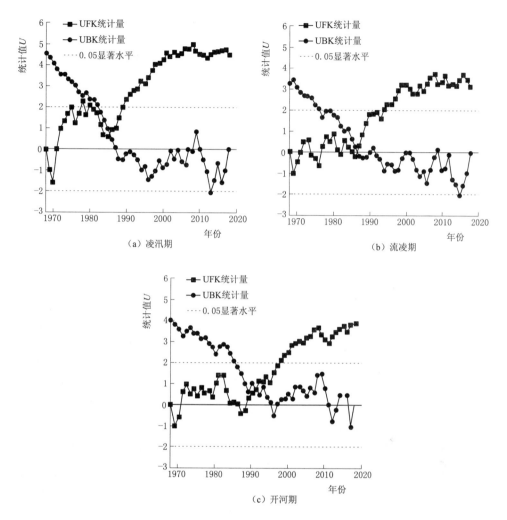

（a）凌汛期　　　　　　　　（b）流凌期

（c）开河期

图 2.5　包头站凌汛期气温突变检测

动频繁，且摆动幅度较大；R3、R4 河段畸形河湾较多，河道摆动剧烈；R5 河段河道顺直较多，摆动幅度微弱。

黄河内蒙古段 5 个分段不同时期河道最大摆动面积及平均摆动面积如图 2.7 所示。可以看出，1988—2018 年间，黄河内蒙古段河道最大摆动面积整体呈下降趋势；对比 1988—1993 年河段最大摆动面积，R1～R5 河段在 2013—2018 年河段的最大摆动面积分别下降了 18.85%、27.79%、36.36%、47.51%、100%。

表 2.6 给出了 2008—2013 年河道摆动沿程分布情况。河道摆动反映了河道侧向移动的能力，是探求河道演变规律的重要内容，而河道演变是含沙水流与河床在相互作用中产生的累积形变，在这个过程中水力条件是动力因素，河岸物质构成是响应水动力的从属因素。因此，水力条件与河岸物质构成是影响河道摆动的主要因素，除此之外，各种水利设施的修建、引水工程等人类活动也会对河道摆动造成一定的影响。

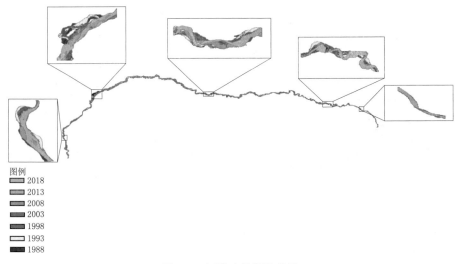

图 2.6　河道边界提取结果

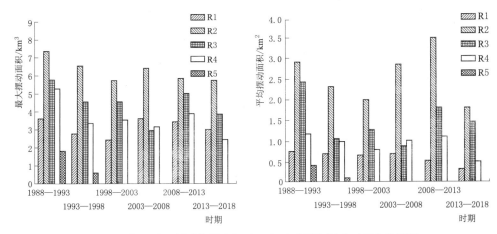

图 2.7　各区域不同时期最大摆动面积以及平均摆动面积变化情况

表 2.6　2008—2013 年河道摆动沿程分布情况

区　域		摆　动　面　积			
		$<1km^2$	$1\sim2km^2$	$2\sim3km^2$	$>3km^2$
R1	河段数	15	1	0	1
	总摆动面积/km^2	5.31	1.5	0	3.46
	占总段数的比例/%	88.24	5.88	0	5.88
R2	河段数	0	5	4	22
	总摆动面积/km^2	0	8.24	9.62	91.48
	占总段数的比例/%	0	16.13	12.90	70.97
R3	河段数	5	5	5	3
	总摆动面积/km^2	2.68	7	11.23	12.06
	占总段数的比例/%	27.78	27.78	27.78	16.66

续表

区　　域		摆　动　面　积			
		<1km²	1～2km²	2～3km²	>3km²
R4	河段数	12	2	4	2
	总摆动面积/km²	4.29	2.99	9.17	6.89
	占总段数的比例/%	60	10	20	10
R5	河段数	0	0	0	0
	总摆动面积/km²	0	0	0	0
	占总段数的比例/%	0	0	0	0

　　黄河内蒙古段河道平面摆动也十分剧烈。图2.8为黄河内蒙古段不同时期不同河段河道形态变化情况，其中R1河段为顺直河段，河道平面形态并未发生明显变化；R2河段为游荡型河段，在1988年该河段表现为河道顺直但心滩较多，到2018年该河段河道向弯曲发展，心滩数量减少，主槽单一；R3、R4河段为弯曲型河段，在1988—2018年间，河曲发育，河湾逐渐增多。该河段河岸较为稳定，抗冲刷能力较强，即使在流量较大的情况下，个别弯曲河段会出现裁直的情况，但新的河弯不久便会重新产生。R5河段为顺直型河段，该河段所在河岸相较于上游河段更为稳定，因此与R1河段相同，30年间该河段的河道平面形态并未发生明显的变化。

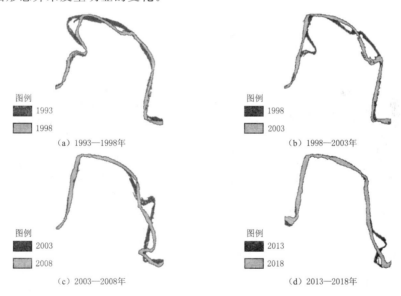

（a）1993—1998年　　　（b）1998—2003年
（c）2003—2008年　　　（d）2013—2018年

图2.8　口村河段裁弯取直情况

2.2.3　黄河内蒙古段水力条件时空变化

　　根据各大型水库的运行时间，将水文序列为1958—2018年黄河内蒙古河段凌汛期各水文站（石嘴山、巴彦高勒、三湖河口、头道拐）的实测凌汛期流量资料分为五个阶段：1968年之前、1968—1986年、1987—1998年、1999—2010年、2011—2018年。并将凌汛期分为三个时期：流凌期（11—12月）、封冻期（1—2月）以及开河期（3月），如图2.9所示。

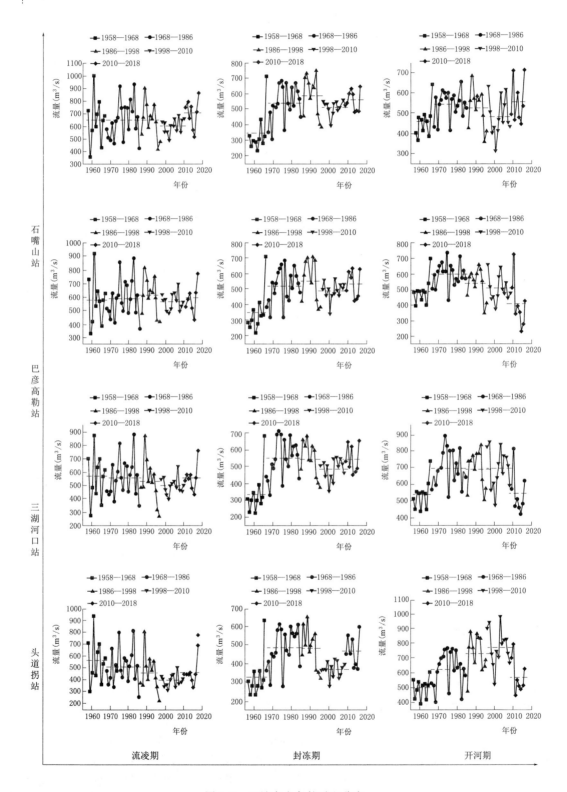

图 2.9 四站水力条件时空分布

各站不同阶段凌汛期平均流量的变化情况详细描述如下：石嘴山站流凌期流量在前三个阶段几乎没有变化，稳定在 $650m^3/s$，而到了第四阶段后流量有所降低，相比第三阶段降低 6.62%，进入第五阶段流量回升，相比第四阶段上升了 16.14%。在封冻期，该站五个阶段变化幅度比较大，流量最低的第一阶段平均流量为 $348m^3/s$，流量最高的第三阶段为 $586m^3/s$。变化趋势为在前三个阶段持续上升，相比前一阶段分别上升了 54.89%、8.72%。第四阶段相比前一阶段下降了 14.01%，第五阶段又回升了 8.75%。开河期该站流量首先大幅度上升，第二阶段相比第一阶段上升了 18.56%；第三阶段、第四阶段流量持续降低，分别降低了 3.5%、8.02%；和前两个时期相同，开河期该站在进入第五个阶段流量同样发生了回升，上升了 15.15%。在五个阶段中，第一阶段流量最小为 $458m^3/s$，第五阶段流量最大为 $555m^3/s$。石嘴山站流量在凌汛期的三个时期 60 年的平均流量分别为 $653m^3/s$、$509m^3/s$、$513m^3/s$，流凌期较其他两个时期流量明显偏高。

巴彦高勒站凌汛期流量变化与石嘴山站相比，五个阶段在流凌期与封冻期的变化趋势完全一致，同样是在流凌期几乎没有发生改变，在封冻期时前三个阶段持续上升，进入第四阶段有所下降，第五阶段回升。在开河期该站第二阶段相比第一阶段大幅升高，升高了 21.5%。随后流量持续降低，分别降低了 9.35%、6.26%、18.86%。巴彦高勒站二凌汛期三个时期 60 年的平均流量分别为 $588m^3/s$、$498m^3/s$、$528m^3/s$，同样是流凌期流量偏大。

三湖河口站在流凌期变化幅度不是很大，五个阶段的平均流量分别为 $652m^3/s$、$650m^3/s$、$650m^3/s$、$607m^3/s$、$705m^3/s$。在封冻期，进入第二阶段流量大幅上涨，第三阶段与第二阶段几乎持平，进入第四阶段流量下降了 12.29%。第五阶段又上升了 15.15%。在开河期第二阶段相比第一阶段上升了 29.24%，第二阶段、第三阶段、第四阶段流量分别为 $694m^3/s$、$688m^3/s$、$793m^3/s$，在这三个阶段平均流量保持平稳，第五阶段较第四阶段下降了 21.79%。三湖河口站二凌汛期三个时期 60 年的平均流量分别为 $542m^3/s$、$504m^3/s$、$647m^3/s$，其中，开河期流量偏高。

头道拐站流凌期流量在前四个阶段持续降低，分别降低了 10.46%、9.5%、13.35%。第五阶段上升了 15.66%。在封冻期，第二阶段相比第一阶段大幅上涨，上涨了 50.88%。第三阶段与前一阶段基本持平。第四阶段下降了 31.88%，第五阶段又上升了 27.76%。在开河期平均流量在前四个阶段一直在上涨，分别上涨了 25.18%、16.81%、5.54%，直至第五阶段，平均流量下降了 24.94%。头道拐站凌汛期三个时期 60 年间的平均流量分别为 $477m^3/s$、$457m^3/s$、$721m^3/s$。该站开河期流量严重偏高，开河时发生凌汛灾害的风险也随之提升。

收集了 1989—2019 年 1—2 月覆盖研究区范围（图 2.10）的所有影像，研究区分段及各子段特征见表 2.7。

选取代表性年份 1989 年（时序起始年）、2006 年（时序中间年及全段河冰面积中值年）、2014 年（海勃湾水库建成前一年）、2015 年（海勃湾水库建成投产第一年）、2019 年（时序结束年）的河冰分布图（图 2.11）展示内蒙古河冰总体分布情况。图中范围较大的为河冰，范围较小的为河道主槽范围，由图可知，1989 年黄河内蒙古段河冰主要分布在巴彦高勒站至包头站（R2、R3）之间，如放大图所示河段内两岸堤防之间大部分河滩被河冰覆盖,两岸堤防与河冰边缘之间有少量裸露河滩,部分河段出现河冰假堤现象。R1、R4 段均有河冰漫滩现象,相较 R2、R3 漫滩现象相差不大。

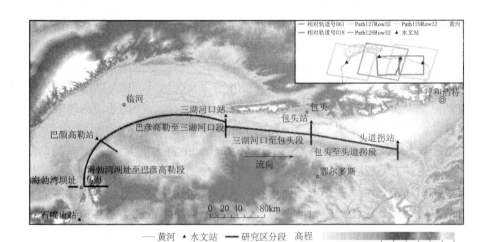

图 2.10 研究区地理位置及遥感影像覆盖范围

表 2.7 研究区分段及各子段特征

河段名称	起 点	终 点	河道比降/‰	河型
R1	海勃湾水库坝址	巴彦高勒水文站	0.15	过渡型
R2	巴彦高勒水文站	三湖河口水文站	0.17	游荡型
R3	三湖河口水文站	包头水文站	0.12	过渡型
R4	包头水文站	头道拐水文站	0.10	弯曲型
R5	头道拐水文站	岔河口站	0.10	顺直型

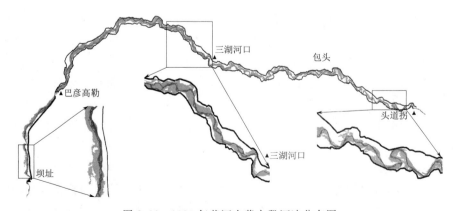

图 2.11 1989 年黄河内蒙古段河冰分布图

如图 2.12 所示，2006 年河冰主要分布于 R2、R3 段，由中间放大图可知，三湖河口上游位置河冰漫滩现象非常严重，两岸堤防之间被几乎被河冰覆盖，几乎无裸露的河滩。R1 段首部河冰漫滩现象有所减轻，可见左岸大部分河冰边缘呈现直线，这可能由于左岸新建堤防河冰漫滩上爬至堤防脚下所致。R4 段河冰分布变化不大，基本与 1989 年保持一致。

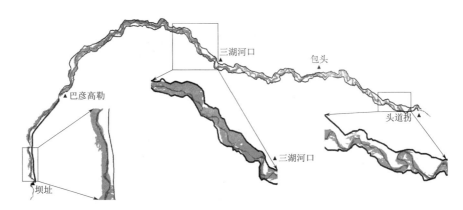

图 2.12   2006 年黄河内蒙古段河冰分布图

1989—2014 年海勃湾水库坝址至巴彦高勒之间（R1 段）河冰分布稳定，受海勃湾水库建成使用的影响，2015 年起河冰面积开始下降并保持低水平。巴彦高勒至三湖河口（R2）、三湖河口至包头（R3）、趋势大体保持一致，三段均于 1998—2000 年呈现上升趋势，2001 年起呈现下降趋势，其中 2016 年出现明显下降后并保持低水平。包头至头道拐（R4）河冰面积变化波动较大，但在 1992 年、1998—2000 年、2003 年、2015 年变化情况与 R2、R3 段保持一致。

1989—2019 年 31 年间海勃湾坝址至巴彦高勒站河段（R1 段）的河冰分布图如图 2.13 所示，总体上看 1989—2014 年，R1 段河冰分布较为稳定无明显变化。2015 年起，R1 段河冰出现明显收缩，海勃湾坝址下游 30km 以内河段河冰基本消失，仅剩零星的岸冰，主槽不再封冻。

因 R1 段左岸河冰边缘最远处距 G110 国道线小于 6km，右岸河冰边缘距 G110 线大于 0.3km，故以右岸 G110 线起，创建 0.5km 缓冲区。为对河冰分布变化进行定量分析，利用基于右岸 G110 建立的多级缓冲区与河冰矢量数据进行叠加（取交集），计算各级缓冲区内河冰的面积，分析各级缓冲区内河冰面积的变化，即可得到河冰分布变化。如图 2.14 所示，从缓冲区级别来看，左岸 3～3.5km 缓冲区内河冰面积始终为最大，右岸 2.5～3km 河冰面积最大。2015 年、2016 年河冰连续收缩，2017 年除 0～1km 各间距河冰面积相差不大，在 9.44～11.04km² 之间，与左岸相似 2018 年各缓冲区也有小幅上升。选取代表年份进行放大，图 2.14 中竖线标注的年份对应图 2.15 中放大的细节图。由此可见，R1 段左岸收缩更为显著。由 2017 年 0～6km 距离缓冲区的河冰面积过程结合左右岸河冰变化趋势可发现，2015 年、2016 年河道中心附近河冰面积收缩幅度较两岸边缘收缩幅度大，而这正是由于河道封冻长度缩短而造成的河冰面积大幅下降。

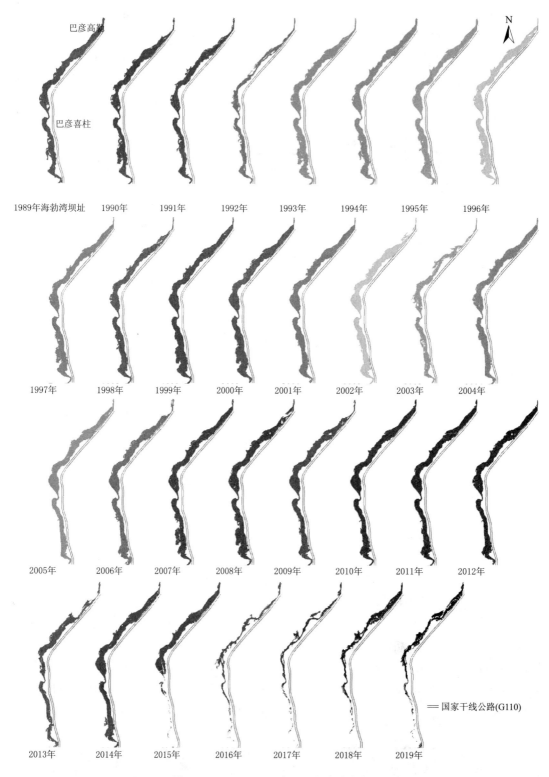

巴彦高勒

巴彦喜柱

| 1989年海勃湾坝址 | 1990年 | 1991年 | 1992年 | 1993年 | 1994年 | 1995年 | 1996年 |

| 1997年 | 1998年 | 1999年 | 2000年 | 2001年 | 2002年 | 2003年 | 2004年 |

| 2005年 | 2006年 | 2007年 | 2008年 | 2009年 | 2010年 | 2011年 | 2012年 |

国家干线公路(G110)

| 2013年 | 2014年 | 2015年 | 2016年 | 2017年 | 2018年 | 2019年 |

图 2.13　1989—2019 年 R1 段河冰分布图

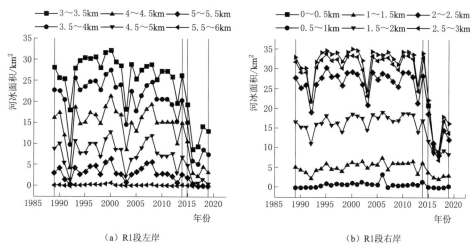

（a）R1段左岸　　　　　　　　　（b）R1段右岸

图 2.14　R1 段左右岸各级缓冲区内河冰面积随时间变化

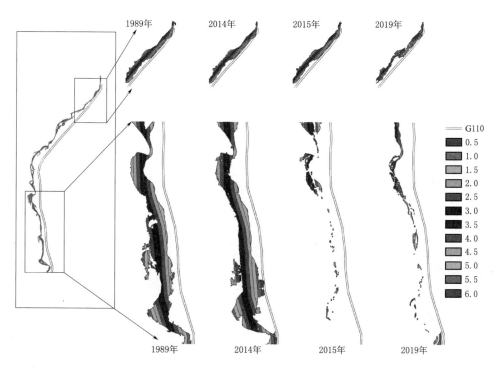

图 2.15　R1 段代表年河冰分布细节图

如图 2.16 所示，总体上看，1989—2019 年间 R2 段河冰覆盖程度较高，为进一步分析河冰分布变化，以 31 年间左右两岸缓冲区内河冰面积变化作为分布变化依据（图 2.17）。由图可知：1989—1998 年左右两岸边缘河冰面积呈现波动上升趋势，左岸外缘波动幅度较右岸波动幅度大；1999 年两岸河冰扩张，左右岸边缘河冰面积分别同比增加 64.84%、50.84%；2000—2010 年河冰面积保持小范围波动，在此期间，两岸河冰大致呈对称分布；2011年起左右岸同时开始收缩，左岸边缘区河冰年均收缩率为2.17km²/a、2.48km²/a，右岸为1.14km²/a、0.88km²/a，且右岸0～1km两个缓冲区面积始终大于左岸相应区域。图2.17中竖线标注的年份对应图2.18中放大的细节图。随时间推移，2016年、2019年左岸河冰收缩，出现大面积裸露河滩；而右岸仍有河冰堆积，且河冰距离堤防距离较近，部分位置仍然存在偎堤现象。

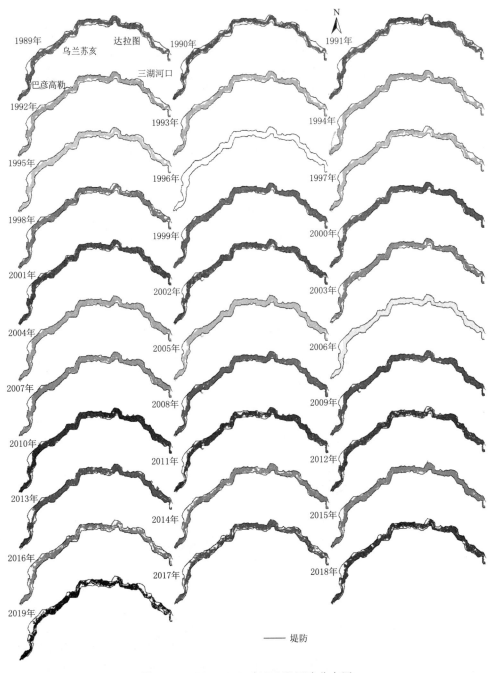

图2.16 1989—2019年R2段河冰分布图

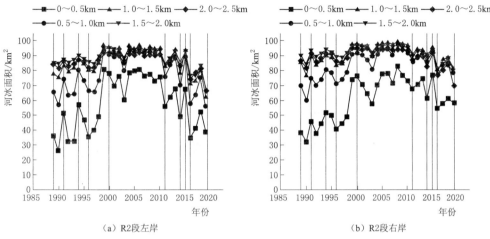

图 2.17 R2 段左右岸各级缓冲区内河冰面积随时间变化

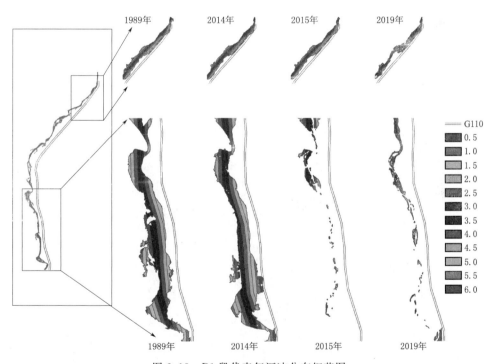

图 2.18 R1 段代表年河冰分布细节图

R2 段在 1989—1996 年间 0~0.5km 缓冲区内河冰面积并不大,1997—2000 年年间有一次快速爬升的过程,2001 起逐渐下滑。故选取 1989 年、1991 年、1994 年、1996 年、2000 年、2011 年、2014 年、2015 年、2016 年、2019 年作为代表年份进行放大(图 2.19),以便于直观观察各缓冲区内河冰变化,尤其是 0~0.5km 缓冲区河冰偎堤现象。自 2016 年起,河道左岸河冰偎堤现象有所减轻,但右岸仍有连续的河冰偎堤现象,这也印证了图 2.18 中 2016 年以后右岸 0~0.5km 缓冲区内河冰面积大于左岸的情况。

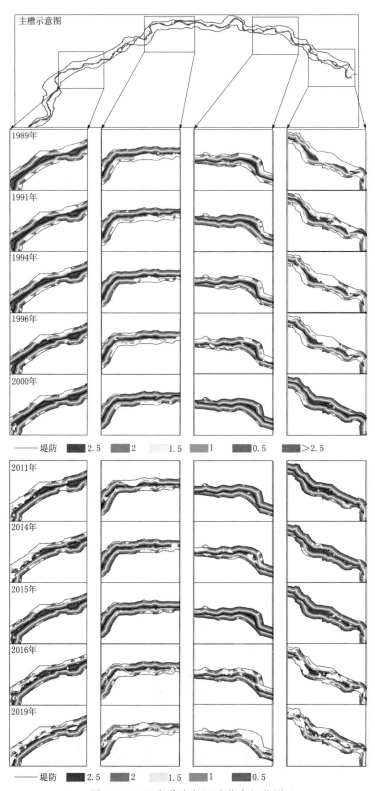

图 2.19　R2 段代表年河冰分布细节图

为进一步验证河冰分布变化，选取代表年份对河冰分布图进行放大，验证河冰分布及假堤现象（图 2.20）。

2.2.4 黄河内蒙古段河冰面积分布情况

1989—2019 年黄河上游内蒙古段河冰大致经历稳定期（1989—1997 年）、扩张期

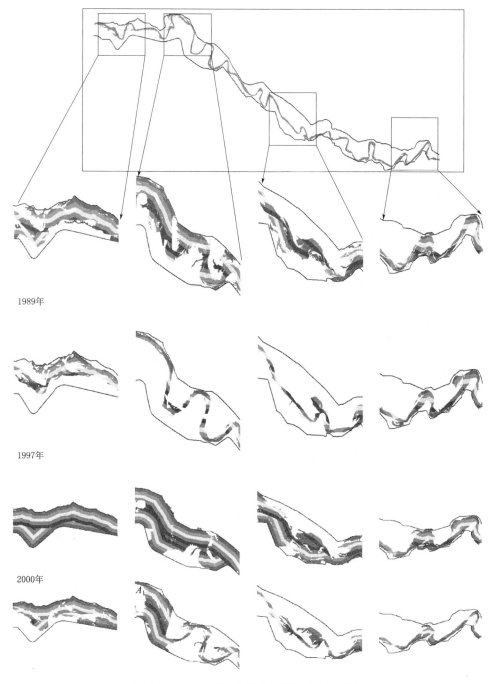

图 2.20（一） R4 段代表年河冰分布细节图

2003年

2005年

2007年

2014年

2016年

2019年

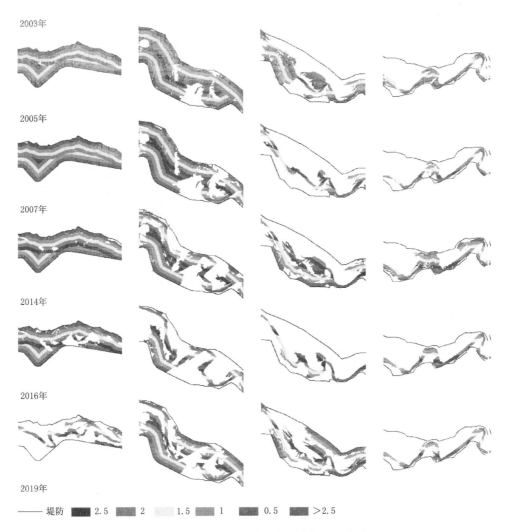

——— 堤防 █ 2.5 █ 2 ░ 1.5 ▒ 1 ▓ 0.5 ▒ ＞2.5

图 2.20（二） R4 段代表年河冰分布细节图

（1998—2000 年）、收缩期（2001—2019 年）；河冰面积大体呈现"先增后减"的趋势，其中出现 2003 年、2016 年两个年份受气温、流量、人为因素影像造成了河冰面积的极小值（图 2.21）；1998—2000 年 R1、R2、R3 均呈现了河冰面积快速上升的过程。1989—1997 年，河冰面积在 1072.93～1380.32km² 之间波动，平均值为 1223.68km²，河冰面积维持在较低水平呈现小幅波动上升趋势，河冰面积变化率为 8.48km²/a。

1989—2019 年黄河内蒙古段各子河段

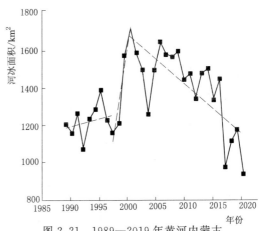

图 2.21 1989—2019 年黄河内蒙古段河冰面积年际变化

河冰面积时间曲线如图 2.22 所示。R1 段 1989—2014 年河冰面积大体保持稳定，多年均值为 189.27km²，年变化率为 0.28km²/a；R2 段大体呈现"先增后减"的变化特征，1989—2008 年间河冰面积波动上升，年变化率为 12.34km²/a；R3 段河冰面积变化特征大体与 R2 趋势相一致，但波动幅度较 R2 段剧烈。R4 段河冰面积波动幅度较大，变化率 0.43km²/a。

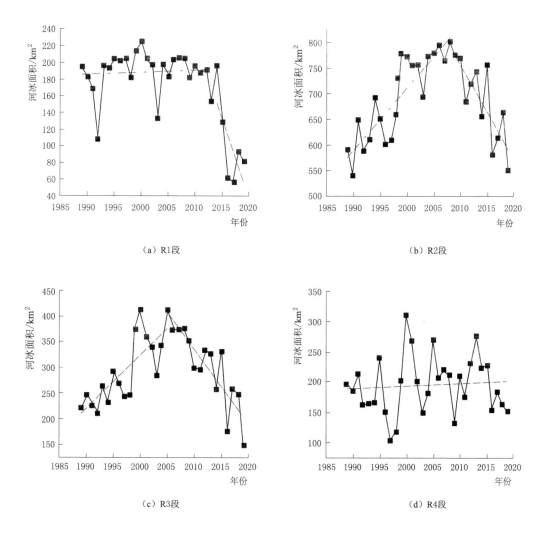

（a）R1段   （b）R2段

（c）R3段   （d）R4段

图 2.22 1989—2019 年黄河内蒙古段各子河段河冰面积时间曲线

2.2.5 黄河万家寨库区冰厚时空分布

以 2010—2011 年凌汛期为例（图 2.23），万家寨库区自 2010 年 11 月 25 日开始流凌，随后逐渐冻结，流凌密度不断增大，2 月 13 日冰厚发展到最大值，随后逐渐变薄至开河。

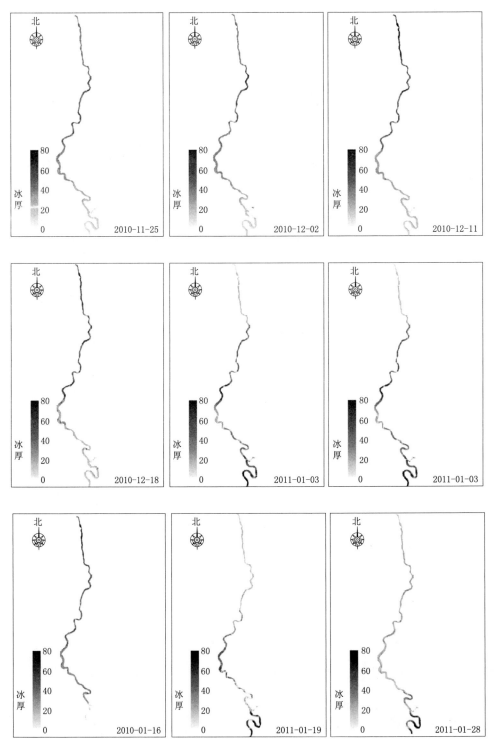

图 2.23（一）   万家寨库区年内冰厚变化图（单位：cm）

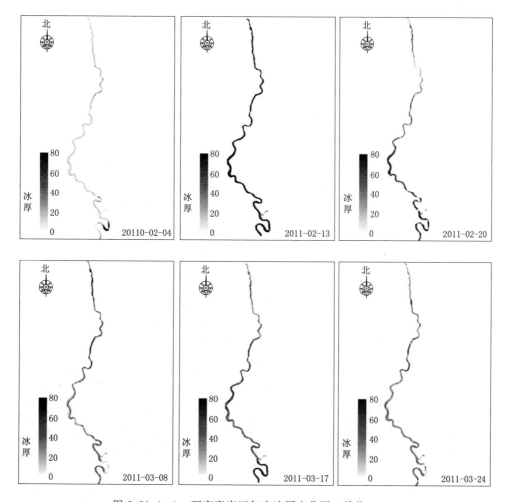

图 2.23（二） 万家寨库区年内冰厚变化图（单位：cm）

2.3 变化环境下黄河内蒙古段河冰物候时空分布

　　河冰物候是冰凌灾害的重要基础信息，为冰凌洪水预测及河岸堤防修建提供重要依据。河冰物候主要由四个关键物候节点来表征：①初冰日 FUS（freeze - up start）；②完全冻结日 FUE（freeze - up end）；③开始消融日 BUS（break - up start）；④完全消融日 BUE（break - up end）。这四个关键物候节点反映河流冰情的主要演变过程。传统野外冰情观测需要较高的人力和物力成本，近些年遥感技术的多学科应用为河冰物候研究提供了全新手段。基于雷达影像后向散射系数，利用凌汛期时序后向散射系数曲线，采用斜率法及动态阈值法提取河冰物候节点。

　　黄河内蒙古段冰期持续 100 多天，封冻历时 20～30 天，具有明显的物候差异，多年平均初冰日、完全冻结日及完全消融日分别约为 11 月 22 日、12 月 16 日以及 3 月 17 日。选取的五个典型试验河段，分别为：海勃湾库尾区（S1）、三盛公水利枢纽闸下 20km 内巴彦高勒河段（S2）、独贵塔拉镇三湖河口河段（S3）、什四份子弯道（S4）以及万家寨水库库尾河段（S5）。五个试验段分别为库区型、过渡型、游荡型、弯曲型及峡谷型河段（图 2.24）除 S1 段平均宽度为 3500m 外，S2～S5 段河宽介于 200～600m 之间。库区型河段用于蓄水发电，深水区较多；过渡型河段浅滩多且河道摆动幅度大；游荡型河段淤积严重且经常发生河冰漫滩、偎堤现象；弯曲型河段易发生卡冰结坝现象；峡谷型河段则是黄河流出内蒙古段的特有河段。

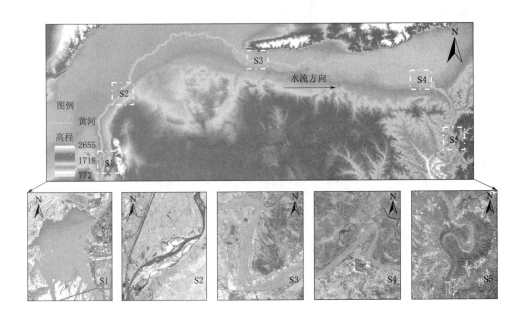

图 2.24 研究区概况图

2.3.1 河冰物候时间变化规律

黄河（内蒙古段）五个子段河冰物候节点均集中在 10～128d（11 月中下旬至翌年 2 月中下旬，图 2.25）S3～S4 段 FUS 出现最早，平均为 14.7d（11 月 24 日），S1 段出现最晚，平均约为 38.5d（12 月 18 日）。2015—2020 年各段 FUS 均有不同程度的偏晚现象，S1 和 S2 段表现较为明显，分别偏晚约 7d 和 5d；S1～S5 段近五年 FUS 平均变化速率分别为 1.4d/a、1.0d/a、0.8d/a、0.2d/a 及 0.4d/a。S2 段近五年 FUS 波动范围较大，波动幅度约 15d，其余各段波动幅度均在 10d 左右。各段 FUE 主要集中在 12 月中旬至 1 月上旬，FUE 最早和最晚分别是 S3 和 S1 段，近五年平均值分别约为 24.6d（11 月 24 日）和 48.2d（12 月 28 日）；除 S2 段，FUE 波动范围均超过 20d，其余各段均在 10d 左右。各段从 FUS 至 FUE 所用时间不尽相同，S1～S5 段近五年平均约为 9.7d、14.0d、8.2d、12.8d 及 10.8d，其中 S2 段 2016—2017 年用时最长，为 36d。

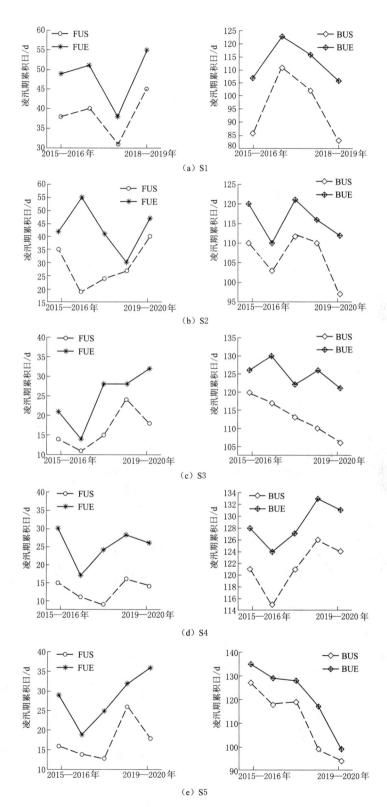

图 2.25 试验段关键物候节点时间分布图

2.3.2　河冰冻结（消融）空间模式

图 2.26 和图 2.27 给出了 2015—2020 年试验段物候期 FUS 及 BUE 的冻结（消融）空间模式。总体来讲，研究时间内五段间 FUS 和 BUE 存在较大差异；对于 FUS，一般 S1 和 S2 段最先流凌，然后逐步向其他各段延伸，总体呈"中间早，两边晚"的发展模式；FUE 的发展模式与 FUS 相反，大体呈"两边早，中间晚"的格局，表明黄河（内蒙古段）封开河逆序且各段逐步发展的空间模式。以 S1～S5 段进行分析，S1 段河冰 FUS 发展模式为"两岸浅水区—库区中心—库尾深水区"，而 BUE 则呈"库区中心—两岸浅水区及深水区"的模式发展；S2～S5 段相似，发展模式为"两岸或河滩-主流区"；需要说明的是，弯道处 FUS 的发展模式为"凹岸-凸岸-主流区"，而 BUE 则按照"主流区-凸岸-凹岸"的顺序逐步发展。

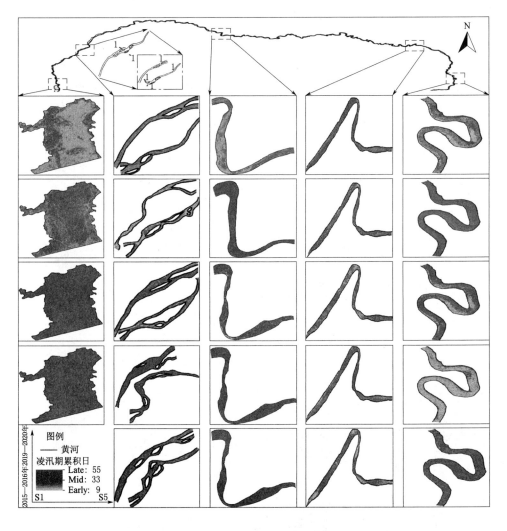

图 2.26　试验段 FUS 时空分布

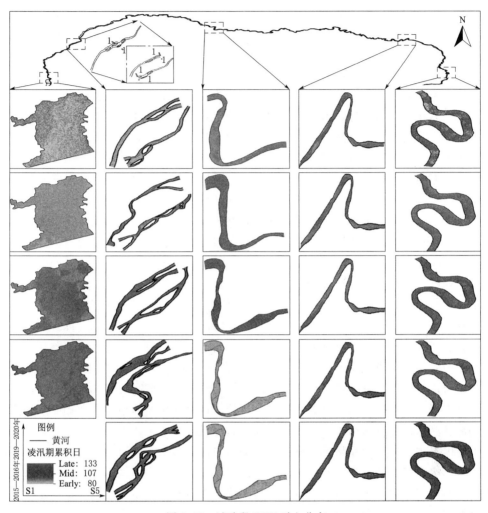

图 2.27　试验段 BUE 时空分布

2.4　变化环境下黄河凌汛灾害驱动机制

2.4.1　黄河内蒙古段凌灾驱动因素构成

黄河内蒙古段凌灾驱动因素主要为以下四点：热力因素、动力因素、边界条件、人为因素。

热力因素是黄河内蒙段凌汛发生、发展及演变的重要影响因素，主要包括气温、水温、太阳辐射等，其中太阳辐射干扰气温变化，气温和太阳辐射又同时影响水温变化，气温是凌汛形成演变的主要热力因素。凌汛流冰产生条件是气温与太阳辐射降低使得水体释放热量而水温降至 0℃，在气温持续下降或长时间保持低温状态时，流冰输移至下游河段堆积封冻，气温与太阳辐射回升幅度将直接影响融冰开河速率及形势，从而为封开河凌汛灾害的形成创造条件。凌汛期太阳辐射与气温升降变化幅度、低温持续时间和低温强度等指标差异性越明显,凌汛过程与灾害特点越突出。黄河内蒙段多受西风环流控制,气候干燥,降水量小,上下游温差大,为典型的大陆性气候区。冰凌产生多受寒潮或冷空气入侵影响,冬季时长 150~170d,年极端低温在 −30℃ 以下,凌汛期太阳辐射与气温变化加剧,波动梯度较大,为冰塞冰坝形成及灾害风险演变提供了关键性气候条件。

动力因素主要包括流量、断面平均流速和槽蓄水增量等,冰水流动输移促使冰花或碎冰块在下游冰盖前积聚、下潜,造成冰塞冰坝凌汛险情。其中,断面平均流速对冰凌下潜堆积、冰盖加厚、冰塞壅水等过程影响较大,是冰情形态演变和凌汛形成条件的重要判别指标;凌汛期流量过程波动性、升降梯度变化、凌峰流量大小以及高水位过程持续时间及涨落强度,对凌汛灾害形成与演变起到决定性作用,是凌汛致灾风险程度识别的重要指标;槽蓄水增量是开河凌峰流量形成的重要影响因素,与凌汛期流凌密度、输水流量、降温强度等密切相关,上下游槽蓄水增量的沿程分布也是开河期凌汛形成及灾害演变的重要动力条件。

边界条件对于冰凌运动输移、堵塞封冻、冰塞冰坝形成及险情灾情发生与演变具有重要影响,一般包括河势走向、河道比降、纵横断面特征、河相变化、支流入汇与引退水、堤防工程、河道整治工程、跨河桥梁工程等。不同河道边界条件下,冰水耦合运动特性各有不同,黄河宁蒙段上下游总体河势走向体现了高低纬度冬季气温空间分布差异性及低温影响程度的差别,河道纵横断面特征一定程度影响了冰塞冰坝壅水高度和冰塞体大小规模,河道弯道处易引起冰凌堵塞封冻、卡冰结坝,河流分汊散乱处水流不集中、流速缓慢导致排冰不畅,且黄河内蒙古段泥沙长期淤积趋势造成河床整体抬升,河相变化较大,凌汛期小流量高水位特点越加突出,加剧了凌汛灾害风险。

人为因素主要包括水库防凌调度运用、堤防与河道整治工程建设、分滞洪区防凌应急调度、引排水渠修建使用等方面。黄河上游龙羊峡与刘家峡水库联合调度,结合海勃湾与万家寨水利枢纽防凌调度运用,保障了黄河内蒙段凌汛期小流量平稳运行,一定程度调整了冬季河流流速和水温分布情况,充分发挥了水力控制在凌汛灾害防治中的重要作用,但同时也改变了河段来水来沙特性,加剧了河道泥沙淤积导致的凌洪灾害风险。黄河宁蒙段长时期多阶段的河道整治工程建设,改善了河道主槽偏移摆动形势,但也束窄了输水排冰通道,一定程度阻碍了凌汛期冰凌输移运动,为河冰堵塞堆积提供了便利边界条件。黄河内蒙古段分滞洪区防凌应急调度,能够削减重大凌汛灾害风险与损失程度,为防凌减灾与应急抢险提供保障。

2.4.2　黄河内蒙古段典型年凌灾驱动机制

2008 年 3 月 20 日 1 时左右,正处于开河期的黄河内蒙古段独贵塔拉镇附近河段发生了凌汛灾害,两处堤防漫顶溃堤,溃堤前后影像对比如图 2.28 所示,决口宽度分别为 59m 和 87m,凌灾导致独贵塔拉镇附近村庄被淹,受灾区域东西向长约 30km,南北向宽约 3.8km。其中受灾人口达 10241 人,受灾房屋 20326 间,粮食损失 5.12 万 t,死亡牲畜 3.3 万头,受损输电线路约 740km,受损灌溉设施 487 处,受损机电井 1047 眼,累计经济损失达 9.3516 亿元。

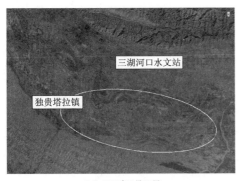
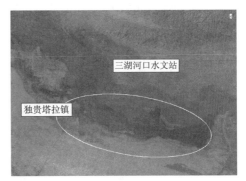

（a）2008年2月27日　　　　　　　　　　　（b）2008年3月30日

图 2.28　溃堤前后影像对比

从气温角度来看，1989—2008 年年间 3 月中旬气温均值变化如图 2.29（a）所示。可见 2008 年 3 月中旬最高、最低气温均值均为 20 年间最大，日均最高、最低气温分别为 14.8℃、0.5℃，而 1989—2008 年 3 月中旬日最高、最低气温均值分别为 9.25℃、−3℃。2008 年 3 月中旬，正值河冰融化、槽蓄水释放的时期，较高的气温势必会加速河冰融化、破裂并向下游输移。如图 2.29（b）所示，2008 年 3 月起气温持续回升，3 月最高气温均在 0℃以上；3 月 12 日临河站日最低气温已超过 0℃，日最高气温达到 15℃；3 月 17 日日最高、最低气温分别为 20℃、0℃，自此临河站日最低气温基本保持在 0℃，至 3 月 20 日溃堤发生，连续 4 日最低气温高于 0℃，最高气温均高于 10℃。可见在溃坝前 4 天内，日最低气温持续保持在 0℃以上，致使河冰处于持续的融化状态，不利于槽蓄水的缓慢释放，从而造成河道卡冰结坝现象的发生。

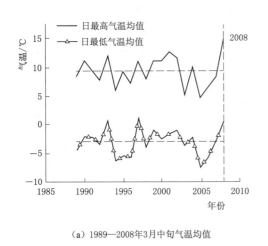
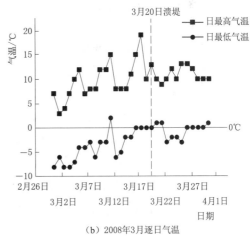

（a）1989—2008年3月中旬气温均值　　　　　（b）2008年3月逐日气温

图 2.29　临河站逐日气温情况

从流量角度来看，每年 3 月黄河内蒙古段河冰消融，槽蓄水开始释放，此时上游水库会限制下泄流量，为槽蓄水的释放提供裕量，因此，往往下游的流量较上游流量大［（图 2.30（a）］。如图 2.30（b）所示，3 月 13 日三湖河口站流量开始上升，3 月 24 日流量回归 3 月 12 日水平,而 3 月 12 日日最高、最低气温已上升至 0℃ 以上,此后气温小幅下降后至 22 日一直保持在 0℃ 以上。这也说明气温的回升加剧了槽蓄水的释放。根据水量平衡法计算(按每日 8 时流量计算),在此期间区间内释放了约 4078 万 m^3 的槽蓄水量。其中 3 月 20 日凌峰达到了 $1650 m^3/s$,是 1983 年以来三湖河口站开河期第三高凌峰流量,如此大流量若加上河道堆冰,势必造成水位迅速上涨威胁堤防安全。

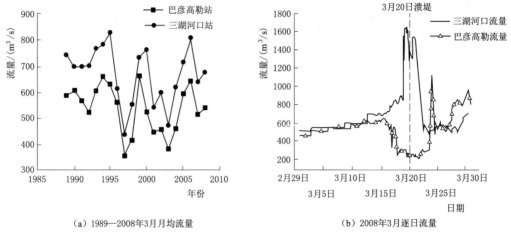

(a) 1989—2008年3月月均流量　　(b) 2008年3月逐日流量

图 2.30　1989—2008 年 3 月均流量及 2008 年 3 月逐日流量

从水位角度来看,如图 2.31 (a) 所示,1989 年以来,三湖河口站 3 月平均水位呈现波动上升的趋势,并于 2008 年达到峰值 1020.6m,已经接近历史最高水位 1020.81m(2006 年 3 月 4 日)。为探究灾情前的水位变化,由图 2.31 (b) 可知,1 月 23—27 日,三湖河口站水位第一次超过历史最高水位,其中 25 日达到了 1020.84m;2 月 18—26 日期间,水位再次超过 1020.81m。可见开河期前水位就呈现了上下波动态势。3 月 20 日 0 时左右当水位达到最高时,流量也达到了凌峰 $1650 m^3/s$,直至 3 月 20 日 6 时开始水位开始下降,此时距独贵塔拉段溃堤已过去 3 小时,大量河水从口门流向堤外,造成大面积的受灾。

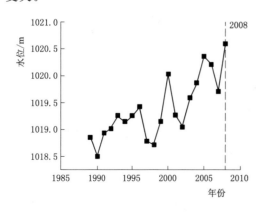

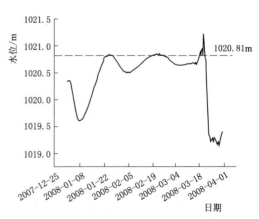

(a) 三湖河口站1989—2008年3月平均水位　　(b) 三湖河口站2008年1—3月逐日水位

图 2.31 (一)　三湖河口水位

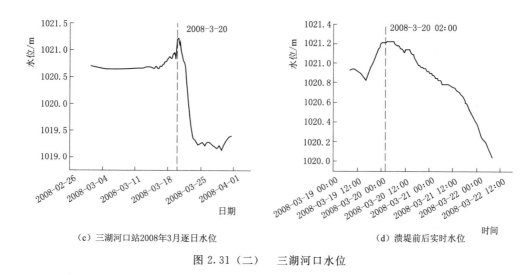

（c）三湖河口站2008年3月逐日水位　　　　（d）溃堤前后实时水位

图 2.31（二）　三湖河口水位

2.5　本章小结

本章通过遥感手段，分析了黄河内蒙段凌灾种类、凌汛灾害主要影响因素的时空变化以及河冰生消演变，为进一步探究黄河凌汛灾害的机理提供了基础资料，得到如下结论：

（1）黄河内蒙古段河道 1988—2018 年总体向右岸侵蚀，R2 区域河道摆动范围最大，R3 区域河段由于弯道较多，河道摆动变化多端，整体呈现向左岸迁移的趋势，且摆动范围主要集中在曲率较大的 270～315km 处。

（2）黄河上游内蒙古段河冰分布呈现"中间多两边少"，巴彦高勒至三湖河口河冰面积最大，包头至头道拐最小。研究区内河冰经历稳定期（1989—1997 年）、扩张期（1998—2000 年）、收缩期（2001—2019 年），全段河冰面积在 936.27～1723.50km^2 之间，河冰面积最大、最小值分别出现在 2000 年和 2019 年。

（3）各子河段中，R1 段河冰以沿流向收缩为主，2015 后海勃湾水库坝址下游 20km 内不再封冻。R2 段 2001 年前左右两岸大体呈现对称变化，2001 年起左岸边缘区（0～0.5km、0.5～1km）年平均收缩率为 2.17km^2/a、2.48km^2/a，右岸为 1.14km^2/a、0.88km^2/a，左岸河冰收缩而右岸大体保持不变。R3 段河冰分布呈现向两岸扩张再收缩的变化特征，2016 年前漫滩现象严重，2016 年起两岸同时向主槽收缩，漫滩现象大为缓解。R4 段 2016 年前河段首部漫滩现象严重，尾部以主槽封冻为主，其余河段局部漫滩，2016 年起以全段主槽封冻为主。

（4）S1～S5 段近五年 FUS 平均变化速率分别为 1.4d/a、1.0d/a、0.8d/a、0.2d/a及 0.4d/a；S2 段近五年 FUS 波动范围较大，波动幅度为 15d 左右，其余各段波动幅度均在 10d 左右；除 S4 段，其余各段 BUS 均有不同程度偏早现象，变化速率分别为 0.8d/a、2.6d/a、2.6d/a 及 7d/a；S1 段近五年 BUS 波动范围较大，约为 27d；S4 段波动范围稳定在 5d 以内，其余三段波动范围在 15d 左右。

（5）S1 段 FUS 发展模式为"两岸浅水区—库区中心—库尾深水区"；S2～S5 段 FUS 发展模式为"两岸或河滩—主流区"；弯道处 FUS 发展模式为"凹岸—凸岸—主流区"；S1 段 BUE 发展模式为"库区中心—两岸浅水区及深水区"；S2～S5 段顺直河段 BUE 发展模式为"主流—两岸或河滩"；弯道处 BUE 发展模式为"主流区—凸岸—凹岸"。

参 考 文 献

［1］　姚惠明，秦福兴，沈国昌，等．黄河宁蒙河段凌情特性研究［J］．水科学进展，2007（6）：893 - 899.

［2］　冯国华，朝伦巴根，闫新光．黄河内蒙古段冰凌形成机理及凌汛成因分析研究［J］．水文，2008（3）：74 - 76.

［3］　刘晓岩，刘红宾．1993 年黄河内蒙古段封河期堤防决口原因分析［J］．人民黄河，1995（11）：25 - 28.

［4］　可素娟，钱云平，杨向辉，等．1999—2000 年度黄河宁蒙河段及万家寨水库凌情分析［J］．人民黄河，2000（5）：11 - 12.

［5］　林来照，顾明林，朱云通．黄河宁蒙段 2001—2002 年度凌汛特点分析［J］．内蒙古水利，2003（1）：101 - 104.

［6］　雷鸣，高治定．2007—2008 年黄河宁蒙河段凌汛成因分析［J］．黑龙江大学工程学报，2011，2（4）：37 - 42＋47.

［7］　TEDESCO M. Remote Sensing of the Cryosphere［M］. Wiley Blackwell，2015.

［8］　王富强，王雷．近 10 年黄河宁蒙河段凌情特征分析［J］．南水北调与水利科技，2014，12（4）：21 - 24＋97.

［9］　李超群，刘红珍．黄河内蒙古河段凌情特征及变化研究［J］．人民黄河，2015，37（3）：36 - 39.

［10］　冀鸿兰，王晓燕，脱友才，等．万家寨水库建成后上游河段冰情特性研究［J］．水力发电学报，2017，36（2）：40 - 49.

［11］　KROPÁČEK J，MAUSSION F，CHEN F，et al. Analysis of ice phenology of lakes on the Tibetan Plateau from MODIS data［J］. The Cryosphere，2013，（7）：287 - 301.

［12］　姚晓军，李龙，赵军，等．近 10 年来可可西里地区主要湖泊冰情时空变化［J］．地理学报，2015，70（7）：1114 - 1124.

［13］　CHU T，LINDENSCHMIDT K E. Integration of space - borne and air - borne data in monitoring river ice processes in the Slave River，Canada［J］. Remote Sensing of Environment，2016，181：65 - 81.

［14］　刘娟，姚晓军，刘时银，等．1970—2016 年冈底斯山冰川变化［J］．地理学报，2019，74（7）：1333 - 1344.

［15］　李志杰，王宁练，陈安安，等．1993—2016 年喀喇昆仑山什约克流域冰川变化遥感监测［J］．冰川冻土，2019，41（4）：770 - 782.

［16］　高永鹏，姚晓军，刘时银，等．1956—2017 年河西内流区冰川资源时空变化特征［J］．冰川冻土，2019，41（6）：1313 - 1325.

［17］　KÄÄB A，LAMARE M，ABRAMS M. River ice flux and water velocities along a 600 km - long reach of Lena River，Siberia，from satellite stereo［J］. Hydrology and Earth System Sciences，2013，17（11）：4671 - 4683.

［18］　KÄÄB A，ALTENA B，MASCARO J. River - ice and water velocities using the Planet optical cubesat constellation [J]. Hydrology & Earth System Sciences, 2019, 23 (10): 4233 - 4247.

[19] 赵水霞, 李畅游, 李超, 等. 黄河什四份子弯道河冰生消及冰塞形成过程分析 [J]. 水利学报, 2017, 48 (3): 351 - 358.

[20] 李超, 李畅游, 赵水霞, 等. 基于遥感数据的河冰过程解译及分析 [J]. 水利水电科技进展, 2016, 36 (3): 52 - 56.

[21] 杨中华, 王卫东, 马浩录. "四星三源" 模式监测黄河凌汛的研究与实践 [J]. 科技导报, 2006 (4): 64 - 67.

[22] FU GUOBIN, CHEN SHULIN, LIU CHANGMING, et al. Hydro - Climatic Trends of the Yellow River Basin for the Last 50 Years [J]. Climatic change, 2004, 65 (1 - 2): 149 - 178.

[23] YU LIANSHENG. The Huanghe (Yellow River): a review of its development, characteristics, and future management issues [J]. Continental Shelf Research, 2002, 22 (3): 389 - 403.

[24] 侯素珍, 常温花, 王平, 等. 黄河内蒙古河段河床演变特征分析 [J]. 泥沙研究, 2010, (3): 44 - 50.

[25] TA WANQUAN, XIAO HONGLANG, DONG ZHIBAO. Long - term morphodynamic changes of a desert reach of the Yellow River following upstream large reservoirs′ operation [J]. Geomorphology, 2007, 97 (3): 249 - 259.

[26] 申冠卿, 张原锋, 侯素珍, 等. 黄河上游干流水库调节水沙对宁蒙河道的影响 [J]. 泥沙研究, 2007, (1): 67 - 75.

[27] 李秋艳, 蔡强国, 方海燕. 黄河宁蒙河段河道演变过程及影响因素研究 [J]. 干旱区资源与环境, 2012, 26 (2): 68 - 73.

[28] 王随继, 范小黎, 赵晓坤. 黄河宁蒙河段悬沙冲淤量时空变化及其影响因素 [J]. 地理研究, 2010, 29 (10): 1879 - 1888.

[29] 王随继. 黄河流域河型转化现象初探 [J]. 地理科学进展, 2008, 27 (2): 1 - 17.

[30] RAN LISHAN, WANG SUIJI, LU X X. Hydraulic geometry change of a large river: a case study of the upper Yellow River [J]. Environmental Earth Sciences, 2012, 66 (4): 1247 - 1257.

[31] WANG SUIJI, YAN YUNXIA, LI YINGKUI. Spatial and temporal variations of suspended sediment deposition in the alluvial reach of the upper Yellow River from 1952 to 2007 [J]. Catena, 2012, 92: 30 - 37.

[32] 王随继. 黄河银川平原段河床沉积速率变化特征 [J]. 沉积学报, 2012, 30 (3): 565 - 571.

[33] 王随继, 范小黎. 黄河内蒙古不同河型段对洪水过程的响应特征 [J]. 地理科学进展, 2010, 29 (4): 501 - 506.

[34] 范小黎, 王随继, 冉立山. 黄河宁夏河段河道演变及其影响因素分析 [J]. 水资源与水工程学报, 2010, 21 (1): 5 - 11.

[35] 冉立山, 王随继, 范小黎, 等. 黄河内蒙古头道拐断面形态变化及其对水沙的响应 [J]. 地理学报, 2009, 64 (5): 531 - 540.

[36] 颜明, 王随继, 闫云霞, 等. 近三十年黄河上游冲积河段的河道平面形态变化分析 [J]. 干旱区资源与环境, 2013, 27 (3): 74 - 79.

[37] 赵水霞, 李畅游, 李超, 等. 基于 3S 技术的黄河内蒙古段河道演变特性分析 [J]. 水利水电科技进展, 2016, 36 (4): 70 - 74.

[38] YAO ZHENGYI, TA WANQUAN, JIA XIAOPENG, et al. Bank erosion and accretion along the Ningxia - Inner Mongolia reaches of the Yellow River from 1958 to 2008 [J]. Geomorphology, 2010, 127 (1): 99 - 109.

[39] 李健锋，叶虎平，张宗科，等．基于 Landsat 影像的斯里兰卡内陆湖库水体时空变化分析 [J]．地球信息科学学报，2019，21（5）：781－788．

[40] 徐涵秋．利用改进的归一化差异水体指数（MNDWI）提取水体信息的研究 [J]．遥感学报，2005，9（5）：589－595．

[41] 杨修国．图像阈值分割方法研究与分析 [D]．上海：华东师范大学，2009．

[42] TIEGS S D, POHL M. Planform channel dynamics of the lower Colorado River：1976－2000 [J]. Geomorphology，2004，69（1）：14－27．

[43] 李子文，秦毅，陈星星，等．2012 年洪水对黄河内蒙古段冲淤影响 [J]．水科学进展，2016，27（5）：687－695．

[44] 冉立山，王随继．黄河内蒙古河段河道演变及水力几何形态研究 [J]．泥沙研究，2010（4）：61－67．

[45] 吴中海，吴珍汉．大青山晚白垩世以来的隆升历史 [J]．地球学报，2003，24（3）：205－210．

[46] 刘建辉，张培震，郑德文，等．贺兰山晚新生代隆升的剥露特征及其隆升模式 [J]．中国科学：地球科学，2010，40（1）：50－60．

[47] 李炳元，葛全胜，郑景云．近 2000 年来内蒙后套平原黄河河道演变 [J]．地理学报，2003，58（2）：239－246．

[48] 汪一鸣．历史时期黄河银川平原段河道变迁初探 [J]．宁夏大学学报（自然科学版），1984，（2）：52－60．

[49] 王富强，韩宇平．黄河宁蒙河段冰凌成因及预报方法研究 [J]．北京：中国水利水电出版社，2014．

[50] 郭立兵，周跃华，田福昌，等．黄河宁蒙段凌汛致灾影响因素及灾害演变特点 [J]．人民黄河，2020，42（2）：22－26．

第3章
冰凌洪水灾害风险评估与灾情损失评价

黄河凌汛演变过程复杂，其影响因素众多，突发性强，抢险难度大，素有"伏汛好抢，凌汛难防""凌汛决口，河官无罪"之说。黄河凌灾频发的河段主要有三处：黄河宁蒙段、黄河河曲段和黄河下游段；其中，不论发生频率还是严重程度，黄河宁蒙段中的内蒙古段当居首位。该河段冬季严寒漫长，最低气温可达-40℃，冰期平均时长约127天之久；且因纬度差异，同时期上下游温差大，封开河倒序；封河期，下游首封，冰下过水能力减弱，阻碍上游来水，水位节节壅高，致冰水出岸，造成凌汛灾害；开河期，上游先开河，冰水下泄，受内蒙古河段河道狭窄、坡缓的影响，极易卡冰结坝，阻塞河道，致凌洪壅水溃堤，酿成冰凌灾害。

随着我国大型水利枢纽的开发建设，上游龙羊峡、刘家峡等水库相继投入运行，水库的联合调度，控制了汛期流量，使冰期流量趋于平缓。据统计，1950—1967年（刘家峡水库运用前）的18年中冰塞冰坝险情共发生236处，年均13处，1968—2005年的38年中，通过水库调控运用，凌情有所好转，共出现险情137处，年均4处。但流量的减小导致内蒙古段水沙关系失去平衡，河流输沙能力下降，河床逐渐淤积抬升，过流能力严重降低；1987—2012年间，约0.5亿t的泥沙淤积在内蒙古段，平滩流量逐年降低，20世纪末，黄河宁蒙段平滩流量为3000～4000m³/s，到21世纪初，内蒙古段平滩流量仅为1500m³/s，局部河段不足1000m³/s，小流量高水位逐渐成为凌汛期的常态，中小流量漫滩决堤的风险逐年增加。

随着经济的发展，黄河内蒙古段沿岸已是国家和自治区重要的商品粮、油生产基地，多个工矿业重镇沿河而立，冰凌洪水灾害的破坏力及影响程度也被随之放大。1993年磴口县南套子河段决堤，约2.3万人受洪水影响，直接经济损失4000万元；1996年达拉特旗堤防决口，5乡9村39社受灾，直接经济损失6700万元；1999—2001年，呼和浩特段连续发生凌汛灾害，近3000户被迫搬迁，直接经济损失3000余万元；2001年乌达区及2008年杭锦旗的溃堤事故，均造成上亿元的经济损失；历史上的几次重大凌汛灾害，共波及人口近6万人，37万亩耕地被淹没，不计其数的工厂、公路遭到破坏，经济损失高达12亿元。因此，为保障两岸人民群众生命财产安全及工农牧业的正常生产，针对凌汛多发地区展开风险评估、灾情损失评价是十分必要和迫切的。

本章以内蒙古典型区域为例，分析凌洪灾害致灾驱动因子，基于突变理论建立风险评估模型，对巴彦淖尔市沿黄5个旗县区凌洪灾害风险进行评估。为界定灾害严重程度，选取内蒙古河套平原地区 5 个旗县为风险区，建立冰凌洪水灾情损失评价模型，对各风险区历史典型灾害案例展开损失评价。其结果旨在为有关部门防凌减灾工作的科学规划、合理部署提供参考，为灾前续建防凌工程及灾后启动迁安救援、物资保障、恢复生产等救灾工作提供理论依据。

3.1　突变理论基本原理及方法

3.1.1　基本原理

哲学上讲"一切物质都是运动的"，运动是物质的根本属性。在自然界中物质运动的表现形式主要分为两类：一类是诸如有机物生长、流体运动、温度变化等一系列连续的、光滑的渐变过程；另一类是像洪水、火山、地震、塌方等一系列不连续且非光滑的突变过程，这一过程存在着间断性与突发性，是变化过程的突然间断或突然转换，即一个非线性系统由连续渐变向突变的演化过程。对于连续现象可用牛顿和莱布尼兹微积分来完美描述事物的变化过程，但对于不连续的现象，则不可以被微分。自然界中所有突变都存在非稳定性的特点，对于一个线性系统，外部条件在微观上的改变会引起整个系统宏观上成比例的连续变化；而对于非线性系统，外部条件在微观上的轻微波动，都会引发整个系统宏观上的不连续剧变，这种变化过程是不可被微积分描述的，并且是普遍存在的。值得注意的是，自然界中的突变过程往往对应着破坏性极强的自然灾害，这给人类的生活生产构成了严重的威胁，因此，探索一种可以描述突变过程的数学模型变得尤为重要，突变理论就在此背景下应运而生。

1972 年法国数学家雷内·托姆（Rene Thom）发表著作《结构稳定性和形态发生学》，雷内·托姆以拓扑学为工具，以结构稳定性理论为基础，详细地阐述了突变理论的内在机理，自此突变理论正式诞生。突变理论填补了微积分无法描述的变化过程，适用于内部结构复杂或机理尚未确知的系统的研究，被后世誉为"自牛顿和莱布尼茨以来数学界的又一次伟大的智力革命"。

突变理论的中心思想是用一组函数来描述系统所处的状态，从结构稳定性理论出发可以理解为，当系统处于稳定状态时，描述系统状态的函数只会存在一个极值，当系统处于非稳定状态时，描述状态的函数将出现多个极值，突变理论正是通过计算状态函数的极值来确定系统是否发生突变，其中，用来描述系统状态的函数称为势函数。势函数中，可能出现突变的变量称为状态变量，可能引发突变的诸多因素称为控制变量。经拓扑理论证明，势函数的性质（即系统所处的状态）取决于控制变量的数目，而非状态变量的数目，这实现了由控制变量预测系统的诸多定性或定量状态。研究发现，当控制变量数不大于 4，状态变量数不大于 2 时，突变理论有七种初等突变模型，其中最常用的四种初等突变模型见表 3.1。

表 3.1 四种常见初等突变模型

模型名称	控制变量数	状态变量数	归一公式
折叠突变	1	1	$x_a = a^{\frac{1}{2}}$
尖点突变	2	1	$x_a = a^{\frac{1}{2}}$，$x_b = b^{\frac{1}{3}}$
燕尾突变	3	1	$x_a = a^{\frac{1}{2}}$，$x_b = b^{\frac{1}{3}}$，$x_c = c^{\frac{1}{4}}$
蝴蝶突变	4	1	$x_a = a^{\frac{1}{2}}$，$x_b = b^{\frac{1}{3}}$，$x_c = c^{\frac{1}{4}}$，$x_d = d^{\frac{1}{5}}$

3.1.2 评价方法

突变评价法是以突变理论为基础，集层次分析法、效应函数法和模糊评价法的众多优点于一身的多准则评价方法，其核心思想是：首先通过对描述系统状态的势函数求导，得到系统的平衡曲面，即系统所有临界点的集合；而后利用平衡曲面求得奇点方程计算分歧集；最后通过对分歧集的归一化处理，得到各突变模型的归一公式，求出突变隶属函数度这一关键性评价结果。正如表 3.1 所示，在 4 种常用的突变模型中，x 代表状态变量，a、b、c、d 代表影响系统状态的控制变量。突变评价法相对于其他评价方法的优点就在于，评价过程无须考虑指标的权重，只通过各控制变量的主次关系及内在矛盾确定其重要程度，消除了人为主观性的影响，提高了评估结果的可靠性，实现了对系统的合理评估。

3.1.2.1 归一化处理

突变模型的归一化处理是通过系统的势函数 $V(x)$ 实现的，常见的四种模型的势函数见表 3.2，突变模型归一化公式的处理过程以尖点突变模型为例。

表 3.2 四种常见突变模型的势函数

模型名称	控制变量数	状态变量数	势 函 数
折叠突变	1	1	$V_a(x) = x^3/3 + ax$
尖点突变	2	1	$V_{ab}(x) = x^4/4 + ax^2/2 + bx$
燕尾突变	3	1	$V_{abc}(x) = x^5/5 + ax^3/3 + bx^2/2 + cx$
蝴蝶突变	4	1	$V_{abcd}(x) = x^6/6 + ax^4/4 + bx^3/3 + bx^2/2 + dx$

尖点突变模型是由一个状态变量 x 和两个控制变量 a、b 组成的，尖点突变模型是一个标准的三维空间突变模型，直观性强，应用简便，因此在科学领域受到了广泛应用。由表 3.2 可见，尖点突变模型的势函数表达式为

$$V_{ab}(x) = x^4/4 + ax^2/2 + bx \tag{3.1}$$

对势函数求一阶导数，得到系统平衡曲面 M 的表达式为

$$V'_{ab}(x) = 4x^3 + 2ax + b = 0 \tag{3.2}$$

此时，再次对平衡曲面 M 求导，得到奇点集 S 的表达式为

$$V''_{ab}(x) = 12x^2 + 2a = 0 \tag{3.3}$$

联立式（3.2）和式（3.3），消去 x，得到分歧集：

$$8a^3 + 27b^2 = 0 \tag{3.4}$$

将分歧集改写成分解式形式为

$$x_a = -6a^2, \quad x_b = 8b^3$$

再将分解式改写为

$$x_a = \sqrt[2]{-a/6}, \quad x_b = \sqrt[2]{b/8}$$

其中，控制变量 a、b 所对应的 x 值分别为 x_a、x_b；为确定控制变量 a、b 以及状态变量 x 的取值范围，令 $|x| = 1$，可求得 $a = -6$，$b = 8$，其绝对值的取值范围为：$x \in (0, 1)$、$a \in (0, 6)$、$b \in (0, 8)$；现已知缩小各变量的取值范围不影响突变模型的性质，故将 a 缩小 6 倍，将 b 缩小 8 倍，此时，便可将 x、a、b 的取值范围均限制于 $0 \sim 1$ 之间。

由此得到尖点突变模型的归一化公式：$x_a = a^{\frac{1}{2}}$，$x_b = b^{\frac{1}{3}}$；同理，经过归一化处理后，也可得到其他突变模型的归一化公式：

折叠突变模型：$x_a = a^{\frac{1}{2}}$

燕尾突变模型：$x_a = a^{\frac{1}{2}}$，$x_b = b^{\frac{1}{3}}$，$x_c = c^{\frac{1}{4}}$

蝴蝶突变模型：$x_a = a^{\frac{1}{2}}$，$x_b = b^{\frac{1}{3}}$，$x_c = c^{\frac{1}{4}}$，$x_d = d^{\frac{1}{5}}$

3.1.2.2　模型的归一化运算

突变模型的运算是根据树状评估指标体系，由最下层指标开始，逐级向上求得突变隶属函数度的过程。在这个运算过程中，底层指标的突变隶属函数度需要通过以下两个标准化公式求得，目的是消除指标的量纲，统一将取值范围限制在 $0 \sim 1$ 之间，并为模型的归一化运算提供起始数值。

效益型公式：

$$x_{(i, j)} = \frac{x'(i, j) - x_{\min}(j)}{x_{\max}(j) - x_{\min}(j)} \tag{3.5}$$

成本型公式：

$$x_{(i, j)} = \frac{x_{\max}(j) - x'(i, j)}{x_{\max}(j) - x_{\min}(j)} \tag{3.6}$$

式中：$x'(i, j)$ 为待处理指标；$x_{(i, j)}$ 为处理后的指标；$x_{\max}(j)$ 与 $x_{\min}(j)$ 为 j 个项目中的最大值与最小值。

3.1.2.3　突变评价法的基本原则

突变理论进行风险评估的过程中，计算结果取值应遵循以下两个基本原则：非互补原则，即组成某层级系统的各控制变量之间独立存在，各控制变量的作用无法相互弥补，此时遵循"大中取小"的取值原则；互补原则，即组成某层级系统的各控制变量之间存在相互关联，各控制变量可以相互弥补，此时按"平均值"的原则取值。

3.2 基于突变理论的冰凌洪水灾害风险评估

3.2.1 风险区概况

巴彦淖尔市位于内蒙古西部，地处东经 $105°12'\sim109°53'$、北纬 $40°13'\sim42°28'$ 之间，辖 1 个区、2 个县、4 个旗，东西相邻包头市、乌海市、阿拉善盟，隔黄河与鄂尔多斯市相望，向北与蒙古国接壤，境内乌拉特草原、阴山山脉、后套平原由北向南依次环绕，地理位置优越，自然资源丰富。

巴彦淖尔市位于黄河上游区下段，该河段由磴口县二十里柳子入境，流经磴口县、杭锦后旗、临河区、五原县，于乌拉特前旗池家圪旦出境，境内河段总长 345km。自古以来该河段水患频发（历史险情统计见表 3.3），1993 年封河期，三盛公水利枢纽拦河闸下游形成冰塞，长度达 1.5km，凌水下泄严重受阻，致磴口县南套子河段黄河大堤发生溃决，$80km^2$ 的土地被淹，上万人被迫搬迁，直接经济损失 4000 万元。此次发生于封河期的溃堤事故，实属黄河流域有记录以来之首次。如今，随着当地社会经济的发展，黄河堤防保护区内已有亚洲最大的大型引黄灌区河套灌区，以及包兰铁路、京藏高速、京新高速、109 与 110 国道、京—呼—银—兰通信光缆等重要设施，区内还有军用和民用机场、工业园区、工矿企业及事业单位、机关、学校等。因此，做好巴彦淖尔市防凌防汛工作及防灾减灾研究，可对保障地区经济稳定发展和人民群众安居乐业发挥至关重要的作用。

表 3.3　　黄河巴彦淖尔市段冰凌洪水险情统计（不完全统计）

风险区	年　份
磴口县	1926、1933、1936、1947、1950、1951、1952、1988、1990、1992、1993、1994、1995、1997、2001、2004、2009、2011
杭锦后旗	1947、1950、1951、1952、1988、1993、1995、2001、2004、2007、2009、2011
临河区	1927、1929、1930、1945、1988、1993、2001、2004、2007、2009、2011
乌拉特前旗	1991、1993、1996、2001、2004、2008、2009、2010、2014
五原县	1993、1994、1996、1998、2001、2004、2007、2009

3.2.1.1 磴口县

磴口县位于巴彦淖尔市西南部，地处东经 $106°9'\sim107°10'$、北纬 $40°9'\sim40°57'$，是黄河入境巴彦淖尔市的第一个县。磴口县西邻阿拉善盟，北接乌拉特后旗，东连杭锦后旗，南缘黄河与鄂尔多斯市杭锦旗隔河相望。磴口县是内蒙古河套平原的源头，东部是一马平川的黄河冲积平原，西部是乌兰布和沙漠，北部背靠狼山山脉，面向奔腾的黄河，地势平坦，土地肥沃。磴口县北部的贺兰山和狼山风口，年平均风速可达 4.5m/s，拥有丰富的风力资源，是全国内陆仅有的几个风能丰富区之一；此外，磴口县日照充足，是我国太阳能资源富集区域之一和自治区太阳能发电的重点发展地区。

磴口县总面积 $4167km^2$，总人口 11.4 万人，辖 4 个镇、1 个苏木，5 个农场，47 个嘎查村；县内耕地面积 65 万亩，养殖各类牲畜 150 万头，地区生产总值 54.09 亿元。黄河过境磴口县 52km，堤防长度约 44.4km，险工及导控工程 4 处，大小湖泊 46 处，共有水域面积 3.61 万亩。

3.2.1.2　杭锦后旗

杭锦后旗位于巴彦淖尔市中西部，地处东经 106°34′～107°34′、北纬 40°26′～41°13′之间；地形主要为黄河的冲积平原、洪积平原为主。杭锦后旗西邻磴口县、乌兰布和沙漠，东边紧靠市政府所在地临河区，北接阴山山脉与乌拉特后旗交界，南与鄂尔多斯市杭锦旗隔黄河相望；杭锦后旗日照充足，年日照时数 3220h 以上，日照率达 73%，是我国重要的光能资源开发地区之一。作为全国八大自流灌溉农区之一的杭锦后旗，依靠黄河这一得天独厚的自然优势，大力发展农牧业，称为第一批国家农业可持续发展试验示范区，第二批国家农产品质量安全县，入选全国农村创新创业典型县。

杭锦后旗总面积 1790km²，总人口 31 万人，辖 8 个镇；旗内耕地面积 136 万亩，养殖各类牲畜 300 万头，地区生产总值 118.3 亿元。黄河过境杭锦后旗 17.5km，堤防长度约 13.814km。

3.2.1.3　临河区

临河区地处巴彦淖尔市中部，位于北纬 40°34′～41°17′、东经 107°6′～107°44′之间，是巴彦淖尔市政府所在地，也是全市政治、经济、文化的中心地区；临河区坐落于后套平原腹地，黄河"几"字弯之上，向北是阴山山脉，向东连接乌拉特草原，南临黄河与南岸的鄂尔多斯高原相望；全境地形以冲积平原为主，地面开阔平坦，土壤肥沃，水资源丰富，引黄灌溉面积达 217 万亩，是我国重要的优质农畜产品生产基地，先后获得"全国粮食生产先进县""全国生态文明先进区""国家现代农业示范区""国家农村产业融合发展示范园""国家园林城市"等 14 项国家级荣誉；获得"自治区文明城市""自治区级田园综合体试点""自治区园林城市"等 33 项自治区级荣誉；成功举办了第十四届中国羊业发展大会和首届、第二届中国肉羊产业发展大会、第二十六届全国绒毛会议，有"中国肉羊（巴美）之乡"的美称。

临河区总面积 2354km²，总人口 55.5 万人，辖 9 个乡镇、2 个农场、11 个办事处；县内耕地面积 217 万亩，养殖各类牲畜 585 万头，地区生产总值 297.1 亿元。黄河过境临河区 50.337km，堤防长度约 64.418km，险工及导控工程 4 处，除引黄灌渠外，另有大小湖泊 3.1 万亩，地下水年补给 5 亿 m³。

3.2.1.4　五原县

五原县位于内蒙古后套平原腹地，黄河"几"字弯最北端，地处东经 107°35′70″～108°37′50″、北纬 40°46′30″～41°16′45″之间，东西分别于乌拉特前旗、临河区相邻，北靠阴山山脉，南依黄河与鄂尔多斯市相望；五原县气候宜人，物产丰富，是我国重要的商品粮生产基地，自古以来就被称为"塞外江南，河套粮仓"。五原县围绕农业高新技术以及绿色农畜产品生产加工输出的目标，大力发展绿色农业，获评"全国农村产业融合示范县"，入围"国家可持续发展试验示范区"。

五原县总面积 2492.9km²，总人口 30 万人，辖 8 个镇 1 个乡 1 个农场；县内耕地面积 230 万亩，人均耕地 11.5 亩，是全国人均耕地的 8.5 倍，养殖各类牲畜 500 万头，地

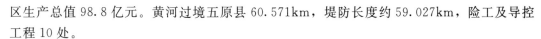

区生产总值 98.8 亿元。黄河过境五原县 60.571km，堤防长度约 59.027km，险工及导控工程 10 处。

3.2.1.5 乌拉特前旗

乌拉特前旗位于巴彦淖尔市东南部，后套平原的东端，地处东经 108°11′~109°54′、北纬 40°28′~41°16′之间，东面毗邻包头市，西面连接五原县，北部与乌拉特中旗接壤，与黄河南岸的鄂尔多斯市杭锦旗、达拉特旗相望；地形地貌可概括为"千里平原两道滩"，其中"三山两川一面海"指的是乌拉山、查石太山、白音察汉山、明安川、小佘太川、乌梁素海。"千里平原两道滩"指套内平原、蓿亥滩和中滩。乌拉特前旗农畜产品资源丰富、矿产资源储量大，不仅是我国首屈一指的自流灌区，更是我国重要的绿色、专用农作物种植基地。另外，乌拉特前旗已探明的各类矿床、矿点、矿化点及产地 101 处，矿产资源潜在价值达百亿元以上；在大力发展绿色农业的同时，工业经济也稳中向好，成功入选国家第二批工业资源综合利用示范基地名单。

乌拉特前旗总面积 7476km²，总人口 34.3 万人，辖 11 个苏木镇（其中农区镇 8 个，牧区苏木镇 3 个）、5 个农牧场，93 个嘎查村、48 个农牧分场；县内耕地面积 244 万亩，养殖各类牲畜 350 万头，地区生产总值 136.5 亿元。黄河过境乌拉特前旗 152.462km，堤防长度约 132.521km，险工及导控工程 6 处；年引黄河水 6.2 亿 m³，除引黄灌渠外，境内有大小湖泊共 65 个，总面积达 58 万亩。

3.2.2 风险评估指标体系

凌汛灾害致灾机理复杂，热力、河势、动力等众多因素都对凌情的演化产生不可忽视的影响，建立风险评估指标体系，需从凌灾机理出发，探索灾害发生前后变化最为明显的关键性指标。因此，选取的 1993 年磴口县，1999 年托克托县、清水河县、准格尔旗三旗县，2008 年杭锦旗这三起具有代表性的冰凌洪水灾害案例，通过对实际案例灾害驱动因子的分析，确定影响冰凌洪水风险程度的主要评估指标。

3.2.2.1 孕灾环境

1. 气温变化

黄河内蒙古河段位于整个黄河流域的最北端，相较于上游的宁夏河段，海拔高、纬度高，是冬季寒潮进入我国的必经之路，常出现气温骤然降低又突然回暖的极端天气情况，易造成武开河，部分年份甚至出现封开河往复的情况。例如 1993 年磴口县和 2001 年乌达区的封河期凌汛灾害，以及 1996 年达拉特旗、2008 年杭锦旗的开河期凌汛灾害，主要原因之一均是气温的骤然变化。

如图 3.1（a）所示，三湖河口站 1989—2008 年 3 月中旬日最高气温均值为 9.25℃，最低气温均值为 -3℃，而 2008 年杭锦旗凌汛灾害发生时，3 月中旬最高气温均值 14.8℃、最低气温均值也在 0℃ 以上，达到 20 年来最大值。

由图 3.1（b）可看出，自 2008 年 3 月 9 日起气温开始回升，12 日时，最高气温已攀升至 15℃，最低气温也超过 0℃；18 日最高气温更是达到 20℃，紧接着 20 日，杭锦旗独贵塔拉奎素段堤防决口；在溃堤事件发生的前 4 天，最低气温均高于 0℃。事发正值开河期，短时间内巨大的温差变化，加速冰凌的消融，不利于槽蓄水的缓慢释放；与此同时，流凌碎冰的数量也随之增加，加剧了河道出现冰塞冰坝的风险。

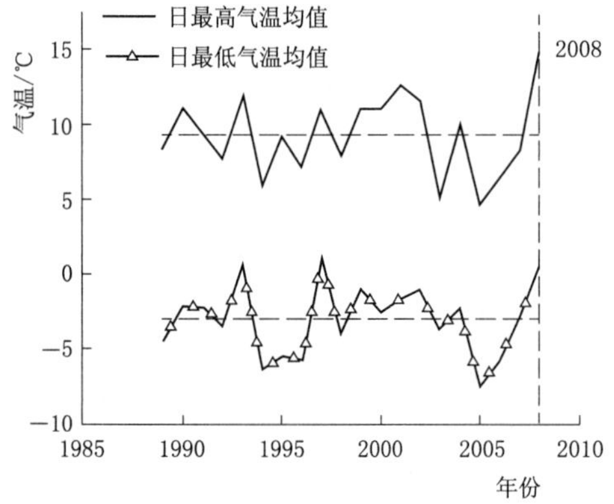

(a) 1989—2008年3月中旬气温均值 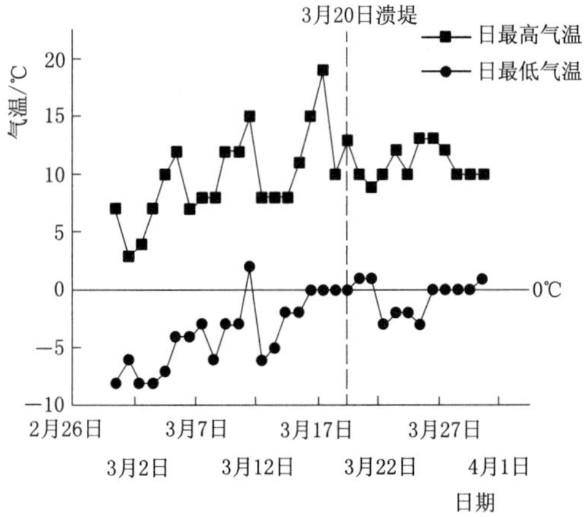 　　　　(b) 2008年3月逐日气温

图 3.1　三湖河口站 3 月中旬气温均值年际变化及 2008 年 3 月逐日气温

2. 河势因素

内蒙古河段位于黄河"几"字弯的头部，整体河道呈现狭窄到宽浅再到狭窄的形态，浅滩弯道叠出，平面摆动较大，坡度平缓，全长 830km 的河段，总高差仅 162.5m，巴彦高勒至托克托县，较大弯道有 69 处，最大弯曲度达 3.64，水流散乱，河势不顺。开河期，上游先开河，融冰下泄于狭窄坡缓的弯道处，极易卡冰结坝，造成水位壅高，酿成险情。

河段整体纵比降小，上游石嘴山—海勃湾库尾河道纵比降为 0.56‰，进入三盛公库区纵比降降至 0.17‰，且上游流经沙漠边缘，大量泥沙被带入河中，河道淤积严重，过水能力逐年减小。据统计，1950—2014 年巴彦高勒河段输沙率呈下降趋势（图 3.2），侧面说明河道长期处于持续淤积的状态，与秦毅等人分析的巴彦高勒历年冲淤变化情况相一致。受河道条件及水库调控等因素影响，万家寨水库建成运行的十年间，内蒙古河段水位"蹿"高了两米多，截至 2012 年，内蒙古段黄河滩区共有 77 万亩耕地被淹，个别河段已是名副其实的"地上悬河"。因此，河势的特点，直接或间接影响着河道的输排水能力，为汛期流冰排泄不畅提供了客观条件。

3.2.2.2　致灾因子

1. 槽蓄水量

冬季随着气温的降低，流凌密度开始增加，河面逐渐封冻，冰的阻力作用使得流速降低，河流过水能力减弱，部分上游来水会被滞留于河道内，这部分增加的水量加上河道基流，便是冬季槽蓄水量。封河期，冰凌的阻碍作用使槽蓄水量增加，水位上升，待稳封后趋于平衡；开河期，融冰及上游来水使槽蓄水量快速释放，河道内水位抬升，流量增加，流速增大，在动力因素的作用下，融冰更易潜入冰面，堵塞河道造成壅水漫滩。

图 3.3 为 1993 年 12 月磴口县凌汛灾害前 12 年的巴彦高勒—三湖河口段槽蓄水量变化统计；可见，1993 年灾害发生当月槽蓄水量为 2.98 亿 m^3，远高于平均值 2.33 亿 m^3，

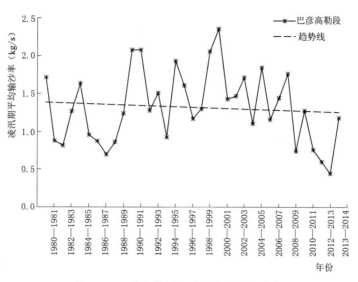

图 3.2 巴彦高勒历年凌汛期平均输沙率

仅次于 1988 年的 3.49 亿 m^3，而 1988 年在磴口县同样发生了开河期冰塞洪水灾害。1993 年磴口县凌汛灾害的主要原因是封河期气温骤降后突然回升，导致封河又复开，高于常年的槽蓄水量在短时间内快速释放，成为引发堤防决口的重要因素。

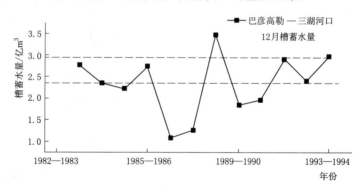

图 3.3 巴彦高勒—三湖河口段 12 月多年平均槽蓄水量

2. 水位变化

1993 年 11 月 15 日内蒙古地区遭遇寒潮入侵，气温突降，18 日三湖河口首封，24 日封入磴口县境内，30 日封入三盛公闸下；进入 12 月气温逐渐回升，封河形势减缓，受冰凌和来水量的影响，河道槽蓄水量开始增加；12 月 6 日，巴彦高勒下游的三盛公闸下发生冰塞，水位迅速抬升。如图 3.4（a）所示，因冰塞位于巴彦高勒站下游，所以 6 日形成冰塞时，巴彦高勒水位猛涨至最高点 1054.40m，超过千年一遇设计洪水标准 0.2m；7 日磴口县南套子堤防溃堤，洪水向外倾泻，巴彦高勒水位骤降，并于 15 日逐渐恢复平衡。

如图 3.4（b）所示，2008 年杭锦旗溃堤前后的水位变化与 1993 年磴口县有所不同。三湖河口站位于溃堤河段下游 2km 处，因此在溃堤前，水位并没有明显变化；3 月 20 日凌晨上游杭锦旗独贵塔拉奎素段溃堤，凌洪泄向堤外及下游，三湖河口水位猛涨至最高点

1021.22m，超过历史最高水位 0.41m。水位的变化直接影响灾害的发展，不仅造成漫堤、漫滩，长时间高水位浸泡，易使堤基土体饱和堤防脱坡，引发更严重的溃堤事故。

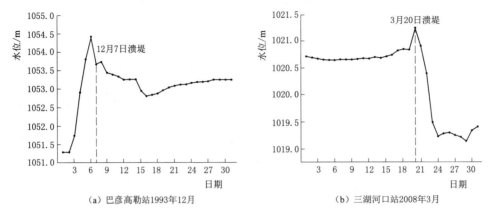

（a）巴彦高勒站1993年12月　　　　　（b）三湖河口站2008年3月

图 3.4　巴彦高勒站 1993 年 12 月及三湖河口站 2008 年 3 月逐日水位

3. 流量变化

如图 3.5（a）所示，巴彦高勒在溃堤前流量明显下降，溃堤时流量也未出现太大变化，但水位却上涨明显，其原因为巴彦高勒站下游邻近处冰塞，导致断面过流能力锐减，水流受冰凌的阻力作用，水位明显抬高，但流量流速均会出现降低，这反映了凌汛灾害小流量高水位的一个特点。

图 3.5（b）中，三湖河口在决堤当日流量暴涨，凌峰达到了 $1650\text{m}^3/\text{s}$，是 1983 年以来开河期凌峰流量第三高，水位也随之陡升至历史最高点；其原因是三湖河口站位于决堤段下游，溃堤事故使滞留于上游的凌洪迅速释放，流量流速增加，水位抬升。可见，流量的变化也关系着水位的升降，是凌汛灾害风险的一大明显指标。

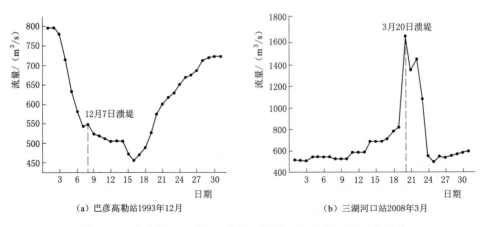

（a）巴彦高勒站1993年12月　　　　　（b）三湖河口站2008年3月

图 3.5　巴彦高勒 1993 年 12 月及三湖河口 2008 年 3 月逐日流量

3.2.2.3　承灾体及防御能力

承灾体即灾害直接或间接威胁到的众多社会因素，如人口、村庄、牲畜、耕地等。越是人口密度大、经济发展滞后的地区，在灾害发生时，遭受的损失就越大，灾后的恢复能力也越低。1999 年开河期，托克托县、清水河县、准格尔旗遭受了严重的凌汛灾害，共计 11 个村 8360 人受灾，2 个水泥厂、12 个扬水站被洪水破坏，1305 间房屋倒塌，直接经济损失 1332.11 万元，抢险投入费用达 266.13 万元。严格来讲，灾害风险和承灾体成反比关系，严重的灾害会给脆弱的社会经济造成毁灭性的打击。

2008 年杭锦旗凌汛灾害的重要原因之一便是堤防问题，杭锦旗段设防 231.6km，但却有 90km 堤防未达标，且修建年代久远，裂纹鼠洞随处可见，沙子土堤基透水性大，抗冲刷能力严重不足，给重大灾害的发生埋下了安全隐患。不仅杭锦旗段，1993 年的磴口县，1999 年托克托、清水河、准格尔三旗县的凌汛灾害，堤防安全问题始终难辞其咎。

3.2.2.4　评估体系建立

凌洪灾害致灾因素复杂多样，综合上述分析，将灾害演化的影响因素与社会经济情况相结合，从系统论及灾害学理论的角度出发，将各因素归类为孕灾环境、致灾因子、承灾体、防御能力这四个方面，使其相互作用相互影响，构成一个复杂的评估指标体系。

凌洪灾害是自然界作用于人类社会的产物，本身具有自然性与社会性双重属性，故本章在上述理论基础上，以孕灾环境、致灾因子为反映灾害的自然属性（即灾害危险性），因不易变的自然环境决定了灾害形成的敏感性，而易变的影响因素，诸如流速、流量、水位等，决定成险成灾之后所造成的破坏强度；故将二者用来描述变化条件下，自然环境成灾的敏感程度及成灾强度。以承灾体、防御能力为反映灾害的社会属性（即社会易损性），描述社会对于灾害的承担能力和影响程度。指标 D1～D4 描述灾害形成的可能性；指标 D5～D9 描述凌洪由险转灾的致灾强度；指标 D10～D13 描述灾害对城乡经济、农牧业生产所造成的影响程度及范围；指标 D14～D16 描述灾害发生时，社会的抗灾恢复能力。

为了尽可能全面反映凌洪灾害风险，本章基于巴彦淖尔市段沿黄 5 个旗县区多年实测水文、气象等数据，从孕灾环境、致灾因子、承灾体、防御能力四个方面，建立 4 层 16 项综合评估体系，如图 3.6 所示。按照黄河过境顺序，选取磴口县、杭锦后旗、临河区、

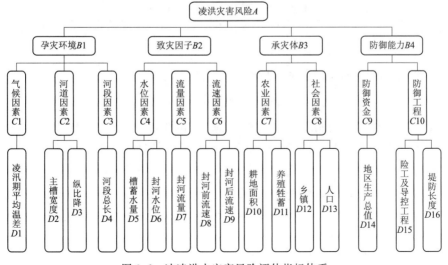

图 3.6　冰凌洪水灾害风险评估指标体系

五原县、乌拉特前旗为 1～5 号风险区，各风险区水文、气象数据来源于内蒙古河套灌区管理总局、巴彦淖尔市防汛抗旱指挥部以及巴彦高勒、三湖河口水文站，社会数据来源于基层政府年度工作报告。

因各实测指标数据所表达的含义均不相同，所以需对指标进行标准化处理，目的是消除量纲，将取值范围统一在 0～1 之间 [标准化公式见式 (3.5)、式 (3.6)]；另外，在进行突变模型的归一计算时，需要事先给出评估体系最底层指标的突变隶属函数度值，为模型运算提供起始指标；标准化处理后的指标值见表 3.4。

表 3.4　　　　　　　　黄河冰凌洪水风险各指标标准化值

底层指标	一号	二号	三号	四号	五号
凌汛期平均气温差 $D1/℃$	0.313	0.487	0.602	0.863	0.071
主槽宽度 $D2/m$	0.821	0.310	0.565	0.131	0.131
纵比降 $D3/‰$	0.571	0.571	0.857	0.857	0.143
河段总长 $D4/km$	0.078	0.010	0.257	0.358	0.928
槽蓄水量 $D5/亿\ m^3$	0.702	0.702	0.500	0.269	0.269
封河水位 $D6/m$	0.591	0.555	0.528	0.475	0.396
封河流量 $D7/(m^3/s)$	0.780	0.780	0.499	0.499	0.155
封河前流速 $D8/(m/s)$	0.347	0.347	0.277	0.277	0.694
封河后流速 $D9/(m/s)$	0.491	0.491	0.364	0.364	0.618
耕地面积 $D10/万亩$	0.997	0.623	0.219	0.154	0.085
养殖牲畜 $D11/万头$	0.978	0.670	0.084	0.259	0.567
乡镇 $D12/个$	0.951	0.529	0.389	0.389	0.108
人口 $D13/万人$	0.984	0.582	0.097	0.602	0.514
地区生产总值 $D14/亿元$	0.986	0.746	0.066	0.819	0.677
险工及导控工程 $D15/处$	0.686	0.992	0.686	0.072	0.481
堤防长度 $D16/km$	0.920	0.992	0.740	0.642	0.072

3.3　突变模型运算及结果分析

根据评估体系中各级控制变量的个数，选取相应的突变模型，遵循突变评价法的基本原则，由下至上逐级展开突变模型归一计算，直至求出最顶层总风险的突变隶属函数度值（即灾害风险值）。各风险区的计算过程如下。

3.3.1　冰凌洪水灾害风险评估计算

3.3.1.1　孕灾环境 $B1$

指标 $D1$ 和 $D4$ 由一个控制变量组成，为折叠突变模型；$D2$、$D3$ 由两个控制变量组成，为尖点突变模型，$D2$ 与 $D3$ 的作用可相互弥补，按"平均值"的方法取值；$C1$、

$C2$、$C3$ 由三个控制变量组成，为燕尾突变模型，$C1$、$C2$、$C3$ 的作用不可互相弥补，按"大中取小"的方法取值；代入归一化公式：

$$x_{D1} = (0.313)^{\frac{1}{2}} = 0.559$$

$$x_{D2} = (0.821)^{\frac{1}{2}} = 0.906, \quad x_{D3} = (0.571)^{\frac{1}{3}} = 0.830$$

$$x_{D4} = (0.078)^{\frac{1}{2}} = 0.279$$

$$C1 = x_{D1} = 0.559, \quad C2 = (D2 + D3)/2 = 0.868, \quad C3 = x_{D4} = 0.279$$

$$x_{C1} = (0.559)^{\frac{1}{2}} = 0.748$$

$$x_{C2} = (0.868)^{\frac{1}{3}} = 0.954$$

$$x_{C3} = (0.279)^{\frac{1}{4}} = 0.727$$

$$B1 = 0.727$$

3.3.1.2 致灾因子 B2

$D5$ 与 $D6$、$D8$ 与 $D9$ 均由两个控制变量组成，为尖点突变模型，其作用均可相互弥补，按"平均值"的方法取值，$D7$ 由一个控制变量组成，为折叠突变模型；$C4$、$C5$、$C6$ 由三个控制变量组成，为燕尾突变模型，其作用可以相互弥补，按"平均值"的方法取值代入归一化公式：

$$x_{D5} = (0.702)^{\frac{1}{2}} = 0.838$$

$$x_{D6} = (0.591)^{\frac{1}{3}} = 0.839$$

$$x_{D7} = (0.780)^{\frac{1}{2}} = 0.883$$

$$x_{D8} = (0.347)^{\frac{1}{2}} = 0.589$$

$$x_{D9} = (0.491)^{\frac{1}{3}} = 0.789$$

$$C4 = (D5 + D6)/2 = 0.838, \quad C5 = x_{D7} = 0.883, \quad C6 = (D8 + D9)/2 = 0.689$$

$$x_{C4} = (0.838)^{\frac{1}{2}} = 0.915$$

$$x_{C5} = (0.883)^{\frac{1}{3}} = 0.959$$

$$x_{C6} = (0.689)^{\frac{1}{4}} = 0.911$$

$$B2 = (D4 + D5 + D6)/3 = 0.928$$

3.3.1.3 承灾体 B3

$D10$ 与 $D11$、$D12$ 与 $D13$ 均由两个控制变量组成，为尖点突变模型，其作用均不可相互弥补，按"大中取小"的方法取值；$C7$、$C8$ 由两个控制变量组成，为尖点突变模型，作用可以相互弥补，按"平均值"的方法取值；代入归一化公式：

$$x_{D10} = (0.977)^{\frac{1}{2}} = 0.988$$

$$x_{D11} = (0.978)^{\frac{1}{3}} = 0.992$$

$$x_{D12} = (0.951)^{\frac{1}{2}} = 0.975$$

$$x_{D13} = (0.984)^{\frac{1}{3}} = 0.994$$

$$C7 = 0.988, \quad C8 = 0.975$$

$$x_{C7} = (0.988)^{\frac{1}{2}} = 0.993$$

$$x_{C8} = (0.975)^{\frac{1}{3}} = 0.992$$

$$B3 = (C7 + C8)/2 = 0.993$$

3.3.1.4　防御能力 *B4*

$D14$ 由一个控制变量组成，为折叠突变模型；$D15$ 与 $D16$ 由两个控制变量组成，为尖点突变模型，其作用可相互弥补，按"平均值"的方法取值；$C9$、$C10$ 由两个控制变量组成，是为尖点突变模型，其作用可相互弥补，按"平均值"的方法取值代入归一化公式：

$$x_{D14} = (0.986)^{\frac{1}{2}} = 0.993$$

$$x_{D15} = (0.686)^{\frac{1}{2}} = 0.828$$

$$x_{D16} = (0.920)^{\frac{1}{3}} = 0.973$$

$$C9 = x_{D14} = 0.993, \quad C10 = (D15 + D16)/2 = 0.900$$

$$x_{C9} = (0.993)^{\frac{1}{2}} = 0.996$$

$$x_{C10} = (0.900)^{\frac{1}{3}} = 0.965$$

$$B4 = (C9 + C10)/2 = 0.981$$

3.3.1.5　冰凌洪水灾害风险 *A*

$B1$、$B2$、$B3$、$B4$ 均由四个控制变量组成，为蝴蝶突变模型，其作用均可相互弥补，按"平均值"的方法取值；代入归一化公式：

$$x_{B1} = (0.727)^{\frac{1}{2}} = 0.853$$

$$x_{B2} = (0.928)^{\frac{1}{3}} = 0.975$$

$$x_{B3} = (0.993)^{\frac{1}{4}} = 0.998$$

$$x_{B4} = (0.981)^{\frac{1}{5}} = 0.996$$

$$A = (B1 + B2 + B3 + B4)/4 = 0.956$$

由上述计算得：一号风险区冰凌洪水灾害风险 A 为 0.956。

其余各风险区的模型选取及取值原则与上述相同，此处不再赘述。则巴彦淖尔市沿黄 5 个风险区灾害风险值见表 3.5。

表 3.5　　　　　　　　　黄河冰凌洪水灾害各风险区计算结果

风险区	孕灾环境	致灾因子	承灾体	防御能力	灾害风险值
1 号	0.727	0.928	0.993	0.981	0.956
2 号	0.562	0.927	0.894	0.965	0.923
3 号	0.654	0.883	0.717	0.730	0.907
4 号	0.466	0.861	0.741	0.889	0.885
5 号	0.643	0.828	0.615	0.865	0.899

3.3.2 突变模型运算结果分析

本章借鉴洪水灾害风险程度划分标准，结合凌洪灾害特点及历史灾情，将风险等级划分为：极低风险、低风险、中等风险、高风险和极高风险 5 个级别；赋以［0～1］区间内的数值作为各等级的变化范围。各风险区风险等级见表 3.6 所示。

表 3.6 各风险区冰凌洪水灾害风险等级

风险度标准	［1.0, 0.95)	［0.95, 0.90)	［0.90, 0.50)	［0.50, 0.30)	［0.30, 0.0]
风险等级	极高风险	高风险	中等风险	低风险	极低风险
风险区	磴口县	杭锦后旗	乌拉特前旗	—	—
		临河区	五原县		
突变隶属函数度值	0.956	0.923	0.899	—	—
		0.907	0.885		

突变评价法结果表明：磴口县突变隶属函数度值为 0.956，属极高风险地区；杭锦后旗、临河区突变隶属函数度值分别为 0.923 和 0.907，均属高风险地区；乌拉特前旗、五原县突变隶属函数度值分别为 0.899 和 0.885，均属中等风险地区。各风险区的风险等级随黄河入境顺序，大体呈现逐级降低的趋势；各风险区的评估结果，与该地区历史险情统计结果（表 3.1）基本吻合，由此验证了将突变理论运用到冰凌洪水灾害风险评估的可行性，也在一定程度上验证了突变评价结果的可靠性。

巴彦淖尔市河段整体风险偏高，对其原因展开如下分析：

（1）气温影响。

凌汛期气温是凌灾演化发展的重要因素，其直接决定了河道开河方式和开河速率。如图 3.7 所示巴彦淖尔市段多年凌汛期温度整体呈缓慢上升趋势；巴彦高勒凌汛期多年平均

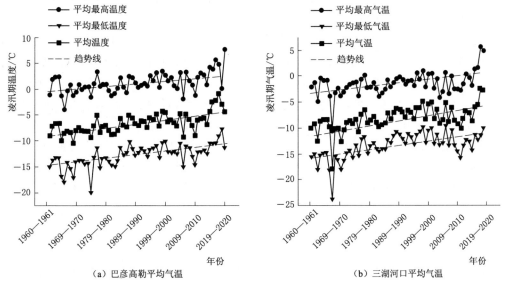

（a）巴彦高勒平均气温　　　　　　　　　（b）三湖河口平均气温

图 3.7 巴彦高勒及三湖河口 1960—2019 年凌汛期平均气温

温度变化范围在 $-10\sim-5℃$ 之间，三湖河口段变化范围在 $-15\sim-5℃$ 之间，三湖河口段增长速率快于巴彦高勒。

图 3.8 为巴彦高勒及三湖河口多年平均封河天数，其中三湖河口段的平均封河天数高于三湖河口段，两河段均呈明显的下降趋势。据近 30 年气象资料统计，封河期，上游的银川站气温转负日期要比内蒙古晚十天，开河期相反，3 月气温转正日期银川站要比内蒙古早 10 天。

综合上述分析，巴彦淖尔河段凌汛期气温逐年上升，封河天数随之下降，气温的变化影响了封开河的速率，降低了冰层的稳定性，不利于槽蓄水量的缓慢释放，加之上游温度提前转正，融冰流量激增，槽蓄水量大量聚集，水位抬升迅速，由此成为引发凌汛灾害的定时炸弹。

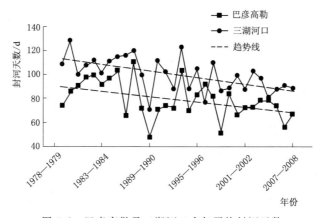

图 3.8　巴彦高勒及三湖河口多年平均封河天数

（2）河道淤积。

1986 年龙羊峡水库建成后，开始与刘家峡水库联合调度，上游流量经过调整后，汛期流量减少，河流动力不足，输沙能力大幅削减；自龙羊峡水库建成后的 1987—2012 年间，黄河内蒙古段泥沙淤积量在 0.5 亿 t 左右。

如图 3.9 所示，1986 年之后巴彦高勒及三湖河口的平滩流量呈现断崖式下跌。巴彦淖尔段河势平缓，加快了河道淤积河床抬升的速率，平滩流量大幅减少；20 世纪 80 年代，黄河宁蒙段平滩流量为 $3000\sim4000\text{m}^3/\text{s}$，21 世纪初巴彦高勒至三湖河口段平滩流量仅 $1500\text{m}^3/\text{s}$，局部河段不足 $1000\text{m}^3/\text{s}$。平滩流量说明该河段泥沙淤积严重，河道输水、输冰能力不足，同流量水位持续走高，存在引发凌灾的重大风险。

磴口县、杭锦后旗和临河区三个高风险地区，除承灾体和地区 GDP 差距较明显外，其余相差甚微。可认为工农牧业生产制约了承灾及灾后恢复能力，也作用于险情的处置能力，直接加大了"有险即成灾"的概率，这也从社会性角度提升了磴口县的风险等级。

反观临河区，孕灾、致灾环境与其他两地无明显差异，但相对较强的经济实力和市政治中心的地位，使其承灾除险能力均强于其他两地；因此在致灾条件相同的情况下，除险处置、治灾恢复成为影响风险的主要因素。

乌拉特前旗与五原县均属中等风险地区，两地指标无明显差异，但前者长于后者一倍以上的河道长度，增加了防凌除险的难度，提升了乌拉特前旗风险等级。

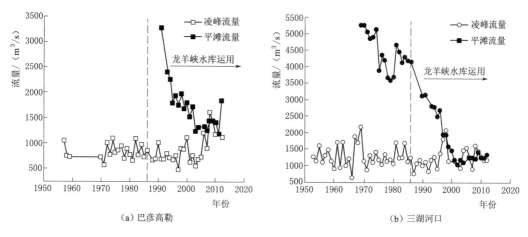

图 3.9　巴彦高勒及三湖河口多年平滩流量

3.4　突变评价结果检验

3.4.1　模糊优选法基本原理及方法

在方案决策问题研究中，如何处理众多的变量是这类问题的关键，实际应用中，决策变量可能连续存在，也可能离散分布，因此研究离散和连续多目标决策技术便随着科学的需要应运而生。多目标决策技术诞生了许多解决复杂决策问题的数学模型和理论，例如模糊综合评判法、物元分析法、投影寻踪法、模糊优选法、遗传算法等，这些方法使多目标决策问题的解决手段变得更加灵活。

3.4.1.1　基本原理

模糊优选法是一种将系统分析与模糊集分析有机结合的决策分析方法，其核心思想是计算方案集对于目标集最优状态的隶属程度，称为优属度，进而得到各方案的优劣顺序，该模型在工程领域应用较为广泛。模糊优选法的优点在于，其以评价指标和权值的获取为存在前提，以模糊集合论的隶属函数为桥梁，将模糊信息加以定量化；该方法可以将多目标系统转为综合单目标系统，并根据实际情况，灵活的对多因素、模糊性及主观判断等问题进行优选决策。

因此，本章设置模糊优选法对巴彦淖尔市冰凌洪水灾害风险进行二次评估，目的是通过采取模糊优选法这种已有大量应用性成果的评价方法，来与突变评价结果相对比，从而侧面验证突变评价结果的可靠性；同时，冰凌洪水灾害是一个复杂的、多因素的系统，模糊优选评价法被广泛应用于各种多因素、模糊的、复杂的决策评判问题，所以采用模糊优选法对冰凌洪水灾害风险进行验证性评估，无疑是有广泛使用价值的。

3.4.1.2　评价方法

1. 确定方案集、指标集

首先应确定 n 个待评价的方案，其次每个方案选取 m 个评价指标来进行描述。本章旨在为验证巴彦淖尔市沿黄 5 个旗县区冰凌洪水灾害风险突变评价结果的可靠性，待评估风险区、评估指标、评估体系、指标数据均相同；故此，n 个待评价的方案即为巴彦淖尔市沿黄 5 个风险区，编号由一号至五号；每个风险区下的 m 个指标即为突变评价法评估体系中的 16 个底层指标。

2. 建立相对优属度矩阵

为了消除各指标量纲不同所产生的影响，可根据实际情况，采取以下两个标准化公式进行处理；处理之后即得到指标对应的优属度矩阵 $R = (r_{ij})_{17\times5}$。

效益型公式：

$$x_{(i, j)} = \frac{x'(i, j) - x_{\min}(j)}{x_{\max}(j) - x_{\min}(j)} \tag{3.5}$$

成本型公式：

$$x_{(i, j)} = \frac{x_{\max}(j) - x'(i, j)}{x_{\max}(j) - x_{\min}(j)} \tag{3.6}$$

则有：

$$R = \begin{bmatrix} r_{1.1} & \cdots & r_{1.5} \\ \vdots & & \vdots \\ r_{16.1} & \cdots & r_{16.5} \end{bmatrix} = \begin{bmatrix} 0.131 & \cdots & 0.071 \\ \vdots & & \vdots \\ 0.920 & \cdots & 0.072 \end{bmatrix}$$

3. 推导模糊优选模型

根据已求得的系统相对优属度矩阵 R，设系统中无限接近理想决策方案的各指标最优相对优属度为 $G = (g_1, g_2, g_3, \cdots, g_{16})^{\mathrm{T}} = (1, 1, 1, \cdots, 1)^{\mathrm{T}}$，即系统的优等对象；同理可设，系统中无限接近负理想的指标最劣相对优属度为 $B = (b_1, b_2, b_3, \cdots, b_{16})^{\mathrm{T}} = (0, 0, 0, \cdots, 0)^{\mathrm{T}}$，即系统的劣等对象。

系统中的 n 个被评价风险区，任意一个风险区 j 都存在隶属于优等对象的隶属度 u_j；以及隶属于劣等对象的隶属度 u'_j；且存在 $u'_j = 1 - u_j$。

在决策过程中，因各指标对系统影响的重要程度存在差异，所以需考虑各指标在系统中的权重，本章采用模糊层次分析法计算各指标的权重：$W = (w_1, w_2, w_3, \cdots, w_{16})$。

对任意一个风险区 j，各指标对于风险区 j 的相对优属为：$r_j = (r_{1j}, r_{2j}, r_{3j}, \cdots, r_{16j})$；其与最优相对优属度和最劣相对优属度之间的距离分别称为

权距优距离：

$$d_{jg} = u_j \Big[\sum_{i=1}^{m} (w_i |r_{ij} - 1|)^p \Big]^{1/p} \tag{3.7}$$

权距劣距离：

$$d_{jb} = u'_j \Big[\sum_{i=1}^{m} (w_i |r_{ij} - 0|)^p \Big]^{1/p} \tag{3.8}$$

式中：p 为距离参数，取欧氏距离 $p=2$；u_j 为任意风险区 j 的相对优属度；r_{ij} 为任意风险区 j 指标 i 的相对优属度；w_i 为指标 i 的权重。

建立求解系统中的 u_j 最优值的目标函数

$$\min\{F(u_j) = d_{jg}^2 - d_{jb}^2\} \tag{3.9}$$

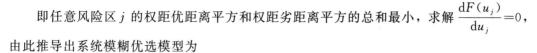

即任意风险区 j 的权距优距离平方和权距劣距离平方的总和最小，求解 $\dfrac{\mathrm{d}F(u_j)}{\mathrm{d}u_j}=0$，由此推导出系统模糊优选模型为

$$u_j = \cfrac{1}{1 + \left[\cfrac{\sum\limits_{i=1}^{m}(w_i\,|\,r_{ij}-1\,|)^p}{\sum\limits_{i=1}^{m}(w_i \cdot r_{ij})^p} \right]^{2/p}} \tag{3.10}$$

3.4.2 模糊优选模型检验运算

因各风险区取值原则相同，因此仅以一号风险区为例，其计算过程如下。

由优属度矩阵 R 得一号风险区各指标的相对优属度为

$R_1=(0.313，0.821，0.571，0.078，0.702，0.591，0.780，0.347，0.491，0.997，0.978，0.951，0.984，0.986，0.686，0.920)$。

通过模糊层次分析法确定各指标在系统中的权重 W：

$W=(0.163，0.260，0.059，0.024，0.111，0.046，0.027，0.012，0.043，0.009，0.002，0.006，0.037，0.017，0.045，0.039)$。

一号风险区计算步骤分解见表 3.7，其中因公式计算数值较小，故保留 4 位小数，其余保留 3 位小数，万分位为 0 者，视其近似于 0。

表 3.7　　　　　　　　　　　一号风险区计算步骤表

R_1	W	$\sum\limits_{i=1}^{m}(w_i\,\|\,r_{ij}-1\,\|)^2$	$\sum\limits_{i=1}^{m}(w_i \cdot r_{ij})^2$
0.313	0.163	0.0125	0.0026
0.821	0.259	0.0022	0.0453
0.571	0.059	0.0006	0.0011
0.078	0.024	0.0005	0.0003
0.702	0.111	0.0011	0.0061
0.591	0.046	0.0004	0.0007
0.780	0.027	0	0.0004
0.347	0.012	0	0
0.491	0.043	0.0005	0.0004
0.997	0.009	0	0
0.978	0.002	0	0
0.951	0.006	0	0
0.984	0.037	0	0.0013
0.986	0.017	0	0.0003
0.686	0.045	0.0002	0.0009
0.920	0.039	0	0.0013

将计算结果代回式（3.10），得到一号风险区的决策相对优属度为 0.792。

重复上述计算，得到各风险区的决策相对优属度（即风险值）矩阵为：$u = (0.792,$ $0.661, 0.566, 0.476, 0.491)^T$。

3.4.3　模糊优选模型运算结果分析

本章参考国内模糊评价方法在风险评估中的研究成果，结合凌洪灾害特点及结合当地实际情况，将风险等级划分为：极低风险、低风险、中等风险、高风险和极高风险 5 个级别；将突变理论所得各风险区风险等级与模糊优选评价法所得风险等级进行对照，结果见表 3.8。

表 3.8　　　　　　　　不同方法计算的各风险区冰凌洪水灾害风险等级对比

突变评价法				
风险度标准	[1.0, 0.95)	[0.95, 0.90)	[0.90, 0.50)	[0.50, 0.30)	[0.30, 0.0]
风险等级	极高风险	高风险	中等风险	低风险	极低风险
风险区	磴口县	杭锦后旗	乌拉特前旗	—	—
		临河区	五原县		
突变理论隶属函数度	0.956	0.923	0.899	—	—
		0.907	0.885		

模糊优选评价法				
风险度标准	[1.0, 0.8)	[0.8, 0.6)	[0.6, 0.4)	[0.4, 0.2)	[0.2, 0.0]
风险等级	极高风险	高风险	中等风险	低风险	极低风险
风险区	—	磴口县	临河区	—	—
		杭锦后旗	乌拉特前旗		
			五原县		
相对优属度	—	0.792	0.566	—	—
		0.661	0.491		
			0.476		

突变评价法结果表明：磴口县突变理论值为 0.956，属极高风险地区；杭锦后旗、临河区突变理论值分别为 0.923 和 0.907，均属高风险地区；乌拉特前旗、五原县突变理论值分别为 0.899 和 0.885，均属中等风险地区。模糊优选评价法结果表明：磴口县、杭锦后旗模糊优选值分别为 0.792 和 0.611，属高风险地区；临河区、乌拉特前旗、五原县模糊优选值分别为 0.566、0.491 和 0.476，均属中等风险地区。两种方法的评价结果及等级变化趋势基本一致（图 3.10），各风险区的风险等级随黄河入境顺序，均呈现逐级降低的趋势，且两方法都与当地历史险情统计情况（表 3.3）基本吻合，这不仅又一次验证了突变评价结果的可靠性，同时还反向证明模糊优选法在冰凌洪水灾害风险评估领域应用的可行性。

值得注意的是，在模糊优选法评价结果中，磴口县和临河区的风险等级相较于突变评价法有所降低，这主要因为模糊优选评价法是一种主因素突出型评判方法，当影响因素较多，指标权重值较小时，可能会出现个别信息遗失，无法兼顾所有指标的影响，人为主观性较强；而突变评价法的内在机理是突出重要指标，并兼顾其余指标的贡献，降低了人为主观性，使评价结果更加综合全面。

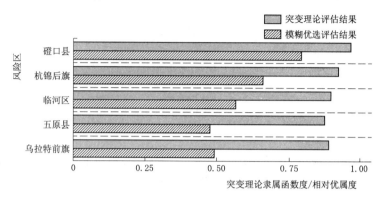

图 3.10　变化趋势对比图

3.5　基于突变理论的冰凌洪水灾情损失评价

3.5.1　典型案例——后套平原地区

3.5.1.1　1993 年磴口县

磴口县隶属于内蒙古巴彦淖尔市，地处黄河"几"字弯上游，是内蒙古后套平原的西起点，也是整个内蒙古河套平原的源头，同时还是黄河入境内蒙古河套平原的首个旗县。磴口县河段全长约 52km，主槽宽约 1000m，河道纵比降约 0.15‰，河床宽浅且水流散乱，属于游荡型河段。

磴口县作为上游峡谷型河段转为游荡型河段的节点，自古以来凌洪灾害频发。1993年 11 月 15 日，强冷空气侵袭内蒙古中西部地区，气温由 5℃ 急降至 −14℃；16 日巴彦高勒至昭君坟河段开始流凌，仅仅两天后的 18 日，首封出现在磴口县河段下游的三湖河口一带；首封后封河形势迅速向上游发展，24 日封至磴口县境内。12 月 6 日，气温突然回升，本已封冻的河面复开，流量激增，河水夹带冰凌泄向下游潜入冰盖，造成三盛公闸下3～5km 处形成冰塞，加之上游沙漠大量泥沙注入河道，水沙关系失调，严重淤积河床，阻碍排水抬升水位，多种因素致使冰塞上游水位居高不下。

12 月 7 日，磴口县南套子堤防发生溃决，凌洪向北岸村庄席卷而去；截至 9 日，决口造成磴口县沿河 12 个村庄受灾，12 万亩农、林用地遭到破坏，因洪水浸泡而损坏、倒塌房屋达 1750 间、闸桥等建筑物 19 处，直接或间接受灾人口共计 2.3 万余人，直接经济损失约 4000 万元。

3.5.1.2　1993 年乌拉特前旗

乌拉特前旗位于巴彦淖尔市的东南部，是后套平原的最东端，也是黄河出后套平原入境前套平原的节点。乌拉特前旗河段全长 152.462km，河道纵比降约 0.12‰，弯曲率约为 1.36，河道宽浅弯多，是上游游荡型向下游弯曲型过渡的河段。

　　1993 年 3 月 16 日，乌拉特前旗金星乡白土圪卜段发生冰坝险情，水位迅速壅高，短时间内便发生溃堤；截至 20 日，凌洪波及乌拉特前旗沿河 6 个村庄，共计 1600 余人，淹没农、林用地 2.25 万亩，倒塌房屋 300 余间，直接经济损失 563 万元。

　　此次开河期冰坝险情能够迅速成灾的主要原因与河床淤积、河道形态密不可分。乌拉特前旗河段河道特点为典型的坡缓弯多，自 1986 年龙羊峡、刘家峡两水库调度运用以来，汛期来水量降低，流速减小，水流输沙能力下降，大量泥沙淤积河床，连年抬高凌汛期水位。此外，乌拉特前旗段长度大弯道多，各类大小弯道 11 处，险工险段 11 处，最大弯曲率达 3.64，这些河段极易发生卡冰结坝，为凌汛灾情的发生埋下了隐患。

3.5.1.3　2008 年杭锦旗

　　杭锦旗隶属鄂尔多斯市，位于鄂尔多斯的西北部；杭锦旗地跨鄂尔多斯高原与后套平原，同北岸的巴彦淖尔市隔河相望，是黄河"几"字弯上游的南端。黄河过境杭锦旗约 249km，上游段河身顺直，河道宽浅，下游段弯道沙洲叠出，由游荡型逐渐向弯曲型过渡。

　　2008 年 3 月 20 日凌晨，杭锦旗独贵塔拉奎素段黄河大堤发生溃堤事故，凌洪侵袭沿黄 2 个乡镇 11 个村的 8.1 万亩的土地，共计 13731 人受灾，其中独贵塔拉镇 6522 人、杭锦淖尔乡 7209 人，被洪水浸泡损坏建筑物达 2.7 万余处，倒塌房屋 3803 间，直接经济损失高达 9.35 亿元。

　　此次重大凌汛灾害的主要因素是上游水库的调蓄使得下游河段汛期来水量小，河流输沙能力下降，河床逐年淤高，使得汛期水位抬高；同时，2008 年 1—2 月内蒙古受到寒潮影响，气温低于同期，而 3 月气温却突然回升，短短 15 天内迅速开河，宁夏段融解的冰水大量涌入内蒙古河段，致使下游槽蓄水量激增；加之上游河段比降陡下游比降缓，上游流速较大的冰水于下游坡缓的弯道处，极易在凹岸处堆积，卡冰结坝阻塞河道，降低河道行洪能力，在多种因素的公共作用下，造成了这次重大灾害的发生。

3.5.2　典型案例——前套平原地区

3.5.2.1　1996 年达拉特旗

　　达拉特旗隶属内蒙古鄂尔多斯市，地处黄河"几"字弯顶部的南岸，北部的沿黄冲积平原是内蒙古河套平原的南端。黄河过境达拉特旗 190km，河道纵比降为 0.1‰，弯曲率 1.42，此河段由上游的游荡型转为弯曲型。

　　黄河在达拉特旗河段的纵比降突降至 0.1‰，并且上游流经沙漠边缘挟带了大量的泥沙，如此接近于黄河河口的比降造成了水流输沙能力下降，河床淤积情况逐年增加，部分河段的河滩高出地面 1~2m，成为名副其实的地上悬河；同时，比降的差异也造成了上下游流速的不同，开河期，上游先开河，来水夹带着冰凌流经比降突降段时，极易潜入冰盖下，形成冰塞冰坝，堵塞河道，阻碍来水，造成凌汛险情。

　　1990—1996 年，达拉特旗曾因开河期冰坝连续在大树湾北桥梁、蒲圪卜、乌兰乡等河段发生凌汛险情。1996 年 3 月 25 日，达拉特旗乌兰乡河段出现冰坝，随即堤防发生决口；28 日，解放滩堤坝又发生两次决口，此次连续发生的凌洪决堤事件给达拉特旗造成了巨大的损失，沿黄 5 个乡 9 个村 39 个社，9.45 万亩农、林用地被淹没，倒塌房屋 1165 间，3124 头牲畜死亡，损失成品粮 362.8 万 kg，直接经计损失达 6700 万元。

3.5.2.2 1999 年托克托县、清水河县、准格尔旗三旗县

托克托县、清水河县隶属内蒙古呼和浩特市，准格尔旗隶属内蒙古鄂尔多斯市，三旗县地处黄河"几"字弯的下游，托克托县与清水河县毗邻，与南岸的准格尔旗隔河相望；三旗县均处内蒙古前套平原的东部，托克托县位于东北，清水河位于东端，准格尔旗位于南缘。黄河过境该河段约 160km，属于弯曲型向峡谷型过渡河段。

1998—1999 年凌汛期，因万家寨水库建成运行后抬高了上游水位，降低河道流速，使得从未封冻的托克托县东营子至清水河县（南岸的准格尔旗小滩子至万家寨水库大坝河段）全线封冻；1999 开河期，因气温差异，托克托县上游河段先行开河，而托克托县以下河段仍未解冻，冰凌由托克托县东营子向下游倾泻，于清水河县曹家湾、三道塔，格尔旗东孔兑镇前房子、小榆树湾一带形成数公里长的冰塞冰坝险情，严重阻碍上游来水，冰凌下泄受阻，壅水出岸，淹没两岸村庄。

此次凌汛灾害造成托克托县 4 个村，清水河县 5 个村，准格尔旗 2 个村，总计 11 个村受灾，洪水影响人口 8360 人，1100 亩农、林用地遭到破坏，1305 间房屋被洪水浸损。

3.5.3 损失评价指标体系

冰凌洪水灾害是自然界作用于人类社会的重大紧急事件，属于公共危机范畴，灾害发生后往往会超出基层政府社会常态的处置能力，影响社会的正常秩序，造成严重的财产损失及人员伤亡。凌灾的发生通常具有不确定性和偶然性，难以预测难以防范，表现在发生的地点、时间无法确定，不同时期发生的灾害规模，致灾强度存在着很大的差异，这使得各级政府难以根据灾后灾情启动合理的救灾预案。因此，开展冰凌洪水频发地区的损失评价、灾情等级划分，对冰凌洪水灾害管理具有重要的意义。

对灾害损失进行综合评价就要从灾害的影响范围及致灾强度入手；因此，本章以社会影响、经济影响和农业影响三个方面，科学客观的反映灾害的范围和强度。其中选取受灾村庄、受灾农林用地来描述灾害的影响范围；以受灾人口，直接经济损失、倒塌房屋情况来描述灾害的致灾强度，受灾人口中包括直接受洪水影响和间接被迫搬迁的人口，以上三个指标可以反映凌洪灾害对社会造成的财产损失及人员伤亡。

本章以内蒙古后套平原地区的磴口县、乌拉特前旗、杭锦旗，前套平原地区的达拉特旗、托克托县、清水河县、准格尔旗为 1～5 号风险区，选取各风险区历史典型灾害案例为基础数据，建立冰凌洪水灾情损失评价指标体系（图 3.11），客观全面的对灾情损失、灾级评定做出综合评价，结果旨在为各级政府灾后快速反应、指挥决策、迁安救援、物资分配等抢险措施提供参考依据。各指标原始数据值见表 3.9。

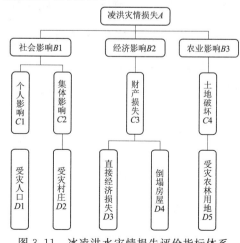

图 3.11 冰凌洪水灾情损失评价指标体系

表 3.9　　　　　　黄河冰凌洪水灾情损失各指标原始数据值

子系统	底层指标	1 号	2 号	3 号	4 号	5 号
社会影响	受灾人口 $D1$/人	23420	1600	13731	6709	8360
	受灾村庄 $D2$/个	12	6	11	9	11
经济影响	直接经济损失 $D3$/万元	4000	563	93500	6700	1332.11
	倒塌房屋 $D4$/间	1750	302	3803	1165	1305
农业影响	受灾农林用地 $D5$/万亩	12	2.25	8.1	9.45	0.11

　　因各实测指标数据所表达的含义均不相同，所以需对指标进行标准化处理，目的是消除量纲，将取值范围统一在 0～1 之间，[标准化公式见式（3.5）与式（3.6）]；另外，在进行突变模型的归一计算时，需要事先给出评价体系最底层指标的突变隶属函数度值，为模型运算提供起始指标；标准化处理后的指标值见表 3.10。

表 3.10　　　　　　黄河冰凌洪水灾情损失各指标标准化值

子系统	底层指标	1 号	2 号	3 号	4 号	5 号
社会影响	受灾人口 $D1$/人	0.949	0.003	0.529	0.225	0.296
	受灾村庄 $D2$/个	0.913	0.043	0.768	0.478	0.768
经济影响	直接经济损失 $D3$/万元	0.035	0.001	0.952	0.063	0.008
	倒塌房屋 $D4$/处	0.359	0.004	0.949	0.237	0.275
农业影响	受灾农林用地 $D5$/万亩	0.951	0.172	0.640	0.750	0.001

3.6　突变模型运算及结果分析

　　根据评价体系中各级控制变量的个数，选取相应的突变模型，遵循突变评价法的基本原则，由下至上逐级展开突变模型归一化计算，直至求出最顶层凌洪灾情损失的突变隶属函数度值（即灾情损失函数值）。各风险区的计算过程如下。

3.6.1　冰凌洪水灾情损失评价计算

3.6.1.1　社会影响 $B1$

　　指标 $D1$ 和 $D2$ 由一个控制变量组成，为折叠突变模型；$C1$、$C2$ 由两个控制变量组成，为尖点突变模型，其作用可相互弥补，按"平均值"的方法取值；代入归一化公式：

$$C1 = x_{D1} = (0.949)^{\frac{1}{2}} = 0.974$$

$$C2 = x_{D2} = (0.913)^{\frac{1}{2}} = 0.956$$

$$x_{C1} = (0.974)^{\frac{1}{2}} = 0.986$$

$$x_{C2} = (0.956)^{\frac{1}{3}} = 0.985$$

$$B1 = (C1 + C2)/2 = 0.986$$

3.6.1.2 经济影响 B2

$D3$、$D4$ 均由两个控制变量组成，为尖点突变模型，其作用均可相互弥补，按"平均值"的方法取值；$C3$ 由一个控制变量组成，为折叠突变模型；代入归一化公式：

$$x_{D3} = (0.035)^{\frac{1}{2}} = 0.187$$

$$x_{D4} = (0.359)^{\frac{1}{3}} = 0.711$$

$$C3 = (D3 + D4)/2 = 0.449$$

$$B2 = x_{C3} = (0.449)^{\frac{1}{2}} = 0.670$$

3.6.1.3 农业影响 B3

$D5$ 由一个控制变量组成，为折叠突变模型；$C3$ 由一个控制变量组成，为折叠突变模型；代入归一化公式：

$$C4 = x_{D5} = (0.951)^{\frac{1}{2}} = 0.975$$

$$B3 = x_{C4} = (0.975)^{\frac{1}{2}} = 0.987$$

3.6.1.4 冰凌洪水灾害风险 A

$B1$、$B2$、$B3$ 由四个控制变量组成，为燕尾突变模型，其作用可相互弥补，按"平均值"的方法取值；代入归一化公式：

$$x_{B1} = (0.986)^{\frac{1}{2}} = 0.992$$

$$x_{B2} = (0.670)^{\frac{1}{3}} = 0.875$$

$$x_{B3} = (0.987)^{\frac{1}{4}} = 0.996$$

$$A = (B1 + B2 + B3)/3 = 0.954$$

由上述计算得：一号风险区冰凌洪水灾情损失 A 为 0.954。

其余各风险区的模型选取及取值原则与上述相同，此处不再赘述。则内蒙古前套平原、后套平原，共 5 个风险区的典型灾害案例灾情损失函数值见表 3.11 所示。

表 3.11　　　　　　　　黄河冰凌洪水灾情损失评价计算结果

风险区	社会影响	经济影响	农业影响	灾情损失值
1 号	0.986	0.670	0.987	0.954
2 号	0.414	0.316	0.644	0.739
3 号	0.905	0.989	0.894	0.973
4 号	0.786	0.660	0.931	0.837
5 号	0.847	0.608	0.179	0.805

3.6.2 结果分析

参考洪灾与城市灾害损失等级划分，结合典型灾害案例实际情况，将冰凌洪水灾情损失划分为：微灾、轻灾、中灾、重灾、特重灾 5 个等级；各风险区典型灾害案例损失等级见表 3.12。

表 3.12　　　　　　　　　　　　各风险区冰凌洪水灾情损失等级

损失程度标准	[1.0，0.90)	[0.90，0.80)	[0.80，0.50)	[0.50，0.30)	[0.30，0.0)
损失等级	特重灾	重灾	中灾	轻灾	微灾
风险区	杭锦旗（2008 年）	达拉特旗（1996 年）	乌拉特前旗（1993 年）	—	—
	磴口县（1993 年）	托克托县、清水河县、准格尔旗（1999 年）			
突变隶属函数度值	0.973	0.837	0.739	—	—
	0.954	0.805			

如表 3.12 中所示，各风险区典型灾害案例损失评价结果为：2008 年杭锦旗、1993 年磴口县突变隶属函数度分别为 0.973 和 0.954，均属特重灾；1996 年达拉特旗、1999 年托克托、清水河、准格尔三旗县突变隶属函数度分别为 0.837 和 0.805，均属重灾；1993 年乌拉特前旗突变隶属函数度为 0.739，属于中灾。各风险区灾害等级按从小到大排序为：2008 年杭锦旗→1993 年磴口县→1996 年达拉特旗→1999 年托克托、清水河、准格尔三旗。损失等级评价结果于实际损失情况基本吻合，可见将突变理论应用于冰凌洪水灾情损失评价是合理可行的。

同时，评价结果也说明，各级政府在继续加强防凌减灾工程建设的同时，应未雨绸缪，积极储备应急抢险物资，同时参考历史典型灾害案例及灾害等级，制定相应级别的应急预案，在有限的反应时间内，降低财产损失人员伤亡，恢复社会的正常秩序。

3.7　本章小结

为了给凌灾频发地区的防凌减灾工作提供理论指导，本章基于突变理论，分别建立凌洪灾害风险评估和灾损评价指标体系，对巴彦淖尔市沿黄 5 个旗县区凌洪灾害风险，以及河套平原地区 5 个旗县的历史灾情损失进行了综合评估，得出如下结论：

（1）基于突变理论对巴彦淖尔市沿黄 5 个旗县区凌洪灾害风险进行评估，结果由大到小排序为：磴口县（0.956）属极高风险地区；杭锦后旗（0.923）、临河区（0.907）属高风险地区；乌拉特前旗（0.899）、五原县（0.885）属中等风险地区。各风险区风险等级随黄河过境顺序大体呈现逐级递减的趋势；突变评价结果与当地历史险情统计情况对比后基本吻合，在一定程度上检验了突变评价结果的准确性。

（2）选取内蒙古河套平原 5 个旗县区为风险区，基于突变理论对各风险区典型灾害案例进行灾情损失综合评价，结果按从大到小排序为：2008 年杭锦旗（0.973）属于特重灾，1993 年磴口县（0.954）属于特重灾，1996 年达拉特旗（0.837）属于重灾，1999 年托克托、清水河、准格尔三旗县（0.805）属于重灾，1993 年乌拉特前旗（0.739）属于中灾；评价结果与实际灾情损失情况基本吻合，由此验证了评价结果的可靠性。

（3）经分析，河道淤积和气温升高是黄河巴彦淖尔市段凌洪灾害风险整体偏高的主要原因；泥沙淤积使河床抬升，平滩流量大幅降低，同流量水位持续走高，加之凌汛期气温逐年回暖，融冰速率加快，对槽蓄水缓慢释放极为不利，进一步加剧了该河段漫堤漫滩的风险。

（4）风险等级与风险指标对比分析后表明，防凌减灾、抗灾除险的综合能力，仍是降低风险重要指标，凌汛期水位较高、槽蓄水量较大的旗县区应采取河道清淤，分凌分洪，加高培厚堤防等工程措施降低水位释放水量，提高抗洪凌能力；对于风险相对较低的旗县，可采取加强巡堤查险、完善应急预案、修复病险堤防等综合措施降低风险。

参 考 文 献

［1］ 赵锦，何立军，丁慧萍，等．黄河宁蒙河段凌汛灾害特点及防御措施［J］．水利科技与经济，2008，14（11）：933-935.

［2］ 彭梅香，王春青，温丽叶．黄河凌汛成因分析及预测研究［M］．北京：气象出版社，2007.

［3］ 冯国华，朝伦巴根，闫新光．黄河内蒙古段冰凌形成机理及凌汛成因分析研究［J］．水文，2008（3）：74-76.

［4］ 雷鸣，高治定．2007—2008年黄河宁蒙河段凌汛成因分析［J］．黑龙江大学工程学报，2011，2（4）：37-42+47.

［5］ 董营．基于突变理论的滨海城市海洋灾害系统研究［D］．天津：天津大学，2017.

［6］ POSTON T，IAN STEWART．Catastrophe Theory and Application［M］．Lord：Pitman，1978.

［7］ 凌复华．突变理论——历史、现状和展望［J］．力学进展，1984，（4）：389-404.

［8］ 李俊英．沿海航路服务水平的研究［D］．大连：大连海事大学，2014.

［9］ 赵源．基于突变理论的灾级评价［J］．西南民族大学学报（自然科学版），2008（5）：1021-1025.

［10］ 都兴富．突变理论在经济领域的应用［M］．西安：电子科技大学出版社，1994.

［11］ 苏超，万玉文，方崇，等．突变理论在城市防洪体系综合评价中的应用［J］．中国防汛抗旱，2011，21（4）：46-49.

［12］ 可素娟，王敏，绕素秋，等．黄河冰凌研究［M］．郑州：黄河水利出版社，2009.

［13］ 秦毅，张晓芳，王凤龙，等．内蒙古河段冲淤演变及其影响因素［J］．地理学报，2011，66（3）：324-330.

［14］ 魏向阳，蔡彬．黄河下游凌汛成因和防凌对策研究［J］．人民黄河，1997（12）：15-18.

［15］ ARNOLD V I．Catastrophe Theory［M］．Berlin：Spring Verlag Press，986：5-76.

［16］ 狄子新，李明星，苏佳璐，等．基于模糊优选法的区域文化创意产业绩效评价研究［J］．数学的实践与认识，2019，49（21）：271-286.

［17］ 胡洁，徐中民．基于多层次多目标模糊优选法的流域初始水权分配——以张掖市甘临高地区为例［J］．冰川冻土，2013，35（3）：776-782.

［18］ 陈守煜．多目标系统模糊关系优选决策理论与应用［J］．水利学报，1994（8）：62-66，71.

［19］ 陈风光，姚海林，史卫国．模糊综合评价法在堰塞湖风险评估中的应用［J］．上海交通大学学报，2011，45（S1）：67-70，75.

［20］ 高玉琴，吴靖靖，胡永光，等．基于突变理论的区域洪灾脆弱性评价［J］．水利水运工程学报，2018（1）：32-40.

［21］ 刘晓岩，刘红宾．1993年黄河内蒙古段封河期堤防决口原因分析［J］．人民黄河，1995（11）：25-28.

［22］ 吕志光．黄河乌拉特前旗段凌汛情况的分析及对策［J］．内蒙古水利，2001（4）：49-50.

［23］ 刘国强，段存光，李玉珍，等．对黄河凌汛的认识及其防御对策［J］．内蒙古水利，2008（5）：24.

［24］　班晓东，黄晓东，马慧英．杭锦旗独贵特拉奎素段黄河大堤溃口原因分析［J］．内蒙古水利，2014（3）：127－128．

［25］　王随继，范小黎．黄河内蒙古不同河型段对洪水过程的响应特征［J］．地理科学进展，2010，29（4）：501－506．

［26］　韩俊丽．内蒙古的气象水文灾害［J］．阴山学刊（自然科学版），1997（1）：42－46．

［27］　闫新光．黄河万家寨水利枢纽上游防凌形势与对策［J］．内蒙古水利，2000（1）：37．

［28］　张成福．公共危机管理：全面整合的模式与中国的战略选择［J］．中国行政管理，2003（7）：6－11．

［29］　锁利铭，李丹．城市社会风险评估——基于突变理论的设计与应用［J］．软科学，2014，28（6）：121－126．

［30］　李晋辉．山洪灾情评价方法与应用研究［D］．邯郸：河北工程大学，2016．

第 4 章
黄河冰细观结构与断裂性能研究

黄河内蒙古河段纬度高、河道宽浅，几乎每年都会发生开河结坝现象，是我国凌汛灾害防治工作的重点之一。目前关于黄河冰凌成灾过程的研究较多，但少有黄河冰断裂性能的相关研究。冰断裂性能的确认是一个复杂的问题，黄河具有独特的气候、水流与河道形状等外部条件，所形成的黄河冰的结构十分复杂，雪冰、冰花冰、柱状冰、粒状冰等各种结构形式的冰交织融合在一起，与其他淡水冰有着一定的差异。冰的细观结构不仅影响冰的热力学和光学性质，也直接影响冰的力学性质。

目前国内关于冰力学性能的研究以冰力学性能的取值范围及变化规律为主，少有相关冰断裂机理的研究。数字图像相关方法（digital image correlation，DIC）作为一种光学测量方法，具有无接触、操作简单、可测量全场位移等优点，已有学者将其由于冰的单轴压缩试验。本书中的试验将 DIC 应用于黄河冰的断裂试验中，分析了黄河冰的断裂过程变化，有利于深入分析黄河冰的断裂机理，全面掌控黄河冰的断裂性能。

本章主要对黄河内蒙古河段封冻期河冰的微观结构和断裂性能开展试验研究，定量分析黄河冰晶粒的分布规律，研究黄河冰断裂过程、断裂形态和断裂韧度影响因素，为开河预测及冰力计算提供数据基础。

4.1 冰坯的采集

为分析封冻期黄河冰的断裂性能，选择在黄河冰厚最大的时候进行冰坯的采集。黄河每年的平均封河日期在 12 月初，平均开河日期在 3 月下旬，冰期 3～4 个月，图 4.1 展示了 2016 年和 2017 年黄河头道拐断面在不同日期的平均冰厚，2016 年平均冰厚在 2 月 9日达到最大值，2017 年冰厚在 2 月 17 日达到最大值，因此，本次取冰的日期确定为 2019年 2 月。

为确定具体的采集时间，对内蒙古头道拐水文站 1 月和 2 月的日平均气温进行了统计，如图 4.2 所示。可以看出，在 2 月 14 日后，气温有明显的上升，按图中温度变化趋势，在 3 月上旬，气温会达到 0℃以上，冰层开始融化，因此，最终选择在 2 月 15 日到 2月 18 日进行冰坯的采集。

选择在黄河内蒙古河段什四份子弯道进行冰坯的采集，于 2019 年 2 月在黄河内蒙河段什四份子弯道采集，什四份子弯道是黄河内蒙河段的典型位置，该段河道由一个

120°的大弯道组成，如图 4.3 所示，在封河初期，由于凸岸的阻挡和凹岸岸冰的生长，极易在弯道处卡冰，是黄河初封常见的地点。

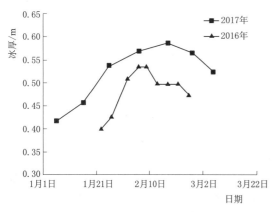

图 4.1 黄河头道拐断面平均冰厚变化图

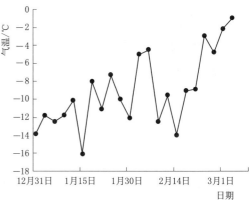

图 4.2 黄河头道拐水文站日平均气温

图 4.3 黄河什四份子弯道

主要通过电锯、电钻、人工板锯、钢尺等设备采集冰坯，具体的采冰步骤如下：

（1）选取取冰位置：裂纹会对试样的结构观测以及力学性能造成影响，因此，尽量选择在没有积雪覆盖、没有内部裂纹的冰盘处采集冰坯。

（2）按计划的尺寸，使用钢尺在冰面划出网格，并记录具体的位置和网格的方向，如图 4.4 （a）所示。

（3）使用电锯沿网格初步切割，切割的深度为 2～5cm，以加深网格痕迹。

（4）使用电钻在网格四个角的位置钻孔，之后继续使用电钻沿网格切割，由于电锯的长度不够，并且遇到水后容易故障，在电锯切割完成后，还需要用人工板锯继续切割剩余的部分，直到冰坯完全与冰盖脱离，如图 4.4 （b）～（d）所示。

（5）使用冰钻钻入冰坯的表面，将冰坯提出水面，使用卷尺、温度计等记录冰坯的外观、温度，如图 4.4 （e）、（f）所示。

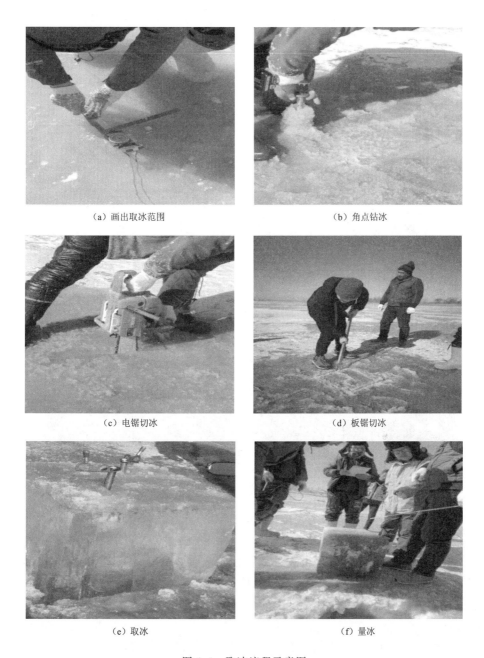

(a) 画出取冰范围   (b) 角点钻冰

(c) 电锯切冰   (d) 板锯切冰

(e) 取冰   (f) 量冰

图 4.4 取冰流程示意图

（6）将采集完成的冰坯用塑料膜密封，并装入泡沫保温箱中，运往低温实验室，以便进行后续的微观结构观测及断裂试验。

一共采集了 9 块冰坯，冰坯的具体采集位置见表 4.1，其中 1～3 号冰坯用于晶体结构的观测，冰坯的长宽选为 30cm×30cm，4～9 号冰坯用于断裂试验，冰坯的长宽选为 30cm×75cm。采集完成时，记录了冰坯的外观及分层情况，如图 4.5 所示。

表 4.1   冰 坯 采 集 位 置

冰坯编号	坐　　　标	冰厚/m
1 号	40°17.6461′N，111°02.6795′E	68
2 号	40°17.6793′N，111°02.7460′E	59
3 号	40°17.6613′N，111°02.7010′E	68
4～9 号	40°17.6551′N，111°02.6825′E	63

（a）1号冰坯

（b）2号冰坯

（c）3号冰坯

（d）4号冰坯

图 4.5　冰坯外观

（1）1 号冰坯高 69cm，在 2cm 和 23cm 处分层，冰坯整体较为透明，气泡含量少。

（2）2 号冰坯高 59cm，0～4cm 为表面层，4～20cm 气泡含量较多，含有部分泥沙，可以看到冰斜插、堆积的痕迹，20～44cm 气泡含量较多，含有少量泥沙，44～59cm 含有大量泥沙。

（3）3 号冰坯高 68cm，上游面的分层与下游面有明显的差距，0～7cm 为表面层，7～26cm、26～33cm、33～43cm、43～50cm 可分为四层，其特点是上游侧气泡含量较多，有明显分层，下游侧为透明冰，含有较多气泡，50～68cm 上游侧含泥量较多，下游侧为透明冰。

（4）4～9 号冰坯高 63cm，可分为三层，0～3cm 是冰雪反复融化冻结后形成的表面冰，分层处含有泥沙，3～23cm 呈乳白色，气泡含量较多，分层处较浑浊，23～63cm 的冰样透明无气泡。

4.2 微观结构试验方法

4.2.1 密度与含泥量的测量

黄河冰密度以及含泥量的测量主要通过电子秤、烘干箱、游标卡尺等设备进行，具体步骤如下：

（1）使用电链锯和锯骨机将冰坯沿深度方向切割，加工成长宽固定，高度为 8cm 的立方体冰块，固定高度有利于后续进行不同深度的晶体结构观测。

（2）使用游标卡尺测量冰块的尺寸，计算冰块体积，用电子秤测量冰块的质量，通过质量/体积计算不同深度冰块的密度。

（3）将测量完密度的冰块放置在不同的容器中，使用烘干箱进行烘干，通过电子秤测量冰块烘干后的质量，即泥沙质量，通过泥沙质量/体积计算不同深度冰块的含泥量。

4.2.2 冰晶体结构的观测

为了进行黄河冰晶体结构的测量，需要将冰块加工成冰薄片。首先，在低温环境下，将冰块贴在温热的玻璃片上，这样冰块与玻璃片接触的部分会先融化再冻结，使冰块牢固的黏结在玻璃片上，之后，使用刨刀将冰块加工成厚度小于 1mm 的冰薄片，在玻璃片上记录每个冰薄片对应的深度，加工完成的冰薄片如图 4.6 所示。

万向旋转台是一台适用于冰晶体类型、冰晶粒径大小和 C 轴空间分布方向观测的核心设备，如图 4.7（a）所示。

图 4.6 制作完成的冰薄片

冰晶体观测万向旋转台由两部分组成，一部分是外部偏振结构，另一部分是内部万向旋转台，使用时将内部万向旋转台置于两个偏振片之间。当一束多振动方向的光遇到偏振片后，只能有一种偏振方向的光可以通过，所以在观测冰晶体时，旋转上下两个偏振片，使得下部偏振片只能透过东西方向的光线，上部偏振片只能透过南北方向的光线，上下两个偏振片相互垂直，使其完全不透光，这时就可以看到冰的晶体结构。冰晶体观测的具体操作流程如下：

（1）首先选择温度为−5～−10℃，黑暗不透光的环境用来进行冰晶体结构观测，这样的环境既能保证冰晶体薄片不会融化，又能使晶体图像清晰明了。然后将万向旋转台内的白炽灯接通电源，准备观测。

（2）接着调整上下两个偏振片至观测状态，使得下部偏振片只能透过东西方向的光线，上部偏振片只能透过南北方向的光线。

（3）调整好偏振片后，将水平冰晶体薄片和垂直冰晶体薄片依次放置在万向观测台的中心位置，然后调整万向台直至通过正交偏光镜可以观测到边界清晰、色彩鲜明的晶体图像即可。

（4）最后，为了方便计算晶体粒径，要在冰晶体薄片一侧放一把精度为 1mm 的直尺，调整好角度用照相机拍摄清晰的晶体图像，如图 4.7（b）所示。

（a）万向旋转台　　　　　　　　（b）晶体图像的拍摄

图 4.7　黄河冰晶体结构观测

4.3　黄河冰结构特征分析

4.3.1　冰密度及含泥量的分布

4～9 号冰坯的采集位置位于什四份子河道的同一块冰盘上，采集位置接近，微观结构也相似，因此本次试验仅对 4 号冰坯的密度分布以及含泥量分布进行了测量，测量结果如图 4.8 和图 4.9 所示，冰坯的密度在 0.84～0.90g/cm³ 之间，小于纯冰的密度，这是

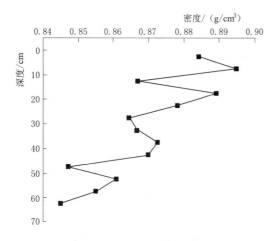
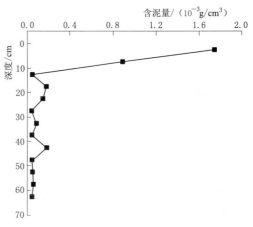

图 4.8　冰坯密度分布图　　　　　　　　图 4.9　冰坯含泥量分布图

由于冰坯中含有气泡。随着深度的增加，冰的密度逐渐降低。冰坯在表层的含泥量达到了 $1.8 \times 10^{-3} \mathrm{g/cm^3}$，而在低于 10cm 的深度，冰坯的含泥量始终在 $0.4 \times 10^{-3} \mathrm{g/cm^3}$ 以下，表层泥沙含量高是由于空气中的沙尘附着在冰层表面，而冰层的表面会随着昼夜交替反复冻融，沙尘最终沉积在冰层表面层的底部，形成了一层泥沙层。

在黄河独有的环境和水质条件的作用下，黄河冰的泥沙含量高于大部分淡水冰，泥沙含量高会导致冰密度的增加。本次试验采集的冰坯在表层的含泥量高于底层，因此，密度也呈现表层高底层低的规律。

4.3.2 冰晶粒边界提取及尺寸计算方法

国内常用的晶体图像处理方法有两种，一种是计算晶体图片的整体面积和晶粒数量，进而计算晶粒的平均粒径，这种方法只能得到冰的不同深度的平均直径，无法得到每个晶粒的具体尺寸。另一种方法是使用 Photoshop 软件将图片中所有晶粒的边界提取出来，然后使用图像处理软件计算每个晶粒的尺寸数据。这种方法的晶粒边界提取是通过手工操作的，会导致结果有一定的误差。基于以上的背景，本节提出了基于 Matlab 数字图像处理功能来提取晶粒的边界，将以一张晶粒图片为例，介绍冰晶粒边界提取和尺寸计算的过程。

晶粒的原始图片如图 4.10（a）所示，在原图的基础上截取出晶粒图片的最大内接矩形，并记录图片对应的实际长度，以便于后期的像素换算。由于彩色图片在图像处理时计算量大，操作复杂，在截取完图片后，将图片转化为灰度图片，如图 4.10（b）所示；此时的晶体图片还有一定的噪声，影响边界提取的效果，因此需要对图片进行去噪处理，常见的空间域去噪方法有邻域平均法、选择平均法、中值滤波、空间低通滤波，通过三种方法对灰度图像进行了去噪处理，进行了效果的对比，最终选用中值滤波法对图像进行降噪处理。中值滤波的原理是在每一个像素点的周围取一个邻域，将该点的像素值取为邻域的中值，从而消除掉与周围像素相差较大的噪声。在进行滤波除燥时，需要选取合适的邻域，邻域选取的小时，一些面积大的噪声不能去除，邻域选取的过大，会导致图片失真，晶粒边界模糊。分别使用了边长为 4 像素、8 像素、16 像素、24 像素、30 像素的邻域对冰晶灰度图进行降噪处理，最终选用边长为 24 像素的邻域进行滤波，如图 4.10（c）所示。

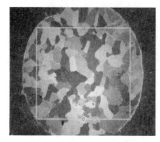  

（a）冰晶原图　　　　　　（b）图像的灰度转化　　　　　　（c）中值滤波处理

图 4.10　冰晶体图像的预处理

晶体图像前处理完成后，开始对图像进行分割。传统的图像分割方法有边缘检测法，阈值分割法，区域法等。阈值分割常用于将色调区别明显的图片分成两个部分，不适用于包含大量晶粒的晶体图片。同时，部分晶粒的灰度接近，边界不清晰，不利于区域法和聚类算法的使用，因此，最终选用边缘检测法对冰晶粒的边界进行提取。常见的边缘检测算子有 Robert 算子、Sobel 算子、Prewitt 算子、Laplacian 算子、Canny 算子等。前四种算法都属于局域窗口梯度算子，对噪声的抵抗性差，所以采用 Canny 算子对冰晶图片进行边界提取。在进行分割时，需要选取合适的参数，使边界多余和缺失的现象尽量少，Canny 算子边界提取的效果如图 4.11（a）所示。

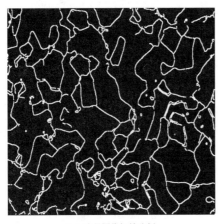
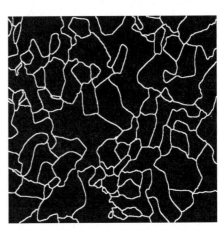

（a）冰晶图像初始分割　　　　　　　　　　　　（b）冰晶图像校正分割

图 4.11　冰晶体图像分割

从图 4.11（a）可以看出，提取出来的边界图片仍然存在边界缺失和多余的情况，因此，需要对边界图片进行进一步的校正。首先对不连续的边界进行自动连接处理，边界图片是黑白图像，断开的边界边缘在像素上表现为在以边界像素点为中心的 9 个像素点中，只有一个方向的像素与边缘像素相同，其他方向的像素点全部表现为黑色。通过这种特征，可以检测出图像中断开的边界点，之后在边界点周边 7×7 像素的范围进行检测，如果存在其他的边界点，将两者连接。在连接多余边界后，通过 Photoshop 软件手动去除多余的边界，由于没有对晶粒的边界进行改动，该操作并不会降低边界提取的精度。最终得到的边界图像如图 4.11（b）所示。

通过 Matlab 可以将图 4.11（b）中的连通区域赋予不同的灰度值，每一个连通区域代表一个冰晶粒。计算每种灰度值对应的像素点数量，作为晶粒的像素面积，之后计算连通区域边界的像素点数量，作为晶粒的像素周长。通过式（4.1）和式（4.2），将像素面积、像素周长转化为实际面积和实际周长，晶粒的边界线包括直线和斜线，在占用相同的像素点时，斜线对应的实际长度更高，因此在计算实际周长时，将斜边界上的像素点额外乘以系数 $\sqrt{2}$ 。

$$S = S_n \times k^2 \tag{4.1}$$

$$L = k(L_{直} + \sqrt{2}L_{斜})\qquad\qquad(4.2)$$

式中：S 为实际面积，cm^2；S_n 为区域像素点数量；k 为每个像素点对应的实际长度，cm；$L_{直}$ 为直线边界对应的像素点数量；$L_{斜}$ 为斜线边界对应的像素点数量。

晶粒的形状不规律，因此采用等效直径来表示晶粒的大小，等效直径即与晶粒面积相同的圆的直径，计算公式如下：

$$D = 2\sqrt{S/\pi}\qquad\qquad(4.3)$$

式中：D 为晶粒的等效直径，cm。

4.3.3 黄河冰晶粒边界提取结果

采用上文的数字图像处理的方法，对 1~4 号冰坯水平切片的晶体结构进行了边界提取，因篇幅限制，文中仅给出了 1 号和 4 号冰坯的晶粒边界提取结果，如图 4.12、图 4.13 所示，可以看出，晶粒边界图与原图一一对应，通过该方法提取到的晶粒边界完整、清晰而且连续，可以进行后续晶粒尺寸的计算。

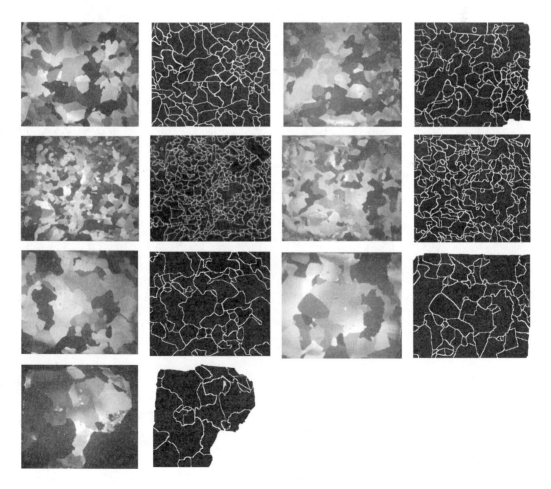

图 4.12　1 号冰坯冰晶粒边界提取结果图

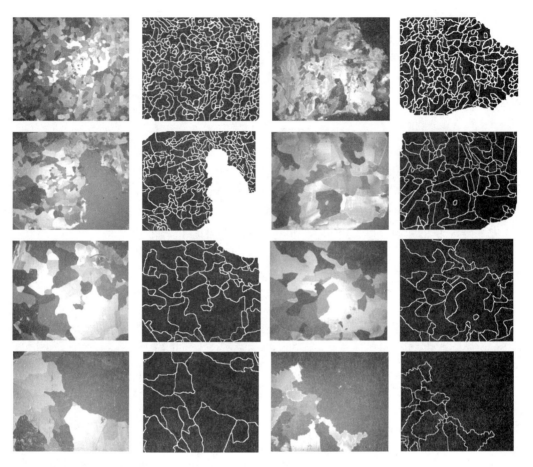

图 4.13　4 号冰晶粒边界提取结果图

4.3.4　黄河冰晶粒直径的水平分布

使用式（4.1）和式（4.3）计算了 1~4 号冰坯所有深度水平切片的晶粒的等效直径，并将晶粒在垂直和水平方向的尺寸分布进行了统计。图 4.14 展示了黄河冰晶体的水平分布情况，可以看出，黄河冰晶粒尺寸主要集中在 0~12mm，占比达到了 81.03%，其中 0~3mm 等效直径的晶粒占比为 12.99%，大于 3mm 等效直径的晶粒，晶粒尺寸越大，在总晶粒中的占比越小。在所有等效直径范围内，3~6mm 等效直径范围的晶粒最多，占比达到了 31.94%。

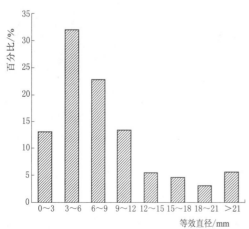

图 4.14　黄河冰晶等效直径分布图

粒状冰由杂乱无章的颗粒状晶粒组成，没有明显的各向异性，柱状冰则是由在垂直方向为柱状的晶粒组成，具有明显的各向异性。因此，将粒状冰和柱状冰的晶粒等效直径分布分别进行了统计，如图 4.15 所示。柱状冰小于 9mm 等效直径的晶粒占比达到了 53.13%，但在晶粒图片上表现为以大尺寸晶粒为主，这是由于柱状冰晶粒的面积占比大，最大晶粒的等效直径达到了 46.40mm。粒状冰晶粒尺寸偏小，小于 9mm 等效直径的晶粒占比为 82.68%。粒状冰和柱状冰的晶粒尺寸分布规律接近，都是随着等效直径的增加，晶粒数量先增加后减小，其中 3～6mm 等效直径的晶粒占比最多，粒状冰数量占比为 37.31%，柱状冰数量占比为 27.16%。但两者的晶粒等效直径分布也有一定的差异，粒状冰的冰晶粒等效直径偏小，大于 12mm 的晶粒占比为 5.67%，而柱状冰等效直径大于 12mm 的晶粒占比达到了 30.83%。

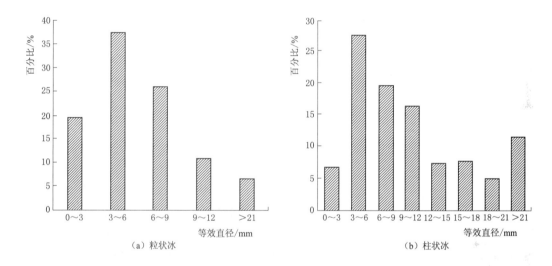

图 4.15　黄河冰不同晶体结构的等效直径分布

4.3.5　黄河冰晶粒直径的垂直分布

将 1 号冰坯和 4 号冰坯不同深度水平切片的晶粒尺寸进行了统计，如图 4.16 所示，图 4.16（a）是 1 号冰坯在不同深度的晶粒等效直径分布情况，1 号冰胚 20～35cm 深度是粒状冰层，小于 6mm 的晶粒占比达到了 70%以上。0～20cm 和 35～68cm 深度是柱状冰层，整体上，随着深度的增加，0～6mm 直径的晶粒占比减小，大于 6mm 直径的晶粒占比增大。

图 4.16（b）展示了 4 号冰坯在不同深度的晶粒等效直径分布情况。8～40cm 深度的切片，晶粒占比最高的等效直径区间是 3～6mm，48cm 深度切片晶粒占比最高的等效直径区间是 6～9mm，54cm 深度切片晶粒占比最高的等效直径区间是 12～15mm，63cm 深度切片晶粒占比最高的等效直径区间是 9～12mm。等效直径大于 18mm 的晶粒占比从表层往底层分别是 0%、0%、0%、1.03%、5.17%、9.76%、16.67%、5.00%，除 63cm 深度切片外，随着深度的增加，大尺寸的晶粒占比也随之增加。63cm 是冰坯的底层，柱状冰生长到该深度时，晶粒直径大，数量少，同时底层也存在部分冰花凝结的小尺寸晶

粒，拉高了总的晶粒数量，在两者的共同作用下，63cm 深度的大尺寸晶粒占比小于其他柱状冰。不同深度的晶粒等效直径分布可以分为三种，8～24cm 是粒状冰层，其晶粒占比在 3～6mm 达到最高，之后随着晶粒直径增加，晶粒占比迅速下降，基本不存在等效直径大于 12mm 的晶粒。32～48cm 是中间柱状冰层，此时的晶粒等效直径分布规律与粒状冰层接近，但 0～9mm 的小尺寸晶粒占比小于柱状冰。54～63cm 是底层柱状冰，该冰层的晶粒等效直径分布均匀，所有等效直径区间的晶粒占比都在 5%～20% 之间。

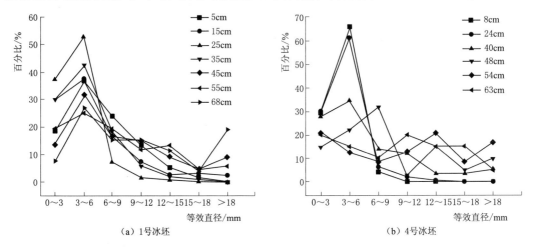

图 4.16　不同深度切片的黄河冰晶粒等效直径分布图

最后，计算了不同深度的晶粒平均等效直径，如图 4.17 所示。1 号冰坯的晶粒粒径在 5cm 深度达到极大值 6.2mm，随后又在 25cm 深度降至 3.38mm，此后，晶粒逐渐增大，并在 68cm 深度达到最大值 12.2mm，冰晶粒等效直径的变化规律整体反映了冰晶结构粒状—柱状—粒状—柱状的交替变化趋势。4 号冰坯在 0～24cm 的粒状冰层，晶粒平均等效直径在 4mm 以下，并且随着深度的增加，等效直径有略微的增加。24～63cm 是柱

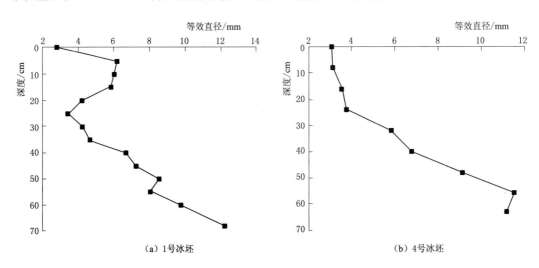

图 4.17　冰晶粒等效直径垂直分布图

状冰层，随着深度增加，等效直径从 3.75mm 升高到 11.52mm。在 63cm 深度，晶粒等效直径出现了小幅的降低，这是由于冰坯的底层是冰花凝结和柱状冰生长共同作用下形成的冰层，冰花凝结导致了晶粒平均等效粒径的降低。

4.4 黄河冰断裂性能试验方法

4.4.1 DIC 图像采集方法与设备

数字图像相关技术的原理是采集冰试样表面在加载过程中的高清灰度图像，通过对比冰试样表面图像在变形前后的变化，追踪试样表面特征点的位移变化，进而通过相关计算得到冰试样表面的位移场和应变场。

在采集完冰试样表面灰度图像后，用 0~255 之间的一个数值表示图像中每一个像素的灰度，其中 0 代表黑色，255 代表白色。通过这种方法将冰试样灰度图像转化成灰度矩阵，用灰度特征值函数 $f(x, y)$ 表示变形前的图像，用灰度特征值函数表示变形后图像。在试验过程中，摄像机的参数、位置以及实验室的光照条件都没有变化，因此，变形前的灰度图与变形后的灰度图具有一定的相关性，可以通过相关性计算来追踪试样表面的特征点，具体计算方法如下：在变形前的图像 $f(x, y)$ 中，以特征点 $P(x_0, y_0)$ 为中心选取一定大小的区域作为参考图像子区，在变形后图像中，通过相关度计算［式 (4.4)］确定以 $P(x_0', y_0')$ 为中心的目标图像子区，若两者的相关度接近 1，则 $P(x_0', y_0')$ 就是 $P(x_0, y_0)$ 在变形后的位置。在追踪到特征点后，可以对位移求差，计算特征点 $P(x_0, y_0)$ 的位移，如图 4.18 所示。通过同样的方法，计算冰试样表面所有特征点的位移，可以得到冰试样表面在断裂过程的位移场和应变场。

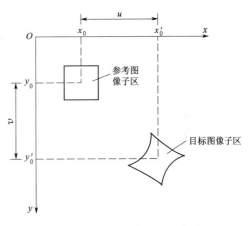

图 4.18 DIC 基本原理示意图

$$C = \frac{\sum [f(x, y) - f_m][g(x', y') - g_m]}{\sqrt{\sum [f(x, y) - f_m]^2} \sqrt{\sum [g(x', y') - g_m]^2}} \tag{4.4}$$

式中：C 为相关系数；f_m 为参考图像子区的平均灰度值；g_m 为目标图像子区的平均灰度值，当 $C=1$ 时，两个子区完全相关，当 $C=0$ 时，两个子区完全不相关。

试验使用南京中迅传感技术有限公司生产的 DIC-3D 系统进行光学图像采集，主要包括两个 Grasshopper3 系列相机、镜头、三脚架和两个高强度光源。DIC 系统的连接方式如图 4.19 所示，图 4.20 展示了连接完成的 DIC 设备。

在进行冰试样的加载前，需要进行相机的调试：首先将相机的试样对准冰试样表面的 DIC 观测区，然后调整两个高强度光源，使光源照射在观测区域，最后调整相机镜头的光圈、焦距和偏振，使拍摄的效果达到最佳。在图像采集时，相机与冰试样表面的距离要保持在 1m 左右，以减小平面外变形的影响。在采集完冰试样断裂过程的图像之后，还需要在冰试样观测区相同的位置放置标定板，对系统进行标定，从而将灰度图片中的像素位移转化为实际位移。

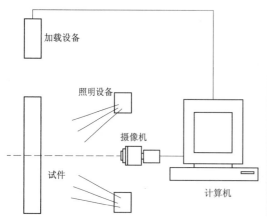

图 4.19　DIC 测量系统示意图　　　　　　图 4.20　DIC 设备装置图

4.4.2　断裂试验设备

试验的力学采集设备包括压力传感器、桥盒、动态电阻应变仪、采集卡、三防计算机，如图 4.21 所示。压力传感器使用的是中南大学电子设备厂生产的 PPM226 - LS2 - 1 负载传感器，最大量程为 5kN，允许温度范围 -30～70℃，其作用是将压力转化为电阻信号，信号频率为 2kHz。桥盒的作用为连接压力传感器和动态电阻应变仪，本次试验使用的 1/4 桥连接方法。应变仪使用的是 YD - 28A 型动态电阻应变仪，其作用是将压力传感器输出的电阻信号放大，并转化为电压信号。之后，采集卡对动态电阻应变仪的电压信号进行采集，并传输到三防计算机上，通过计算机上的以太网数据采集程序 SK1207B 测

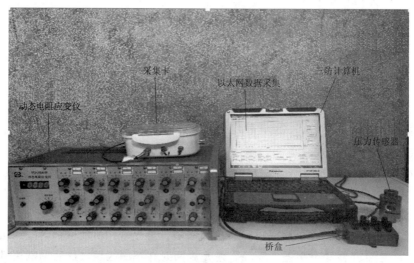

图 4.21　力学采集设备

试程序获取试验过程中的电压变化。

试验所用的加载器是 byes - 3005 电子万能试验机，试验机可控制的加载速率范围是 $0.05 \sim 100 \text{mm/min}$。由于试验机的力传感器和支座不满足试验的要求，根据试验需要，对原本的万能试验机进行了一定程度的改造，如图 4.22 所示。制作了一个新的连接杆，在连接杆上方连接了压力传感器。制作了圆柱形的压头，连接在连接杆的下方，压头直径为 2cm。制作了一个新的支座，支座的支撑体与压头相同，为直径 2cm 的圆柱体，支撑体可以在支座上移动，以便控制试验时的支座跨度。

图 4.22 电子万能试验机

4.4.3 断裂试验方法

动态电阻应变仪输出的是电压信号，因此在电脑中采集到的数据也是电压-时间曲线。为了将电压值转化为力值，在进行试验之前，需要使用 CSS - 44100 型电子万能试验机对压力传感器进行标定，标定的方法如下：

按试验所用的方法将力学采集设备连接，将压力传感器放在万能试验机上，打开万能试验机控制系统和以太网采集程序，并将所有设备归零。

使用万能试验机对传感器进行加载，加载时，在特定的时间节点停顿一段时间，方便压力值的记录，如图 4.23 所示。

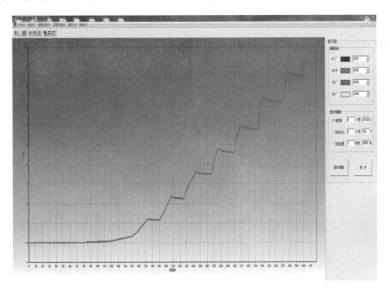

图 4.23 万能试验机加载压力-时间曲线

记录以太网采集程序输出的电压-时间曲线和万能试验机输出的压力-时间曲线，对比所有停顿点对应电压值和压力值，建立两者之间的函数曲线。

本次试验的电压与压力之间是线性关系：

$$F = 220.51U$$

式中，F 为压力，N；U 为电压，V。

通过两者的关系式，可以将试验中采集到的电压-时间曲线转化为压力-时间曲线。

完成所有前期工作后，进行冰试样的加载，试验的具体步骤如下：

（1）进行温度的调节，将试样放置在低温恒温箱中，以预定的试验温度恒温 24h 以上，确保试样达到热平衡状态，同时，将低温实验室的温度调节成预定的试验温度。

（2）调整支座跨度，从低温恒温箱中取出试样，放置在支座的中间位置，连接加载设备、力学采集设备和光学图像采集设备，用万能试验机控制系统调节压头的位置，使压头贴近冰试样的表面。在加载前，拍摄冰试样的图片，记录冰试样的编号和试验条件。

（3）再次将以太网采集程序和动态电阻应变仪归零，调节力学采集程序和光学图像采集程序的参数。控制万能试验机以预定的加载速率进行加载，并在同一时间开始力学采集和光学图像采集。

（4）在冰试样断裂后，停止万能试验机的加载，记录并保存采集的数据。拍摄冰试样断裂后的图片，以便分析冰试样的断裂形态。

清理断裂的冰试样，将压头上升到加载之前的位置，重复步骤（1）～（4），进行下一个冰试样的试验。

4.4.4 试样的制备与前处理

冰的断裂性能受到许多因素的影响，从微观结构上来讲，冰的晶体种类、晶粒尺寸、气泡含量会影响冰的断裂性能。从外界条件上来讲，冰的断裂性能受到试样尺寸、加载方向、加载速率、试验温度等因素的影响，因此，在进行断裂试验时，需要选取合适的试样尺寸。

一般来说，为了得到更高的缺口敏感性，建议使用大尺寸的冰试样。同时，为了保证试样的微观均匀性，减小试验的偶然性，也需要冰试样具有一定的尺寸，一般需要确保冰试样在裂纹方向的长度大于 15 倍的最大晶粒直径。本次试验的黄河冰的最大晶粒等效直径为 46.40mm，对应的最小高度为 6.96cm，因此本次试验选用的试样尺寸是 7cm×7cm×65cm。

通过电链锯、锯骨机来进行冰试样的制备。首先，使用电链锯将冰坯粗加工成 10cm×10cm×70cm 的长冰块，之后使用锯骨机将冰块加工成 7cm×7cm×65cm 的标准冰试样，由于部分冰坯的深度小于 65cm，在切割时，将平行冰面的方向作为冰试样的长边。

加工完成的冰试样在低温实验室中保存，由于低温实验室在降温时有较大的气流，为了防止冰试样风化，将加工完成的冰试样用塑料袋密封，放置在泡沫保温箱中。冰试样极易断裂，所以在移动时需要轻拿轻放。在保存冰试样时，使用气泡纸将泡沫保温箱中的空隙填满，防止在移动保温箱时冰试样之间发生碰撞。

与弯曲试验不同，三点弯曲断裂试验还需要在试样的中部加工预制裂缝，以确保试样从加载的位置发生断裂。预制裂缝的长度 a 与试样高度 W 的比值应在 0.2～1 之间，因此，本次试验采用的预制裂缝长度为 3cm。加工时，首先使用直尺确定冰试样的中点，并使用记号笔进行标记，之后，使用木锯沿标志切割，制造预制裂纹，切割时，要确保木锯与冰面保持垂直，前后均匀发力，防止预制裂缝不满足要求。制作完成的标准试样示意图如图 4.24 所示，S 为支座的有效跨度，一般要求有效跨度大于等于试样高度的 4 倍，这里选为试样高度的 4 倍，即 28cm。

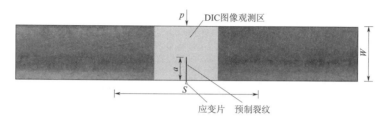

图 4.24　标准试样外观示意图

DIC 位移采集需要采集冰表面的灰度散斑图像，而冰是一种透明材料，不利于 DIC 设备的采集，因此需要在冰试样的表面制造人工散斑。本次试验使用哑光漆制作人工散斑。首先，在冰试样的 DIC 观测区喷涂白漆，防止光线直接穿过冰试样，白漆一共喷涂三次，每次的喷涂完成后，将冰试验放置 20min 以上，确保喷漆完全凝结，喷涂白漆的过程如图 4.25（a）所示。之后，使用黑漆在试样表面制作人工散斑，喷涂的位置必须距

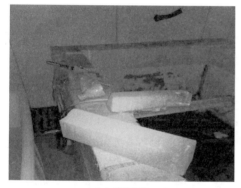

（a）喷涂白漆　　　　　　　　　　　　　　　　（b）散斑效果图

图 4.25　人工散斑的制作

离冰试样表面 30cm 以上，确保黑漆可以均匀地落在冰试样表面，形成随机灰度的散斑，散斑的效果图如图 4.25（b）所示。

　　通过低温恒温试验箱进行试样的温度控制，如图 4.26 所示。为确保冰试样达到热平衡，在进行试验前，需要将冰试样放置在恒温箱中以指定的温度恒温 24h 以上。恒温箱放置在低温实验室中，确保冰试样取出后可以立即进行断裂试验，减小试验误差。

图 4.26　低温恒温试验箱

4.4.5 试验方案

柱状冰在水平方向是不规则的晶粒,在垂直方向则是柱状的晶体,因此,柱状冰的力学性能表现为各向异性。本次试样所用的黄河冰在 0~24cm 深度为粒状冰,24~63cm 深度为柱状冰,由于采集的冰坯数量以及冰坯高度的限制,本次试验不考虑各向异性对断裂性能的影响,试验全部使用垂直于冰面的加载方向。

温度是影响冰的断裂性能的重要因素,本次断裂试验的大部分过程在低温实验室完成,温度的控制主要包括试样温度的控制和实验室温度的控制。考虑黄河实际环境条件和低温实验室的温控范围,确定了试验的温度:黄河在封冻期的温度在 $-25\sim5℃$ 之间,但低温实验室能达到的最低温度为 $-12℃$,因此本次试验选用了 $-2℃$,$-4℃$,$-8℃$,$-10℃$ 四种温度,其中粒状冰试样由于数量有限,未进行 $-10℃$ 温度下的试验。

加载速率的增加会导致冰试样从韧性破坏转化为脆性破坏,加载速率由试验机的控制程序控制,本次试验所用的试验机能达到的最低速率为 0.05mm/min,在该加载速率下,试样表现为脆性破坏。最终选用的加载速率为 0.05mm/min、0.2mm/min、0.5mm/min、2mm/min、5mm/min 和 10mm/min,转化为应变速率为 $4.46\times10^{-6}/s$、$1.79\times10^{-5}/s$、$4.46\times10^{-5}/s$、$1.79\times10^{-4}/s$、$4.46\times10^{-4}/s$、$8.93\times10^{-4}/s$。在每一种固定的温度和加载速率下,进行了 1~2 个冰试样的加载。

在以往的冰力学试验中,常用的测位移方法有两种,一种是间接测量,将试验机执行器的位移作为冰试样本身的位移,执行器刚度低、压头与冰试样接触面不平整都会造成测量结果的误差,并且通过这种方法只能确定冰试样上表面的位移,无法确定冰试样断裂区的位移变化。另一种方法是在冰试样的表面黏结应变片,测量试样的位移,在光滑的冰试样表面黏结应变片有一定的难度,并且可能对冰试样本身造成破坏,影响试验的结果。考虑到这些问题,本次试验通过 DIC 技术测量加载过程中冰试样的位移,DIC 方法是一种光学测量方法,与传统的位移测量方法比较,它操作简单,测量时无须接触冰试样,并且可以测量冰试样全时段的全场位移。本次试验一共对 6 根粒状冰试样进行了 DIC 光学图像采集,冰试样的温度是 $-8℃$ 和 $-4℃$ 两种温度,每种温度下使用了 $4.46\times10^{-6}/s$、$4.46\times10^{-5}/s$、$8.93\times10^{-4}/s$ 三种加载速率。考虑到加载速率不同,试样的断裂时间也不同,在采集 DIC 图像时,对不同的加载速率下的冰试样使用了不同的采集频率,见表4.2。

表 4.2　　　　　　　　　　　DIC 图 像 采 集 方 案

试样编号	晶体结构	温度/℃	加载速率/s^{-1}	采集频率/Hz
A1	粒状	-8	4.46×10^{-6}	0.4
A2	粒状	-8	4.46×10^{-5}	4
A3	粒状	-8	8.93×10^{-4}	8
B1	粒状	-4	4.46×10^{-6}	0.4
B2	粒状	-4	4.46×10^{-5}	4
B3	粒状	-4	8.93×10^{-4}	8

4.5　黄河冰断裂过程位移变化及性能分析

4.5.1　冰断裂过程位移变化

4.5.1.1　DIC 可行性分析

本书首次将 DIC 技术应用于冰的断裂试验位移观测，为检测 DIC 测量的可行性，将 DIC 测量的预制裂缝开口位移（$CMOD$）与应变片测量得到的结果进行了对比。DIC 设备可以分析冰试样表面任意点的位移变化，在此基础上，测量预制裂缝开口两端的横向位移，两者位移的差值即为 $CMOD$。将 DIC 方法测量得到的 P - CMOD 曲线与应变片测量得到的 P - CMOD 曲线绘制在同一张图上，如图 4.27 所示。可以看出，在整个加载过程中，通过两种方法得到的 P - CMOD 曲线基本吻合，因此，可以将 DIC 方法应用于河冰三点弯曲试验的研究。

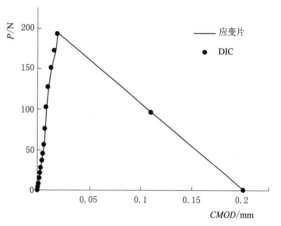

图 4.27　DIC 与应变片两种试验方法的
P - CMOD 曲线对比

DIC 可以捕捉到试样表面裂纹扩展的过程，计算裂纹尺寸，因此也常被用于分析混凝土裂纹演化规律。为了明确 DIC 在冰的裂纹扩展路径观测方面的可行性，将本次试验中 DIC 采集到的裂纹路径与相机拍摄的裂纹路径进行了对比，如图 4.28 所示。DIC 采集到的第三阶段裂纹路径与相机拍摄的试样断裂时的裂纹扩展路径基本一致，因此，可以将 DIC 用于冰的裂纹演变规律的研究。

4.5.1.2　试样跨中位移

在冰力学试验中，由于位移测量困难，经常将试验机执行器的位移作为冰试样的位移，进而计算冰试样的应变，将这种间接测量方法得到的位移和应变称为名义位移和名义应变。在本次试验中，通过激光位移传感器测量了冰试样的间接位移，通过 DIC 方法测量了冰试样的实际位移。图 4.29 展示了激光位移传感器测量试验机执行器位移的过程，测量得到的执行器加载速率与试验机设定的加载速率基本一致。图 4.30 展示了 DIC 方法测位移的过程。绿色区域是 DIC 计算区域，为了保证位移计算的效果，计算区域选取为以预制裂缝为中心的 7cm×6.5cm 的区域。在测量冰试样位移时，在计算区域上端选取阶段线 MN，计算 MN 上各点在不同时间的纵向位移，将任一时段 MN 线上的位移最大值作为该时段冰试样的纵向位移。

将 A1 试样通过 DIC 方法测量的黄河冰试样位移-时间曲线与通过传感器间接测量的位移-时间曲线进行了对比，如图 4.31 所示，可以看出，在开始加载后，两种方法测量得到的位移都随着时间的增加呈线性增加，并且压头的位移要大于 DIC 方法测量得到的冰

（a）第一阶段裂纹图像

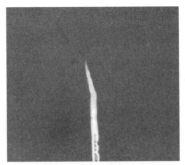

（b）第二阶段裂纹图像

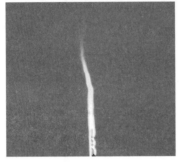

（c）第三阶段裂纹图像

（d）相机拍摄的裂纹路径

图 4.28　DIC 与相机两种方法采集的裂纹路径图

图 4.29　传感器测位移

图 4.30　DIC 方法测位移

试样位移。

　　在 A1 试样的测量结果中，DIC 测量得到的试样位移与压头位移有明显的差距。为了确保这不是偶然现象，对 DIC 测量的 6 块冰试验的实际位移和压头位移进行了计算分析，结果见表 4.3。试样断裂时的位移在 0.06～0.11mm 之间，压头位移在 0.18～0.38mm 之间，对于不同冰试样，压头的位移是冰试样位移的 2.8～3.3 倍。这是由于压头的位移包含了试样自身的位移和试验机执行器的位移，试验机执行器的刚度不足，在加载时，执行器产生了变形，从而导致压头位移大于冰试样的位移。

表 4.3　　　　　　　　　　　　　两种方法测量的位移结果

试样编号	A1	A2	A3	B1	B2	B3
压头位移/mm	0.354	0.186	0.375	0.198	0.204	0.284
实际位移/mm	0.108	0.062	0.129	0.067	0.065	0.100
比值	3.28	3.00	2.91	2.96	3.13	2.84

4.5.1.3　裂缝张开位移与滑开位移

DIC 设备可以计算试样表面任意一点的位移，为了确定裂缝的张开位移和滑开位移，对预制裂缝尖端切线 AB 的位移进行了观测，AB 的位置如图 4.32 所示。

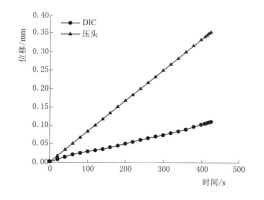

图 4.31　A1 试样压头位移与 DIC 位移比较

图 4.32　试样裂缝尖端切线位移的测量

统计了 A1 试样预制裂缝尖端切线 AB 在不同时间节点的横向位移和纵向位移，如图 4.33 所示，图中横坐标的不同代表 AB 线上不同位置的点，纵坐标为横向位移和纵向位移的大小。从图 4.33 可以看出，AB 线的横向位移在预制裂缝两端有较大的差值，并且随着加载的过程的进行，总体横向位移逐渐增大。在不同时间节点，AB 线的纵向位移都在预制裂缝处达到最大值，越靠近 AB 线的两端，纵向位移越小，但预制裂缝左端的纵向位移略大于右端的纵向位移。同时，随着加载过程的进行，AB 线的总体纵向位移增大。

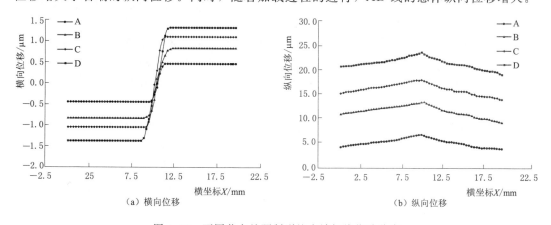

（a）横向位移　　　　　　　　　　　　　　　　（b）纵向位移

图 4.33　不同节点处预制裂纹尖端切线位移分布

计算了不同时间节点 AB 线在预制裂缝两端的位移的差值，横向位移的差值是冰试样的张开位移 u，纵向位移的差值是冰试样的滑开位移 v，将 u 和 v 的计算结果统计在表 4.4 中。随着加载过程的进行，冰试样的张开位移从 $0.915\mu m$ 增加到 $2.742\mu m$，滑开位移从 $0.119\mu m$ 增加到 $0.450\mu m$，并且在不同的时间节点，滑开位移约为张开位移的 $13\%\sim16\%$。由上述试验结果可知，黄河冰在断裂过程中会产生裂缝张开位移和裂缝滑开位移，但由于裂缝滑开位移所占比例较小，因此可以将Ⅰ型断裂形式作为研究黄河冰断裂性能的重点。

表 4.4　　　　　　　　　　　不同节点处裂纹的张开位移和滑开位移

节点	A	B	C	D
张开位移 $u/\mu m$	0.915	1.412	2.157	2.742
滑开位移 $v/\mu m$	0.119	0.205	0.303	0.450
比值 v/u	13％	15％	14％	16％

4.5.2　冰断裂性能分析

4.5.2.1　断裂过程曲线

结合力学采集设备采集的荷载-时间曲线以及位移采集设备采集的位移时间曲线，绘制出了黄河冰三点弯曲试验典型破坏的荷载-位移曲线，如图 4.34 所示。冰试样呈脆性破坏，荷载在增加到峰值后，试验直接断裂，承载力下降为零。

4.5.2.2　冰试样的断裂破坏模式

即使在最慢的加载速率下（$4.46\times 10^{-6}/s$），试样仍然呈脆性断裂，在 1s 内，冰试样从出现裂纹，到最终破坏，整个过程在 1s 内完成。但柱状冰试样和粒状冰试样在破坏时的表现仍具有一定的差别，柱

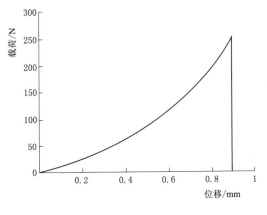

图 4.34　黄河冰三点弯曲试验荷载-位移曲线

状冰试样在断裂的瞬间会发出短暂而轻微的声响，试样会直接断裂成两半，而粒状冰试样在断裂时没有声音，试样没有明显的外观变化，断裂后仍保持一个整体。

图 4.35 展示了不同温度（$-8\sim-2$℃）和加载速率（$4.46\times 10^{-6}/s\sim 8.93\times 10^{-4}/s$）下不同晶体结构黄河冰试样的断裂形态，可以看出，温度和速率的变化对黄河冰试样的断裂形态没有明显的影响，但柱状冰试样和粒状冰试样的断裂形态有一定的差异。粒状冰的裂纹大多沿着预制裂缝尖端向上发展，裂纹痕迹不明显，断面平滑。柱状冰试样的裂纹走向曲折，裂纹大多沿着预制裂缝尖端向上发展，但也有部分试样的裂纹从预制裂缝的侧面向上发展，如图 4.35（k）和图 4.35（m）。同时，柱状冰试样在断裂时会有冰碎屑掉落，导致裂纹变宽，断面不平整，契合效果差，如图 4.35（o）和图 4.35（p）。

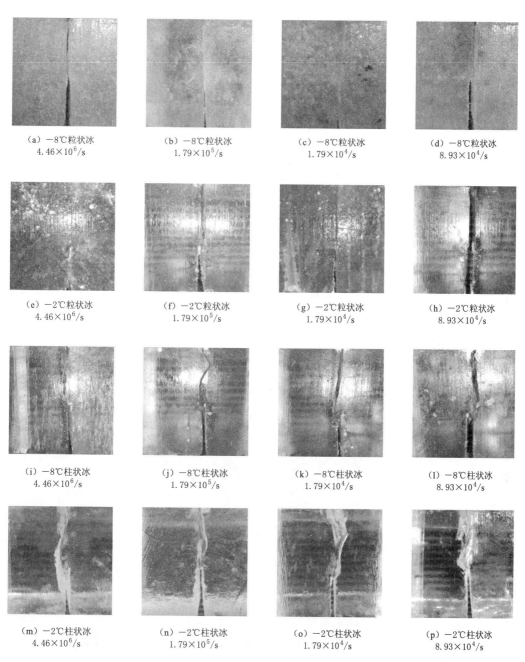

（a）－8℃粒状冰
4.46×10⁶/s

（b）－8℃粒状冰
1.79×10⁵/s

（c）－8℃粒状冰
1.79×10⁴/s

（d）－8℃粒状冰
8.93×10⁴/s

（e）－2℃粒状冰
4.46×10⁶/s

（f）－2℃粒状冰
1.79×10⁵/s

（g）－2℃粒状冰
1.79×10⁴/s

（h）－2℃粒状冰
8.93×10⁴/s

（i）－8℃柱状冰
4.46×10⁶/s

（j）－8℃柱状冰
1.79×10⁵/s

（k）－8℃柱状冰
1.79×10⁴/s

（l）－8℃柱状冰
8.93×10⁴/s

（m）－2℃柱状冰
4.46×10⁶/s

（n）－2℃柱状冰
1.79×10⁵/s

（o）－2℃柱状冰
1.79×10⁴/s

（p）－2℃柱状冰
8.93×10⁴/s

图4.35　不同条件下黄河冰试样的破坏模式

从微观结构的尺度对两种晶体结构冰试样断裂形态的差异做出了解释：粒状冰主要由杂乱分布的小晶粒组成，相比柱状冰，黄河冰的粒状冰一般含有更多的气泡、泥沙等杂质，在进行加载时，裂纹会沿着薄弱的晶界和气泡、泥沙等缺陷的位置发展，总体应力小，在破坏时很少出现碎屑的掉落，破坏后试样保持一个整体。同时，加载会导致预制裂缝尖端产生应力集中，因此裂纹大多沿着裂纹尖端向上扩展。柱状冰的晶粒尺寸大，并且在垂直方向为柱状结构，晶界、气泡的分布比较离散，裂纹在扩展时不能绕开所有的晶粒，以穿晶破坏为主，穿晶破坏所需的应力更高，破坏时容易发生碎屑的掉落。大尺寸晶粒的强度远大于晶界和气泡等初始缺陷，裂纹扩展受到晶粒的阻挡，会转向薄弱的晶界和初始缺陷发展，从而导致裂纹路径的曲折和破坏断面的不平整。

4.5.2.3　不同晶体结构下黄河冰的断裂韧度

本次试验采用的三点弯曲梁试验，使用 ASTM 断裂韧度计算公式进行黄河冰断裂韧度的计算：

$$K_{IC} = \frac{PS}{BW^{1.5}} f\left(\frac{a}{W}\right) \tag{4.5}$$

$$f\left(\frac{a}{W}\right) = 3\left(\frac{a}{W}\right)0.5 \times \frac{1.99 - (a/W)(1 - a/W)}{2(1 + 2a/W)(1 - a/W)^{1.5}}[2.15 - 3.93(a/W) + 2.7(a/W)^2]$$

$$\tag{4.6}$$

式中：K_{IC} 为断裂韧度，$kPam^{1/2}$；B 为试样宽度，m；W 为试样高度，m；P 为断裂荷载，kN；S 为支座的有效跨度，m；a 为预制裂缝长度，m。

将不同加载速率下柱状冰和粒状冰的断裂韧度平均值进行了统计，见表4.5。在不同的加载速率下，柱状冰的断裂韧度高于粒状冰，两者的比值在 1.25～1.46 之间，这与两者在形成过程的差异保持了一致。粒状冰的形成原因较多，有积雪凝结的雪冰、冰花凝结的粒状冰，反复冻融的表层冰等，这些过程导致粒状冰的气泡、泥沙、裂纹等缺陷更多，柱状冰大部分由热力学生长而成，内部缺陷较少，因此在相同的试验条件下，柱状冰的断裂韧度更高。

表 4.5　　　　　　　　　　　　不同晶体结构冰样的断裂韧度及其比值

加载速率/s^{-1}	柱状冰断裂韧度/$kPam^{1/2}$	粒状冰断裂韧度/$kPam^{1/2}$	比　值
4.46×10^{-6}	114.43	91.31	1.25
1.79×10^{-5}	111.88	89.22	1.25
4.46×10^{-5}	106.04	73.57	1.44
1.79×10^{-4}	93.06	63.70	1.46
4.46×10^{-4}	88.99	60.95	1.46
8.93×10^{-4}	61.51	47.41	1.30

4.5.2.4　不同温度下冰的断裂韧度

将柱状冰和粒状冰在不同温度下的断裂韧度平均值进行了统计，绘制了断裂韧度平均值和温度之间的折线图，如图 4.36 所示，图中的误差棒代表该温度下黄河冰断裂韧度的最大值和最小值。图 4.36（a）展示了柱状冰断裂韧度与温度的关系曲线，随着温度从低到高，断裂韧度的平均值分别为 $105kPam^{1/2}$、$99kPam^{1/2}$、$95kPam^{1/2}$、$89kPam^{1/2}$，随着温度的升高，断裂韧度逐渐下降，但下降的幅度不高。图 4.36（b）展示了粒状冰断裂韧度与温度的关系曲线，在 $-8℃$、$-4℃$、$-2℃$ 的温度下，断裂韧度的平均值分别为

$80\mathrm{kPam}^{1/2}$、$72\mathrm{kPam}^{1/2}$、$74\mathrm{kPam}^{1/2}$。可以看出，粒状冰断裂韧度整体上随着温度的升高而降低，但在$-2℃$试验条件下得到的断裂韧度平均值略大于$-4℃$试验条件下的结果，这是由于$-4℃$与$-2℃$的温差只有$2℃$，对断裂韧度的影响程度有限，同时，冰试样本身的结构也会影响试验的结果，例如气泡、泥沙等初始缺陷会导致冰试样的断裂韧度降低。

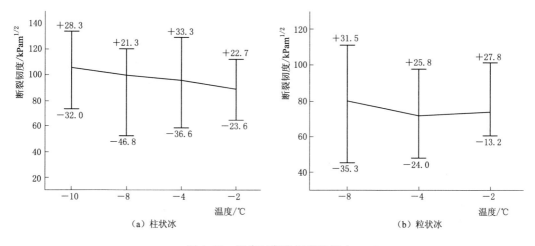

（a）柱状冰　　　　　　　　　　（b）粒状冰

图 4.36　温度对断裂韧度的影响

为了明确更低温度下不同结构的冰的断裂韧度，将本章的柱状冰试验结果与 Deng Y.等、Liu H W 等的试验结果绘制在同一张图上，如图 4.37 所示。Liu H W 等的试验采用了蒸馏水制造而成的柱状冰，加载速率为 $1.6\times10^{-3}/\mathrm{s}$；Deng Y 等进行了黄河冰的巴西圆盘劈裂试验，加载速率为 $10^{-5}\sim10^{-1}/\mathrm{s}$。将不同温度区间下三次试验的断裂韧度平均值进行了统计，如表 4.6 所示，可以看出，在不同的温度区间，Liu H W 等试验得到的断裂韧度略高与本次试验的结果，这是由于两者的冰样微观结构存在差异，Liu H W 等

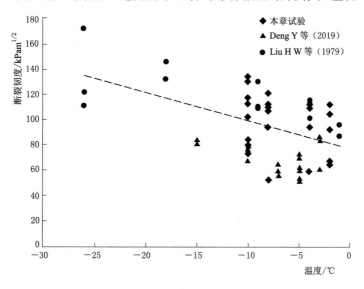

图 4.37　淡水冰断裂韧度温度效应试验结果比较

表 4.6　　　　　　　　　　　不同温度区间的断裂韧度平均值

试验结果/℃	Deng Y 等断裂韧度/kPam$^{1/2}$	Liu H W 等断裂韧度/kPam$^{1/2}$	本章试验断裂韧度/kPam$^{1/2}$
−12～−9	74.7	116.3	105.1
−9～−6	65.1	—	99.3
−6～−3	61.7	110.5	90.0
−3～−0	76.9	92.0	88.6

使用人工柱状冰，而本次试验使用封冻期的黄河冰。人工柱状冰不含泥沙等杂质，气泡含量低，因此强度更高，而黄河冰存在粒状冰层，进一步导致了强度的降低。Deng 等试验得到的黄河冰断裂韧度低于本次试验的结果，这是由于 Deng 等试验采用的加载速率高于本次试验。虽然试验条件的不同导致冰的断裂韧度有一定的差异，但三次试验结果表示出了相同的规律，即随着温度的升高，断裂韧度降低。

4.5.2.5　不同加载速率下黄河冰的断裂韧度

将柱状冰和粒状冰在不同速率下的断裂韧度平均值、最大值、最小值进行了统计，绘制出带误差棒的折线图，如图 4.38 所示。柱状冰试样随着加载速率的增加，断裂韧度平均值分别为 114kPam$^{1/2}$、112kPam$^{1/2}$、106kPam$^{1/2}$、93kPam$^{1/2}$、89kPam$^{1/2}$、62kPam$^{1/2}$，断裂韧度随着加载速率的增高呈降低趋势，并且加载速率小于 $1.79×10^{-5}$/s 时，断裂韧度的下降幅度较小，加载速率大于 $4.46×10^{-4}$/s 时，断裂韧度的下降幅度较大。粒状冰试样断裂韧度的变化规律与柱状冰试样相似，即在加载速率较高时随着加载速率的升高而降低，在低加载速率时下降趋势减缓。在相同加载速率下，粒状冰的断裂韧度低于柱状冰，在加载速率低于 $4.46×10^{-5}$/s 时，粒状冰断裂韧度比柱状冰低 20%～21%，加载速率在大于 $4.46×10^{-5}$/s 时，粒状冰断裂韧度比柱状冰低 25%～30%。

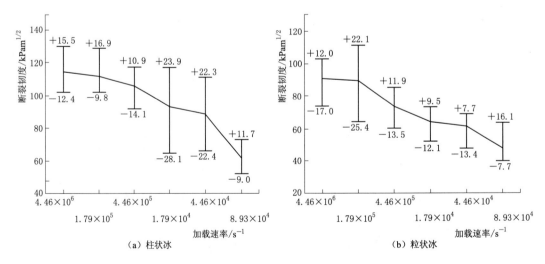

图 4.38　加载速率对断裂韧度的影响

将本章试验所得的不同加载速率下黄河柱状冰的断裂韧度与 Xu 等、张小鹏等的试验结果进行了比较，如图 4.39 所示。Xu 等和张小鹏等开展了人工淡水冰的三点弯曲试验，Xu 等试验采用的温度为 −40～−20℃，张小鹏等试验采用的温度为 −10～−2℃。从图中可以看出，在 $10^{-7}\sim10^{-1}/s$ 的速率范围下，人工淡水冰和黄河冰的断裂韧度都具有相同的速率效应，即随着加载速率的增加而降低。相比于人工淡水冰的试验结果，黄河冰的断裂韧度在分布上更加离散，这是由于人工淡水冰大多是在静态环境、稳定温度下冻结而成，冰内无杂质，无气泡，晶体结构单一，而黄河冰柱状冰和粒状冰交替出现，杂质、气泡含量高，存在初始裂纹，在微观角度上更加不均匀，进而导致宏观性能的离散。当加载速率在 $10^{-6}\sim10^{-5}/s$ 之间时，人工淡水冰的断裂韧度平均值为 $127.53\text{kPam}^{1/2}$，黄河冰的断裂韧度平均值为 $110.82\text{kPam}^{1/2}$。当加载速率在 $10^{-3}\sim10^{-2}/s$ 之间时，人工淡水冰的断裂韧度平均值为 $85.34\text{kPam}^{1/2}$，黄河冰的断裂韧度平均值为 $53.23\text{kPam}^{1/2}$，即在相同的加载速率下，人工淡水冰的断裂韧度高于黄河冰，这同样是由于黄河冰有更多的初始缺陷。同时，当加载速率在 $10^{-3}\sim10^{-2}/s$ 之间时，Xu 等试验得到的人工淡水冰断裂韧度平均值比黄河冰高 $32.11\text{kPam}^{1/2}$，而在加载速率为 $10^{-6}\sim10^{-5}/s$ 时，张小鹏等试验得到的人工淡水冰断裂韧度平均值仅比黄河冰高 $16.71\text{kPam}^{1/2}$，这是由于 Xu 等在试验时采用了更低的温度。

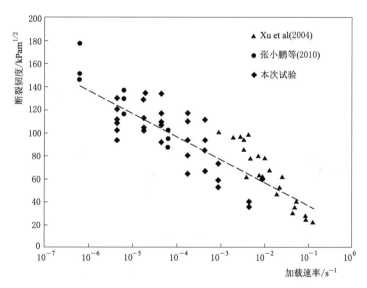

图 4.39 淡水冰断裂韧度速率效应试验结果的比较

4.5.2.6 断裂韧度的双因素拟合

通过上述的分析可知，断裂韧度和温度呈线性关系，断裂韧度与加载速率成对数关系，假设断裂韧度与温度和速率有以下的关系：

$$K_{\text{IC}} = (A + BT)\ln\dot{\varepsilon} + C + DT \tag{4.7}$$

式中：A、B、C、D 为拟合参数。结合不同的试验数据成果对式（4.7）进行拟合计算，得到如下公式：

$$K_{\text{IC}} = (-2.37 + 0.13T)\ln\dot{\varepsilon} + 74.01 + 0.47T \tag{4.8}$$

式（4.8）的拟合曲面如图 4.40 所示，随着加载速率的增加，断裂韧度的温度效应随之降低，在速率为 $10^{-1}/s$ 时，断裂韧度基本不随温度的变化而变化；随着温度的升高，断裂韧度的速率效应随之降低，在温度为 $-50℃$ 时，断裂韧度随加载速率变化的趋势最明显。

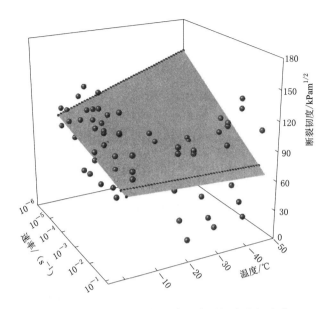

图 4.40　不同温度和加载速率下断裂韧度的拟合曲面

4.6　本章小结

本章主要对黄河冰的断裂性能开展了试验研究，结合微观结构观测和宏观力学试验，观测了黄河冰的晶体结构、密度以及含泥量，分析了不同温度、速率下黄河冰的断裂形态，明确了黄河冰断裂性能与温度、加载速率和晶体结构的关系，取得的主要研究成果如下：

（1）以黄河内蒙古河段典型断面的天然河冰为研究对象，分析了黄河冰的晶体结构、密度、含泥量的分布特征：黄河冰晶体分层结构可以分成四类，分别是柱状冰结构、粒状冰结构、柱状冰和粒状冰交替变化结构以及上层粒状冰和下层柱状冰的结构。黄河冰密度在 $0.84 \sim 0.90 \mathrm{g/cm^3}$ 之间，并且随着深度的增加而降低。含泥量在表层达到 $1.8 \times 10^{-3} \mathrm{g/cm^3}$，在 10cm 的深度以下始终小于 $0.4 \times 10^{-3} \mathrm{g/cm^3}$。

（2）提出了一种基于数字图像处理获取冰晶粒边界图像的方法，并基于边界图像计算了黄河冰的晶粒尺寸，分析了黄河冰晶粒等效直径分布规律：黄河冰晶粒的等效直径在 $0.05 \sim 46.40 \mathrm{mm}$ 之间，在水平方向，$3 \sim 6 \mathrm{mm}$ 等效直径的晶粒在总晶粒中的占比最高，并且晶粒直径越大，对应的晶粒占比越低。在垂直方向，随着深度的增加，大尺寸晶粒的数量占比增加，晶粒等效直径平均值从 3.51mm 升高到 11.52mm，这种升高趋势在柱状冰层表现得更加明显。

（3）开展了黄河冰的三点弯曲试验，结合 DIC 设备分析了黄河冰的断裂过程，研究了不同晶体结构下黄河冰的断裂模式：在加载过程中，黄河冰试样的张开位移明显高于滑开位移，两者的比值在 $0.13 \sim 0.16$ 之间，可以将 I 型断裂作为河冰断裂性能研究的重点。

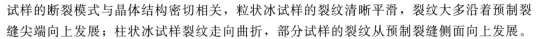

试样的断裂模式与晶体结构密切相关，粒状冰试样的裂纹清晰平滑，裂纹大多沿着预制裂缝尖端向上发展；柱状冰试样裂纹走向曲折，部分试样的裂纹从预制裂缝侧面向上发展。

（4）分析了不同温度、速率以及晶体结构下黄河冰断裂韧度的取值范围和变化规律：在本次试验的温度和速率范围内，黄河冰断裂韧度的范围为 $35\sim133\text{kPa}\text{m}^{1/2}$。在 $-10\sim-2℃$ 的温度范围，黄河冰断裂韧度随着温度的升高而降低，但变化的幅度不大。在 $4.46\times10^{-6}\sim8.93\times10^{-4}/\text{s}$ 的速率范围，黄河冰断裂韧度随加载速率的增加呈降低趋势，并且这个趋势在加载速率大于 $4.46\times10^{-4}/\text{s}$ 时表现得更加明显。在相同的温度和速率条件下，柱状冰试样的断裂韧度为粒状冰试样的 $1.25\sim1.46$ 倍。

参 考 文 献

[1] 王军，章宝平，陈胖胖，等．封冻期冰塞堆积演变的试验研究 [J]．水利学报，2016，47（5）：693-699.

[2] 李红芳，张生，李超，等．黄河内蒙古段弯道河冰过程与卡冰机理研究 [J]．干旱区资源与环境，2016，30（1）：107-112.

[3] 姚惠明，秦福兴，沈国昌，等．黄河宁蒙河段凌情特性研究 [J]．水科学进展，2007，18（6）：893-899.

[4] 张邈丹，郜国明，邓宇，等．黄河巴彦淖尔段冰晶体、密度和含泥量调查 [J]．人民黄河，2018，40（11）：44-48.

[5] 李志军，贾青，黄文峰，等．水库淡水冰的晶体和气泡及密度特征分析 [J]．水利学报，2009，40（11）：1333-1338.

[6] JOHNSTON M E. Seasonal changes in the properties of first-year, second-year and multi-year ice [J]. Cold Regions Science and Technology, 2017, 141: 36-53.

[7] SCHULSON E M. The brittle compressive fracture of ice [J]. Acta Metallurgica et Materialia, 1990, 38 (10): 1963-1976.

[8] 邓宇，王娟，李志军．河冰单轴压缩破坏过程细观数值仿真 [J]．水利学报，2018，49（11）：1339-1345.

[9] 李志军，周庆，汪恩良．加载方式对冰单轴压缩强度影响的试验研究 [J]．水利学报，2013（9）：33-39.

[10] 季顺迎，刘宏亮，许宁，等．渤海海冰断裂韧度试验 [J]．水科学进展，2013，24（3）：386-391.

[11] 陈晓东，王安良，季顺迎．海冰在单轴压缩下的韧-脆转化机理及破坏模式 [J]．中国科学：物理学 力学 天文学，2018，48（12）：24-35.

[12] LIAN J J, OUYANG Q N, ZHAO X, et al. Uniaxial compressive strength and fracture mode of lake ice at moderate strain rates based on a digital speckle correlation method for deformation measurement [J]. Science Letter, 2017, 7 (5).

[13] WANG A L, WEI Z J, CHEN X D, et al. Brief communication: Full-field deformation measurement for uniaxial compression of sea ice using the digital image correlation method [J]. The Cryosphere, 2019, 13 (5): 1487-1494.

[14] 刘国宏，郭文明．改进的中值滤波去噪算法应用分析 [J]．计算机工程与应用，2010，46（10）：187-189.

[15] 王文豪，姜明新，赵文东．基于Canny算子改进的边缘检测算法 [J]．中国科技论文，2017，12（8）：910-915.

[16]　吴一全，孟天亮，吴诗婳．图像阈值分割方法研究进展 20 年（1994－2014）［J］．数据采集与处理，2015，30（1）：1－23．

[17]　陈方昕．基于区域生长法的图像分割技术［J］．科技信息，2008（15）：58－59．

[18]　秦武，杜成斌，孙立国．基于数字图像技术的混凝土细观层次力学建模［J］．水利学报，2011，42（4）：431－439．

[19]　邓宇，GONCHAROV V，张宝森，等．气温变化对黄河封河期冰厚的影响分析［J］．人民黄河，2019，41（5）：19－22．

[20]　SINHA N K. Crack－enhanced creep in polycrystalline material：strain－rate sensitive strength and deformation of ice［J］．Journal of Materials Science，1988，23（12）：4415－4428．

[21]　WEI Y，DEMPSEY J P. Fractographic examinations of fracture in polycrystalline S2 ice［J］．Journal of Materials Science，1991，26（21）：5733－5740．

[22]　ASTM E1820－15. Standard Test Method for Measurement of Fracture Toughness［S］．

[23]　DENG Y，LI Z K，Li Z J，et al. The experiment of fracture mechanics characteristics of Yellow River Ice［J］．Cold Regions Science and Technology，2019，168（4）：102896．

[24]　LIU H W，MILLER K J. Fracture toughness of fresh－water ice［J］．Journal of Glaciology，1979，22（86）：135－143．

[25]　XU X，JERONIMIDIS G，ATKINS A G，et al. Rate－dependent fracture toughness of pure polycrystalline ice［J］．Journal of Materials Science，2004，39（1）：225－233．

[26]　张小鹏，陈凯，李锋，等．天然淡水冰断裂韧度的试验研究［J］．冰川冻土，2010，32（5）：960－963．

[27]　王庆凯，张宝森，邓宇，等．黄河冰单轴压缩强度的试验与影响因素探究［J］．水利水电技术，2016，47（9）：90－94．

[28]　尤明庆，苏承东．平台圆盘劈裂的理论和试验［J］．岩石力学与工程学报，2004，23（1）：170－174．

[29]　王启智，戴峰，贾学明．对"平台圆盘劈裂的理论和试验"一文的回复［J］．岩石力学与工程学报，2004，23（1）：175－178．

[30]　尤明庆，苏承东．平台巴西圆盘劈裂和岩石抗拉强度的试验研究［J］．岩石力学与工程学报，2004，23（18）：3106－3112．

[31]　徐根，陈枫，肖建清．载荷接触条件对岩石抗拉强度的影响［J］．岩石力学与工程学报，2006，25（1）：168－173．

[32]　王启智，贾学明．用平台巴西圆盘试样确定脆性岩石的弹性模量、拉伸强度和断裂韧度-第一部分：解析和数值结果［J］．岩石力学与工程学报，2002，21（9）：1285－1289．

[33]　王启智，吴礼舟．用平台巴西圆盘试样确定脆性岩石的弹性模量、拉伸强度和断裂韧度-第二部分：试验结果［J］．岩石力学与工程学报，2004，23（2）：199－204．

第5章
极端天气条件下黄河冰塞冰坝形成及致灾机理

冰盖或冰塞的出现，改变了河流的边界条件、水流条件和河床泥沙的运动状态，通过相同流量时，冰塞上游水位显著增高，冰塞河段上下游因此形成较大的水位差，严重时会诱发凌洪灾害。凌洪灾害形式多以弯道或河面束窄处卡冰结坝后，降低断面过流能力，导致弯道上游水位抬升而溢出或冲毁河堤，且桥墩等水工建筑物对冰凌的阻碍作用也会影响封开河过程。近年来，随着气候变化及上游流量调控，黄河内蒙古段初始卡冰位置出现下移。位于黄河内蒙古段中游和下游交界处的什四份子弯道因受河槽萎缩、上游来冰量增加及河道形态特殊性等的影响，多次成为初始卡冰位置。除此之外，黄河内蒙古段下游河段水工建筑物较上游河段分布密集，加之处于相对较高的纬度位置，冰塞冰坝卡冰阻水灾害发生频次较高。2006 年，在北美洲地区因冰塞而导致的凌洪灾害所造成的经济损失高达2.6 亿美元。黄河宁蒙河段冰凌灾害发生频繁，根据相关统计资料，在 1951—2010 年间就有 30 年发生凌洪灾害，给沿岸居民造成了巨大的生命财产损失。黑龙江流域局部河段几乎年年形成卡封，每 3 年左右时间就会形成一次较大规模的冰塞、冰坝。这些冰情所诱发的高水位和流量的变化可能导致严重的灾害或威胁，相关学者们给予了广泛的研究和关注。本章节通过桥墩影响下冰塞稳定性分析研究、冰塞冰坝致灾机理研究、极端天气条件下黄河冰塞冰坝形成及演变过程研究、冰期局部冲刷相关问题研究进展和冰期桥墩局部冲刷问题试验研究等对极端天气条件下黄河冰塞冰坝形成及致灾机理进行分析。

5.1 桥墩影响下冰塞稳定性力学分析研究

与无桥墩条件下相比，桥墩的存在改变了局部水流特性以及冰塞的受力状态，并对冰塞的稳定性产生显著影响。目前国内外学者研究桥墩对冰塞影响的方法主要有试验研究方法、数值模拟方法以及力学分析的方法。试验研究主要借助于试验水槽定性或定量研究桥墩影响下的冰塞堆积问题，Urroz 等通过小尺度模型试验对桥墩影响下的河道输冰能力进行了研究，结果表明将桥墩置于河道弯曲段顶端时，桥墩对河道输冰的影响较大。Beltaos 等研究认为，当水流拖曳力与重力分量的合力大于墩台对其阻力时，桥墩处不易形成冰塞。在力学分析方面，围绕河冰对桥墩作用力的分析，Yu 等以呼玛河的原型观测资料为基础，分析研究了浮冰的抗压强度，并对流冰作用于桥墩的撞击力进行了计算。

5.1.1　桥墩影响下冰塞稳定性理论分析

稳定冰塞的形成是冰塞底部水流拖曳力、冰塞重力沿水流方向分力以及河岸对冰塞支撑力之间相互平衡的结果，这一过程总伴随着冰塞的挤压与坍塌，直到冰塞内部强度足以承受外力所产生的应力大小。

对于桥墩前缘段的上游冰塞体，其内力大小不受桥墩影响，也即只受冰塞底部水流拖曳力、重力沿水流方向分力以及河岸对其支撑力和冰塞黏聚力作用。沿用 Kennedy 的推导过程，取冰塞单元进行受力分析得到冰塞单元的力学平衡方程如下：

$$B\mathrm{d}F + 2(\tau_c t + \lambda_c k_0 F)\mathrm{d}x = (\tau_i + s_i \rho g t S_w)B\mathrm{d}x \tag{5.1}$$

式中：s_i 为冰的比重；t 为冰塞厚度；ρ 为水的密度；S_w 为水力坡度；k_0 为横向推力系数；g 为当地重力加速度；τ_i 为冰塞底部水流拖曳力；B 为冰盖宽度，可近似取为河宽；F 为作用于水流方向的单位宽度上的冰塞内力；s_i 为作用于水流方向的单位宽度上的冰塞内力；λ_c 为冰塞的内摩擦系数；τ_c 为冰塞内部的黏聚力。

假设冰塞前缘动水压力值为 f_1，式（5.1）积分得

$$F = \frac{B}{2\lambda_c k_0}(\tau_i + s_i \rho g t S_w) - \frac{\tau_c t}{\lambda_c k_0} - \left\{\frac{B}{2\lambda_c k_0}(\tau_i + s_i \rho g t S_w) - \frac{\tau_c t}{\lambda_c k_0} - f_1\right\}\exp\left[\frac{-2\lambda_c k_0 x}{B}\right] \tag{5.2}$$

由于桥墩的影响，桥墩前缘至桥墩尾部段冰塞受力形态发生显著改变。与无桥墩条件下相比，冰塞除了受到冰塞底部水流拖曳力、重力沿水流方向分力以及河岸与桥墩对其支撑力外，还受到桥墩对其支撑力、桥墩与冰塞间摩擦反力和黏聚力的作用。

由此得到冰塞单元的力学平衡方程如下：

$$B\mathrm{d}F + [2(\tau_c t + \lambda_c k_0 F) + 2n(\tau_p t + \lambda_p k_0 F)]\mathrm{d}x = (\tau_i + s_i \rho g t S_w)B\mathrm{d}x \tag{5.3}$$

式中：n 为桥墩个数；λ_p 为冰塞与桥墩之间的内摩擦系数；τ_p 为冰塞与桥墩之间的黏聚力。F_p 通过美国桥梁设计规范（AASHTO 2004）给出作用于桥墩上的冰荷载计算公式计算。

设桥墩前缘的位置坐标为 $x=x_0$，代入式（5.2）可计算出桥墩前缘处冰塞单位宽度上所受力：

$$f_2 = \frac{B(\tau_i + s_i \rho g t S_w)}{2\lambda_c k_0} - \frac{\tau_c t}{\lambda_c k_0} - \left\{\frac{B(\tau_i + s_i \rho g t S_w)}{2\lambda_c k_0} - \frac{\tau_c t}{\lambda_c k_0} - f_1\right\}\exp\left[\frac{-2\lambda_c k_0 x_0}{B}\right] - n\frac{F_p}{B} \tag{5.4}$$

桥墩尾部至冰塞尾部段冰塞与冰塞前缘至桥墩前缘段冰塞相似，根据文献中具体推导过程，忽略黏结力的影响，通过桥墩尾部至冰塞尾部段冰塞单元的力学平衡方程进一步化简可得桥墩尾部单位宽度冰塞内力 f_3：

$$f_3 = \left[1 - \frac{2}{B}(\lambda_c + n\lambda_p)k_0\right]\left[\frac{B(\tau_i + s_i \rho g t S_w)}{2\lambda_c k_0} - n\frac{F_p}{B}\right] + (\tau_i + s_i \rho g t S_w)l \tag{5.5}$$

Pariset 将冰塞的最大强度视为可滑动粒状材料的被动压力，即

$$K_p s_i \rho g(1-s_i)\frac{t^2}{2}(1-p_J) = \tan^2\left(\frac{\pi}{4} + \frac{\phi}{2}\right)s_i \rho g(1-s_i)\frac{t^2}{2}(1-p_J) \tag{5.6}$$

当冰塞的外部作用力小于等于冰塞的最大强度，冰塞则不会出现坍塌挤压等失稳现

象，冰塞体能够保持稳定状态。对于桥墩尾部而言，满足形成稳定冰塞的条件为

$$f_3 \leqslant K_p s_i \rho g (1-s_i) \frac{t^2}{2} (1-p_J) \tag{5.7}$$

式（5.7）即桥墩影响下冰塞稳定性判别公式。

5.1.2 桥墩影响下冰塞稳定性判别公式验证

应用 Utsutsu 桥与 Shokotsu 桥的原型观测资料，对冰塞稳定性判别公式进行验证，见表 5.1。Utsutsu 桥的冰盖覆盖率仅 10%，Shokotsu 桥的冰盖覆盖从 2 月 6 日的 100% 降至 3 月 16 日的 10%，显然这段时间内的冰塞均处于非稳定状态，Utsutsu 桥和 Shokotsu 桥的理论分析结果与原型观测结果一致。桥墩影响下冰塞稳定性判别公式分析得到的结果和实测资料能够较好的吻合，可为桥墩影响下冰塞的稳定性判别提供理论参考。

表 5.1　　　　　　　　　　Utsutsu 桥与 Shokotsu 桥凌情表

桥　　梁	日　　期	冰盖覆盖率/%	分析结果
Utsutsu	1995 - 2 - 6	10	$f_3>$冰塞强度
Shokotsu	1995 - 2 - 6	100	$f_3>$冰塞强度
Shokotsu	1995 - 2 - 24	70	$f_3>$冰塞强度
Shokotsu	1995 - 3 - 3	50	$f_3>$冰塞强度
Shokotsu	1995 - 3 - 16	10	$f_3>$冰塞强度

5.2　冰塞冰坝致灾机理研究

冰塞冰坝的形成会影响河道内的流量变化，通过对流量变化的研究可对冰塞冰坝致灾机理进行分析。明流期的洪水峰值由于坦化作用，由上游断面传播到下游断面时流量变小。冰期河流洪水受河冰运动的影响大，王恺祯通过在水量平衡方程中考虑冰量，尝试将马斯京根法运用于黄河内蒙古河段的冰期洪水计算中，分析了马斯京根法参数 x 与糙率的关系以及冰盖冻结增厚和融冰过程对洪水波变形的影响。Yang 将考虑区间入流的三参数马斯京根法应用于开河期凌峰流量的研究中，发现冰期开河后由于槽蓄水增量的释放，下游洪峰远大于上游，过流曲线形状没有呈现类似明流那样的明显坦化。但冰凌洪水预报由于受到气温、冰厚等因素的影响，每年开河期河段的槽蓄水增量会有所不同，难以确定区间入流与上游入流量之比参数 a 的取值。

5.2.1 基于改进马斯京根法的流量预测模型

基本马斯京根法的连续方程和蓄量方程表示如下：

$$\begin{cases} I-O=\dfrac{\mathrm{d}W}{\mathrm{d}t} \\ \Delta W=K\left[xI+(1-x)O\right] \end{cases} \tag{5.8}$$

式中：I 为河段上断面入流；O 为河段下断面出流；ΔW 为河段槽蓄量；K 为蓄量常数；x 为流量比重因数；Δt 为计算时段长。

基本马斯京根法假定水量是平衡的，但开河期河段短时间内加入了槽蓄水增量，如果假定区间入流沿演算河段均匀分布，可将式（5.8）变化如下：

$$
\begin{cases}
\left(\dfrac{I_1+I_2}{2}-\dfrac{O_1+O_2}{2}\right)\Delta t+\dfrac{\Delta W'}{K_1 t}\Delta t=\Delta W \\
\Delta W=K_2 Q' \\
Q'=x\left(I+\dfrac{\Delta W'}{K_1 t}\right)+(1-x)O
\end{cases}
\tag{5.9}
$$

式中：$\Delta W'$ 为整个冰期稳定封冻河段储存的槽蓄水增量；I 为入流量；O 为出流量；ΔW 为河段槽蓄量；Q' 为示储流量；x 为流量比重系数；K_1 为开河期槽蓄增加的水量与 $\Delta W'$ 的转换系数；K_2 为蓄量常数；Δt 为计算时段长；t 为槽蓄水增量沿河段释放所需的时间，此处为简化计算取一定值。

由式（5.9）得到流量演算公式为

$$
O_{i+1}=C_1\left(I_i+\dfrac{\Delta W'}{K_1 t}\right)+C_2\left(I_{i+1}+\dfrac{\Delta W'}{K_1 t}\right)+C_3 O_i
\tag{5.10}
$$

其中，$C_1+C_2+C_3=1$，C_1、C_2、C_3 是 K_2、Δt、x 的函数，

$$
C_1=\frac{\Delta t+2K_2 x}{\Delta t+2K_2(1-x)},\quad C_2=\frac{\Delta t-2K_2 x}{\Delta t+2K_2(1-x)},\quad C_3=\frac{-\Delta t+2K_2(1-x)}{\Delta t+2K_2(1-x)}
$$

$$\tag{5.11}$$

5.2.2　流量预测模型实例验证

以黄河内蒙古包头（东经 $109°55'$，北纬 $40°32'$）至头道拐（东经 $111°04'$，北纬 $40°16'$）河段作为应用对象，对该河段开河期的流量过程进行演算，推求开河时的凌峰流量，探究冰期的槽蓄水增量对开河洪水过程产生的影响。

由于上游融冰释放的槽蓄水增量使包头-头道拐段水量增加，导致了凌峰流量的产生，为研究包头-头道拐段洪水过程，需对黄河内蒙古段整个冰期稳定封冻河段的槽蓄水增量进行研究分析，结果见表 5.2。

表 5.2　　　　　　　　　　　河 段 槽 蓄 水 增 量

年　　份	2015—2016	2016—2017	2017—2018	2018—2019
巴彦高勒—包头槽蓄水增量/亿 m³	6.108	4.294	6.622	1.625
包头—头道拐槽蓄水增量/亿 m³	2.414	2.466	7.074	2.870
巴彦高勒—头道拐槽蓄水增量总计 $\Delta W'$/亿 m³	8.522	6.760	13.696	4.495
开河期包头—头道拐槽蓄增加的水量 $\Delta W'/K_1$/亿 m³	2.131	1.690	3.424	1.124
$\Delta W'/K_1 t$/(m³/s)	493.287	391.204	792.593	260.185

采用相同流量法，分析黄河内蒙古河段各断面不同流量的传播时间，以推求准确的流量演进过程。根据相关实测资料，计算了明流条件下黄河干流上中游河段不同流量级的流量传播历时，结果见表 5.3，统计结果表明，洪峰流量越大，传播时间越短。

表 5.3　　　　　　　　　　黄河内蒙古河段不同流量的传播历时

流量 /(m³/s)	传　播　历　时/h			
	石嘴山—巴彦高勒	巴彦高勒—三湖河口	三湖河口—包头	包头—头道拐
700	29	59	29	54
1000	26	49	21	48
1500	23	43	18	36
2000	18	38	15	24

　　预报开河期凌峰流量的洪水传播时间 Δt 取往年凌峰流量较大,传播历时较短的情况。根据近几年头道拐的实测流量资料显示,最大流量在 2000m³/s 左右,此时上下游传播历时大致为 24h。在包头至头道拐河段,以包头实测日均过程作为进口条件,考虑实测年度内槽蓄水增量,利用改进的马斯京根法进行开河期头道拐流量过程演算,因此 2015—2019 年开河期头道拐凌峰流量过程演算结果如图 5.1 所示。2015—2019 年开河期第一次流量上涨的过程下游头道拐流量明显比上游包头流量大得多,说明流量沿程递增、发生突变,而假设的模型演算过程与实际趋势相一致。

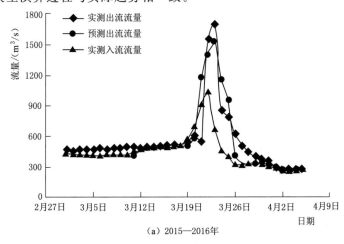

（a）2015—2016 年

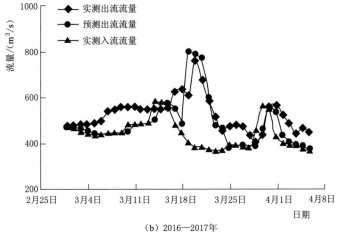

（b）2016—2017 年

图 5.1（一）　2015—2019 年开河期头道拐凌峰流量过程线

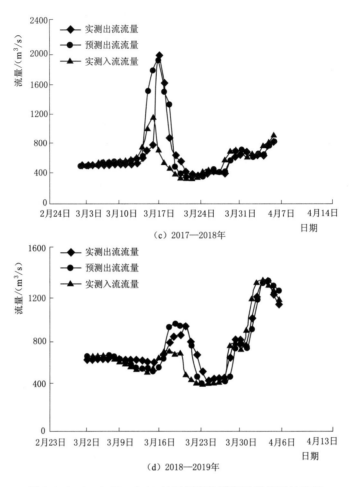

(c) 2017—2018 年

(d) 2018—2019 年

图 5.1（二）　2015—2019 年开河期头道拐凌峰流量过程线

　　传统的马斯京根法适用于推算明流条件下的流量演进，针对上下游槽蓄量不平衡的河道特点，迄今为止，马斯京根法的衍生方法中仍未有较好的解决方案，利用改进马斯京根法去反映凌汛期流量演进的特点，阐明凌汛期水情变化剧烈的原因，是对冰凌洪水研究的一个探索。利用改进的马斯京根法预测冰期开河凌峰流量，不仅提高了预报的精度，还可能使黄河沿岸的凌洪灾害得到有效的预防，对防凌减灾工作具有重要意义。冰塞冰坝的致灾与凌汛期流量变化息息相关，改进的马斯京根法从预测流量的角度为阐释冰塞冰坝致灾机理提供了一定的理论支撑。

5.3　极端天气条件下黄河冰塞冰坝形成及演变过程研究

5.3.1　黄河内蒙古段冰盖厚度模拟

　　河冰现象受热力及冰水动力学等因素综合影响，按其形成过程主要可分为结冰期、封冻期和解冻期。在黄河内蒙段，封冻期冰厚约 4 个月，三湖河口至头道拐河段的冰凌灾害最为严重，最大冰厚可达到 0.5～0.6m。一般地，三湖河口至头道拐河段在冬季 11—12 月开始流凌，翌年的 1—2 月形成稳封冰盖，3 月开始解冻。

度日法模型在模拟冰厚变化过程中得到了很好的应用，但模型中各参数受各地的水文、气象等因素影响而变化，因此不同测站需要选定适合的参数。根据内蒙古段三湖河口至头道拐河段所处的地理位置、气候及河道水力条件等特点，通过巴彦高勒至头道拐河段四个测站的原型观测数据对相关参数进行率定，率定后的模型通过气温、水温数据计算冰厚。

表 5.4 与表 5.5 分别为内蒙古河段基本特征与冰盖糙率系数相关数据。

表 5.4   内蒙古河段基本特征

站名	巴彦高勒	三湖河口	昭君坟	包头	头道拐
河段长/km	204.4	125.9	58.0	115.8	143.1
比降/‰	0.15	0.11	0.09	0.11	0.84

表 5.5   内蒙古河段冰盖糙率系数

封冻后天数/d		1～10	11～30	31～50	51 以上
冰盖糙率系数	无水内冰堆积	0.080～0.040	0.050～0.020	0.030～0.015	0.025～0.015
	有水内冰堆积	0.100～0.050	0.060～0.030	0.040～0.025	0.030～0.020

表 5.6 为内蒙古河段头道拐测站冬季相关实测数据。

表 5.6   头道拐测站冬季相关实测数据

日期	流量/(m³/s)	水位/m	流速/(m/s)	斯坦顿数	比热容/[kJ/(kg·℃)]
2015－12－21	230	987.13	0.324	$1.30977×10^{-5}$	4.212
2015－12－26	226	987.03	0.376	$9.74408×10^{-6}$	4.212
2016－01－01	331	987.42	0.496	$5.55798×10^{-6}$	4.212
2016－01－06	374	987.46	0.549	$4.53319×10^{-6}$	4.212
2016－01－11	386	987.52	0.566	$4.2601×10^{-6}$	4.212
2016－01－16	400	987.57	0.596	$3.83837×10^{-6}$	4.212
2016－01－21	375	987.42	0.556	$4.42314×10^{-6}$	4.212
2016－01－26	315	987.3	0.494	$5.61592×10^{-6}$	4.212
2016－02－01	368	987.48	0.624	$3.50763×10^{-6}$	4.212
2016－02－06	352	987.48	0.597	$3.83208×10^{-6}$	4.212
2016－02－11	375	987.62	0.635	$3.37815×10^{-6}$	4.212
2016－02－16	410	987.73	0.692	$2.8386×10^{-6}$	4.212
2016－02－21	425	987.8	0.664	$3.07896×10^{-6}$	4.212
2016－02－26	467	987.88	0.679	$2.93996×10^{-6}$	4.212

续表

日期	流量/(m^3/s)	水位/m	流速/(m/s)	斯坦顿数	比热容/[kJ/(kg·℃)]
2016-03-01	480	987.91	0.697	2.78849×10^{-6}	4.212
2016-03-06	500	988.03	0.711	2.67367×10^{-6}	4.212
2016-03-11	510	988.11	0.693	2.10111×10^{-6}	4.212
2016-03-16	526	988.23	0.671	2.99061×10^{-6}	4.212

根据 2015—2017 年巴彦高勒至头道拐河段四个测站的原型观测数据，通过冰厚模型对封冻期冰厚进行计算。在 2015—2016 年冬季，头道拐测站与三湖河口测站封冻后形成完整冰盖，而巴彦高勒测站与包头测站形成岸冰冰盖，因此选取了头道拐测站与三湖河口测站的冰厚预测值与测站冰厚实测数据进行对比，图 5.2 为冰厚模型对头道拐测站与三湖河口测站的冰厚预测值与测站冰厚实测数据对比图。在 2016—2017 年度冬季，巴彦高勒测站与包头测站封冻后形成完整冰盖，头道拐测站与三湖河口测站形成岸冰冰盖，因此将巴彦高勒测站与包头测站的冰厚预测值与测站冰厚实测数据进行对比，图 5.3 为巴彦高勒测站与包头测站的冰厚对比图。从图 5.2、图 5.3 可以看出封冻期预测冰厚与实测冰厚对比，结果与实测数值之间的误差不大，冰厚变化趋势与实测一致。

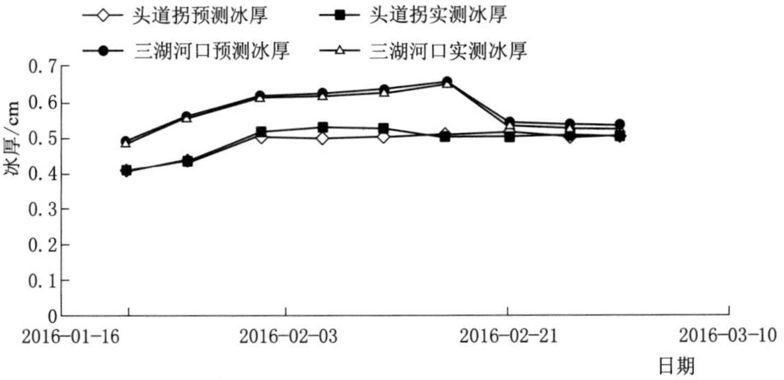

图 5.2　2015—2016 年度冰厚图

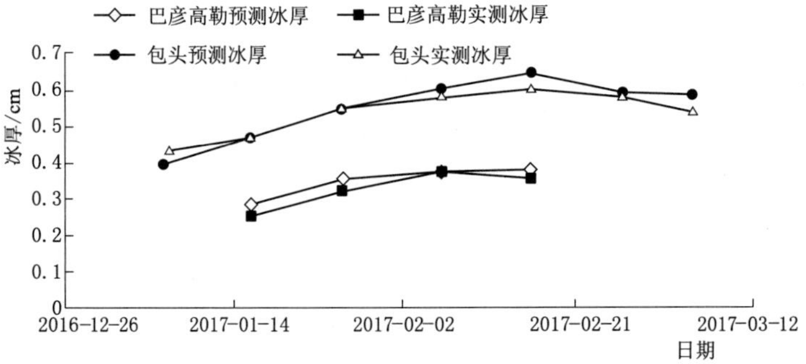

图 5.3　2016—2017 年度冰厚图

以 2015—2016 年头道拐测站附近的冰厚变化为例，将通过对比引入 Colburn 类比法的冰厚计算公式与其他公式的冰厚计算结果，见表 5.6，引入了 Colburn 类比法的冰厚计算模型在计算结果的精度上达到1.97%，相比于其他模型，精度上有所提升。

5.3.2 极端天气下的冰盖厚度模拟

一般地，气温变化可分为连续变化与不连续变化两种，当气温变化的幅度慢慢增大，一段时间内气温变化的量变将会引发质变，这里将气温变化幅度较大的现象称为极端天气条件。为研究极端天气下的冰盖厚度变化，对2006—2017年的黄河内蒙古段气温数据进行分析。根据原型观测资料统计，分析气温数据后发现在极端天气条件下的年份短时间内气温变化更为剧烈，冬季的平均气温也较低。以头道拐测站为例，2006—2017年的黄河内蒙古段头道拐测站的气温数据中，观测期内各年的累积气温值如图5.4所示。从图5.4中可以看出在自2009年冬季后，累积气温值呈波动上升的趋势。每年的累积气温值表现了当年冬季的寒冷程度，2009年冰期头道拐测站处的累积气温值为−985.4℃，远大于其余年份。

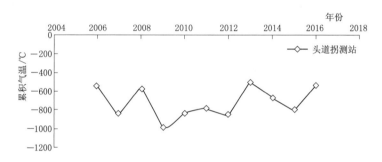

图5.4 头道拐测站冬季累积气温变化趋势

将头道拐测站处2009年冬季的气温序列与同时期的2015年冬季的气温序列对比，如图5.5所示。在整个冰期，2009年冬季的气温序列有多次短时间内幅度较大的气温回升与下降，且变化较为剧烈。

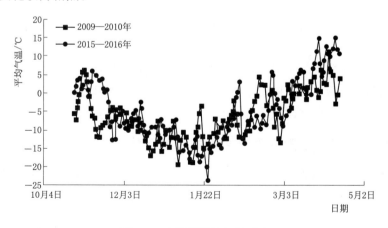

图5.5 头道拐测站气温对比

通过冰厚模型对头道拐测站处2009—2010年的封冻期冰厚进行计算，比较极端天气条件下的不同冰厚计算公式的计算结果，见表5.7，在极端天气下，封冻期的冰厚变化趋

115

势与正常气温下相似，与其他公式的冰厚计算结果相比，引入 Colburn 类比法的冰厚计算公式结果的精度较高。

表 5.7　　　　　　　　　　　　极端天气条件下的冰厚值对比　　　　　　　　　　　　单位：m

公 式	2010 - 01 - 21	2010 - 02 - 01	2010 - 02 - 11	2010 - 02 - 21	2010 - 03 - 01
$h_i = \alpha \sqrt{S_1}$	0.4261	0.4807	0.5031	0.5242	0.5430
$h = (h_0^2 + aS)^{\frac{1}{2}} - \beta t^\theta$	0.4111	0.4607	0.4782	0.4943	0.5080
$h_i = \dfrac{-b_2 + \sqrt{b_2^2 - 4a_2 c_2}}{2a_2}$	0.4261	0.4807	0.5032	0.5243	0.5430
$h_i = \sqrt{\alpha^2 S_a} - \sqrt{\beta^2 S_b} - \gamma$	0.4415	0.4719	0.5131	0.5369	0.5216
实测冰厚	0.39	0.52	0.54	0.54	0.48

5.4　冰期局部冲刷相关问题研究进展

寒冷地区桥梁的建设与冰塞演变过程紧密相关。Imhof 在全球范围内收集的大量数据显示，在因自然灾害导致桥梁破坏的总体比例中约有 60% 是由洪水或冲刷原因造成的。Wardhana 和 Hadipriono 研究了 1989—2000 年间美国的 503 次桥梁毁坏，其中与水流冲刷有关的高达 243 次。Kandasamy 和 Melville 研究表明，在 Bola 龙卷风期间发生破坏的 10 座桥梁中有 6 座与桥墩冲刷有关。2010 年，湖南省高速公路管理局对 320 余座桥梁进行水下检查，检查结果表明：大多数桥墩存在不同程度的冲刷现象，威胁着桥梁结构和使用者的安全。1987 年 4 月美国纽约州高速公路上的斯科哈里溪大桥倒塌，10 人因事故丧生，5 辆车坠入河中，事故的主要原因为桥墩基础被冰盖下水流冲刷导致破坏。2011 年 4 月，松花江下游富锦至绥滨段松花江公路大桥在凌汛期遭遇河道封冻的影响，致多处便桥、施工平台受损。

由冰塞引发的灾害和工程事故早已引起国内外相关学者的高度关注，目前冰期桥墩局部冲刷的问题研究还很缺乏。随着经济和社会的发展、交通网络的延伸，黄河流域建设的桥梁也越来越多，冰期桥墩附近局部冲刷问题的研究已不容忽视。

5.4.1　明流条件下桥墩附近局部冲刷的研究现状

根据有关桥墩局部冲刷的实测资料，并参考国内外的试验数据，我国《公路工程水文勘测设计规范》（JTG C30—2015）推荐在工程设计中采用 65 - 1 修正式和 65 - 2 修正式计算桥墩局部冲刷深度。

65 - 1 修正式：

$$h_b = K_\delta K_{\eta 1} B_1^{0.6} (V - V_0') \left(\frac{V - V_0'}{V_0 - V_0'} \right)^{n_1}, \ V > V_0 \tag{5.12}$$

$$h_b = K_\delta K_{\eta 1} B_1^{0.6} (V - V_0'), \quad V \leqslant V_0 \tag{5.13}$$

式中：h_b 为桥墩局部冲刷深度；K_δ 为墩形系数；B_1 为桥墩计算宽度；V 为一般冲刷后墩前行近流速，按规范中的 7.4.4 条规定计算；V_0 为河床泥沙起动流速；V_0' 为墩前始冲流速；$K_{\eta 1}$ 河床颗粒影响系数；n_1 为指数。

65-2 修正式：

$$h_b = K_\delta K_{\eta 2} B_1^{0.6} h_p^{0.15} \left(\frac{V - V_0'}{V_0} \right)^{n_2}, \quad V > V_0 \tag{5.14}$$

$$h_b = K_\delta K_{\eta 2} B_1^{0.6} h_p^{0.15} \left(\frac{V - V_0'}{V_0} \right), \quad V \leqslant V_0 \tag{5.15}$$

式中：h_p 为一般冲刷后的最大水深；$K_{\eta 2}$ 河床颗粒影响系数；n_2 为指数。

美国公路桥梁设计规范（AASHTO LRFD）中所采用的是 HEC-18 中的 CSU 方程计算桥墩局部冲刷深度，即：

$$h_b = 2K_1 K_2 K_3 K_4 \left(\frac{b}{h} \right)^{0.65} Fr^{0.43} h \tag{5.16}$$

式中：h_b 为桥墩局部冲刷深度；h 为一般冲刷后桥墩上游水深；K_1、K_2、K_3、K_4 分别为墩型修正系数、水流攻角修正系数、河床条件修正系数和泥沙尺寸分布系数；b 为桥墩宽度；Fr 为桥墩上游水流流动的弗劳德数。

祝志文和喻鹏对中美规范推荐的桥墩局部冲刷深度计算公式进行了对比分析，分析结果表明，中国规范中的冲刷计算公式在参数确定方面存在一定不足，在计算实际桥墩局部冲刷深度时，计算结果偏小。Hong 和 Abid 认为现有的美国联邦公路管理局推荐的局部冲刷深度计算方程对冲刷深度的预测过于保守，主要原因在于对试验条件的理想化和公式推导的简化。齐梅兰和邻艳荣通过水槽试验观测了床面突降条件下的溯源冲刷和墩柱局部冲刷耦合发展规律及其主要影响因素，建立了溯源与局部耦合冲刷的实时计算方法，运用该方法可预测溯源与局部耦合冲刷时结构物总冲刷深度的发展。Link 研究了不同水流和泥沙条件对桥墩局部冲刷的影响，并对洪水期桥墩局部冲刷和泥沙淤积进行现场测量及模型计算，验证了超声波传感器用于桥墩局部冲刷监测的有效性。Yang 对复杂桥墩清水冲刷进行了试验研究，研究了三种不同的桩基和水流夹角对桥墩局部冲刷的影响，划分了复杂桥墩冲刷发展的四个阶段，分别为起动阶段、停滞阶段、发展阶段和平衡阶段。陈启刚和齐梅兰等采用粒子图像测速技术对圆柱体周围的流速进行测量，获得了瞬时的二维流场。近年来因跨海桥梁建设的需要，许多学者加大了对波浪、潮汐等因素作用下的桥墩冲刷研究。

5.4.2 冰期桥墩附近局部冲刷的研究现状

桥墩处形成的冰盖和冰塞会对桥墩附近的局部冲刷产生影响，从而导致桥墩局部冲刷的结果不同于明流条件，表现为最大冲刷深度和冲刷范围的改变。

王军等基于水槽试验，对浮动冰盖下的散粒体泥沙起动流速进行了研究。研究发现，相同水流条件下，冰盖下的河床泥沙更易起动。作为冰期桥墩局部冲刷的研究基础，

Wang 和 Sui 等对冰塞与桥墩相互水力作用特性进行了试验研究，研究得出了与无桥墩相比，在相同水力条件下，有桥墩时平衡冰塞厚度较小，平衡冰塞的水位增值也相应较小；基于理论分析得到了桥墩作用下临界流凌密度的计算公式和冰塞稳定判别公式。Christopher Valela 等研究了光滑和粗糙两种表面的冰盖在不同淹没深度条件下对桥墩冲刷的影响，发现相较于光滑冰盖，粗糙冰盖随着冰层在水流中下沉得越深桥墩处冲刷程度愈大，并使得近床层速度梯度更大。Namaee 等将明渠和覆盖着粗糙和光滑冰的河道中测量到的冲刷深度试验数据与 Gao 的简化方程、HEC-18/Jones 方程和 Froehlich 设计方程三种常用的桥梁冲刷方程进行比较。发现在流深相近、流速相近但流量覆盖不同的情况下，三种方程的平均计算值基本保持不变。且 Gao 的简化方程预测结果更接近试验结果，但它对粗糙冰覆盖水流条件下的桥墩冲刷深度预测偏小。

5.4.2.1　单个桥墩冲刷试验研究

Bacuta 和 Dargahi 基于清水冲刷试验条件，在试验水槽上研究对比了明流和冰盖条件下圆柱形桥墩的局部冲刷问题，研究发现，冰盖流条件下的桥墩局部冲刷深度比明流条件下有所增加，这或许是目前冰期桥墩局部冲刷问题研究可见的较早文献。

Ackermann 和 Shen 通过水槽试验研究了冰盖对圆柱形桥墩局部冲刷的影响，该研究中采用了清水冲刷和动床冲刷两种不同的冲刷模式，研究得出了冰盖的存在可使局部冲刷深度较明流条件增加 25%～35% 的结论。Hains 和 Zabilansky 在 CRREL 实验室对冰盖下桥墩局部冲刷进行了研究，冰盖条件分别为浮动冰盖和固定冰盖，也分为光滑和粗糙两种情况，并与明流条件的试验结果进行了对比，研究发现，由于冰盖的出现，使近床面处水流动能增加，冲坑深度较明流条件增大约 10%；当冰盖糙率增大后，断面最大流速点偏向于河床表面，导致桥墩附近局部冲刷深度进一步加大。Wu 和 Balachandar 对冰盖条件下圆柱形桥墩局部冲刷进行了研究，将冲刷半径作为一个指标，并在此基础上建立了明流和冰盖条件下计算桥墩冲刷深度和冲刷半径的经验方程。上述研究得到的认识是冰盖对桥墩局部冲刷的影响非常显著，但因为各种各样的条件限制，尚未考虑床面材料、墩型、墩径、墩间距等因素对冰盖条件下桥墩附近局部冲刷的影响，对明流和冰盖条件下冲刷发展过程的不同也即时间尺度的影响尚未深入研究。

Tuthill 等对 Montana 州 Milltown 大坝拆除对冰情的变化影响进行了研究，采用 HEC-RAS 软件模拟计算各工况下冰塞形成和溃决过程，模拟结果表明大坝移除后并不会加剧下游的冰塞危害，但在桥墩附近容易形成冰塞并伴随冰塞体的释放过程，大大增加了河床的剪切力，造成上游 5 个桥墩局部冲刷现象会更加明显。Ettema 认为水流、泥沙以及边界条件是影响冰期桥墩冲刷的主要方面，但目前大多数用于桥墩局部冲刷深度的计算公式尚未考虑封冻河道对桥墩局部冲刷的影响。Chen 等采用 k-ε 湍流模型对冰盖下桥墩处冰塞底部的局部冲刷过程进行了数值模拟研究，得出桥墩处冰塞底部的冲刷和床面冲刷坑呈对称分布，并通过水槽试验进行了验证，两者的结果较为吻合。

5.4.2.2　边墩桥台及断面双桥墩冲刷试验研究

Wu 等使用非均匀的天然沙，分析了半圆形桥台在粗糙和光滑冰盖条件下最大冲刷深度与水流速度之间的关系，试验研究表明，相对于明流条件，冰盖的存在加大了桥墩局部冲刷深度；低水深时冰盖对桥墩局部冲刷深度的影响更为显著；明流条件下，最大冲刷深度位于桥台上游面约为 50°位置，冰盖条件下，最大冲刷深度位于桥台上游面约 60°的位置，通过回归分析，认为半圆形桥台周围的最大冲刷深度可以通过以下变量来描述：

$$\frac{d_{\max}}{H} = A\left(\frac{v}{\sqrt{gh}}\right)^{a}\left(\frac{d_{50}}{h}\right)^{b} \tag{5.17}$$

根据试验数据，得
明流条件：

$$\frac{d_{\max}}{H} = 4.2 \times 10^{-3}\left(\frac{v}{\sqrt{gh}}\right)^{5.1}\left(\frac{d_{50}}{h}\right)^{-2.4} - 0.2734 \tag{5.18}$$

光滑冰盖：

$$\frac{d_{\max}}{H} = 8.2 \times 10^{-3}\left(\frac{v}{\sqrt{gh}}\right)^{5.1}\left(\frac{d_{50}}{h}\right)^{-2.4} - 0.4433 \tag{5.19}$$

粗糙冰盖：

$$\frac{d_{\max}}{H} = 13.0 \times 10^{-3}\left(\frac{v}{\sqrt{gh}}\right)^{5.1}\left(\frac{d_{50}}{h}\right)^{-2.4} - 0.6490 \tag{5.20}$$

式中：$d_{\max}$ 为冲刷坑的最大深度，m；h 为水深，m；v 为行近流速，m/s；d_{50} 为不均匀泥沙的中值粒径，mm；g 为重力加速度，m/s^2。

后续工作中，Wu 通过水槽试验对冰盖条件下方形桥台和半圆形桥台局部冲刷问题进行了对比研究，假定明流条件下方形桥台和半圆形桥台的形状系数分别为 1.0 和 0.75，研究得出：冰盖情况下半圆形桥台的形状系数为 0.66~0.71，形状系数对最大冲刷深度的影响小于明流条件；伴随冰盖粗糙度的增大，床面剪切力增大，最大冲刷深度也会增大。Namaee 在试验水槽的过流断面上布置一对并排双桥墩，对冰盖下的桥墩局部冲刷进行了试验研究。得到了明流和冰盖条件下的冲刷坑最大深度计算公式如下：

加盖条件：

$$\frac{y_{\max}}{y_0} = 5.96\left(\frac{d_{50}}{y_0}\right)^{-0.070}\left(\frac{G}{D}\right)^{-0.256}\left(\frac{n_i}{n_b}\right)^{0.546}(Fr)^{1.677} \tag{5.21}$$

明流条件：

$$\frac{y_{\max}}{y_0} = 1.45\left(\frac{d_{50}}{y_0}\right)^{-0.314}\left(\frac{G}{D}\right)^{-0.372}(Fr)^{1.739} \tag{5.22}$$

式中：$y_{\max}$ 为冲刷坑的最大深度，m；y_0 为行近流的水深，m；G 为桥墩间距，m；D 为桥墩直径，m；n_i 和 n_b 分别为模型冰盖和河床的粗糙系数，Fr 为弗劳德数。

Namaee 在试验研究中，对比明流条件讨论了冰盖条件下冲刷坑保护层对桥墩局部冲刷深度的影响，分析了桥墩附近泥沙的起动机理。Hains 等通过明流条件、固定冰盖条件和浮动冰盖条件下桥墩附近局部冲刷试验对比，试验表明冰盖条件下的冲刷深度最大时可比相应明流条件下高出 21%。

局部冲刷深度随时间变化的研究也受到相关学者的关注。Melville 和 Chiew 进行了圆柱形桥墩局部冲刷深度随时间变化的试验研究，认为当水深与墩径之比小于 6 时，水深不会影响平衡冲刷时间，并给出了平衡冲刷时间计算的经验公式。高冬光等按照桥台局部冲刷深度随时间的发展过程把局部冲刷深度发展过程划分为初始段、发展段和平衡段三个阶段并给出了计算平衡冲刷时间的公式。Oliveto 和 Hager 通过进行试验研究，发现桥墩局部冲刷深度随时间变化关系主要由墩台参考长度、密度弗劳德数、相对冲刷时间决定，且相对冲刷时间与泥沙几何特征有关，并给出了桥墩局部冲刷深度随时间变化的经验公式。Chang 等在恒定和非恒定流条件下进行了桥墩冲刷试验，根据泥沙中值粒径和粒径不均匀系数估算混合层厚度，提出了一种基于混合层概念计算非均匀泥沙条件下冲刷深度随时间变化的方法。Robert 等研究得出，与明流相比，冰盖的存在导致水流结构及其紊流动能区别于明流，影响河床泥沙的输运。桥墩附近的局部冲刷是水流与河床相互作用的结果，目前已建立了大量明流条件下的最大冲刷深度的经验公式。

5.4.3　冰期桥墩局部冲刷尚待解决的问题

冰期桥墩局部冲刷问题的研究已非常迫切，限于问题的复杂性，目前尚有很多方面需要研究：

（1）冰期桥墩局部冲刷涉及桥墩结构、冰盖特征和水流流态三个方面的相互影响，河床泥沙起动和冲刷机理包括桥墩周围水流涡系结构具有相当的复杂性，因此，冰盖条件下桥墩周围三维流场及其变化的机理研究、冰盖粗糙度与泥沙运动之间的关系、桥墩冲刷坑深度和范围的预测等，这些方面均有待于进一步探索。

（2）冰盖条件下，有关各种水流条件、床面材料、桥墩墩型、墩径、墩间距、多墩组合等因素对冰期桥墩局部冲刷影响的研究尚待充实。

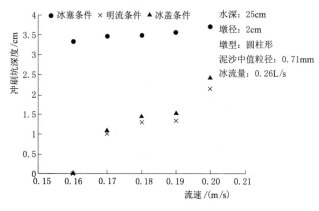

图 5.6　最大冲刷坑深度随流速变化趋势图

（3）迄今为止的研究都是在单一冰盖厚度条件下的研究，图 5.6 为近期的研究成果，在明流、冰盖、冰塞三种条件下，使用直径为 2cm 的圆柱形桥墩在试验水槽中进行了桥墩局部冲刷试验，由图可见，在相同的水深、流速情况下，冰塞条件下的桥墩局部冲刷深度明显大于加盖和明流条件下的相应深度且要大很多，冲刷深度增加了 200% 左右，试验说明了在冰塞条件下，由于冰塞运动和冰塞厚度对过水断面的进一步压缩作用，冰塞条件下的桥墩局部冲刷深度比冰盖条件要大得多。

（4）冬季河流冰盖或冰塞的存在，使得桥墩附近的局部冲刷变化更加复杂，迄今为止，冰盖条件下桥墩附近的水流结构、河床泥沙输移及冲刷机理等方面的研究远远不够；冰盖形成和冰盖破裂的过程中，河流的封冻程度及冰盖糙率的变化等对桥墩附近局部冲刷有何影响，多墩及墩间距等因素又会对冰盖条件下局部冲刷产生怎样的影响，这些方面均有待于进一步深入研究。

（5）桥墩附近局部冲刷受众多因素影响，如局部冲刷深度和冲淤平衡时间还与泥沙粒径及不均匀系数有关，冲刷过程中河床表面的泥沙粗化会对桥墩附近形成保护层。本书主要侧重于冲刷坑深度随时间的变化规律研究，关于冲淤平衡与泥沙保护机制相关问题有待于进一步深入研究。

（6）墩型、墩跨距和墩径之比，边墩问题等暂时未纳入考虑，冰盖下河床泥沙起动和冲刷机理及其相互的关系研究尚不充分，目前对桥墩局部冲刷研究时的冰盖条件基本都是单一厚度的完全冰盖，冰盖变化条件下的相关研究更是空白，这些方面均有待于进一步探索。

5.5 冰期桥墩局部冲刷问题试验研究

为探究冰期桥墩局部冲刷问题，从冰盖条件下桥墩局部冲刷随时间变化、桥墩局部最大冲刷深度及桥墩局部冲刷坑体积等方面，开展了一系列的试验研究。

试验是在合肥工业大学水利科学研究所实验室中进行的，水槽长 26.68m，宽 0.4m，深 1.3m，过水断面为矩形，沿水流方向将水槽一共分为 22 个断面，断面间距为 1.2m。水槽内的流量是通过进口管道上的阀门来调节的，在水槽下游设置一个可调节高度的倾斜狭缝式闸门，以调节水槽内平均水流深度和速度。桥墩位置在如图 5.7 所示的 16 断面处，试验采用了墩径分别为 2cm、3cm 和 4cm 的亚克力圆柱形桥墩。冰盖使用聚苯乙烯泡沫板模拟，水槽底部铺设泥沙，试验使用了两种不同中值粒径的泥沙，即 d_{50} 分别为 0.44mm 和 0.71mm，不均匀系数 η 分别为 1.85 和 1.61。采用超声波流速仪测量墩前沿水流方向的垂向流速分布。贴近桥墩上游迎水面，根据不同水深按垂线方向将水深四等分选择流速测点，测量每个分段节点的流速。超声波流速仪显示精度为 10^{-4}，单位为 m/s，实际测量时最后两位在一定范围内波动取均值。图 5.7、图 5.8 及图 5.9 是水槽试验的示意图。

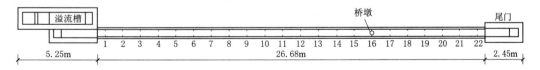

图 5.7 试验水槽布置图

试验限定在清水冲刷条件下，当冲刷坑尾部堆积物高度、形态基本不再发生变化，冲刷坑内沙颗粒只在冲刷坑内往复移动不再被水流搬运到坑外时，认为冲刷达到平衡状态。试验结束后，使用探针沿着桥墩手动测量冲刷坑深度和外轮廓线，探针的精度为 0.1mm。

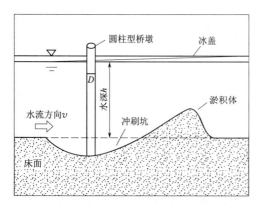

图 5.8 试验装置示意图

图 5.9 各部件模型图

5.5.1 试验工况和条件设置

试验分成明流（A）与冰盖（B）两个部分，试验工况和条件设置见表 5.8。

表 5.8 试验工况和条件设置

序号	行近流速 v/(m/s)	行近水深 h/m	墩径 D/m	泥沙中值粒径 d_{50}/mm	序号	行近流速 v/(m/s)	行近水深 h/m	墩径 D/m	泥沙中值粒径 d_{50}/mm
A1	0.22	0.10	0.03	0.714	B1	0.22	0.10	0.03	0.714
A2	0.18	0.15	0.03	0.714	B2	0.18	0.15	0.03	0.714
A3	0.22	0.15	0.03	0.714	B3	0.22	0.15	0.03	0.714
A4	0.26	0.15	0.03	0.714	B4	0.26	0.15	0.03	0.714
A5	0.22	0.20	0.03	0.714	B5	0.22	0.20	0.03	0.714
A6	0.22	0.10	0.04	0.714	B6	0.22	0.10	0.04	0.714
A7	0.18	0.15	0.04	0.714	B7	0.18	0.15	0.04	0.714
A8	0.22	0.15	0.04	0.714	B8	0.22	0.15	0.04	0.714
A9	0.26	0.15	0.04	0.714	B9	0.26	0.15	0.04	0.714
A10	0.22	0.20	0.04	0.714	B10	0.22	0.20	0.04	0.714

5.5.2 试验现象

试验观察到，在明流条件与加盖条件下，圆柱型桥墩冲刷坑发展现象并未有太大差别，大致可描述如下：①冲刷坑始于墩前迎水面并逐步变深和拓宽，桥墩两侧也同步刷深、拓宽，水流速度较小时，冲刷坑形成较慢；②在桥墩下游，泥沙从冲刷坑内被水流搬运到坑外，墩后淤积高度逐渐上升，泥沙先在墩后两侧堆积，然后淤积逐渐向墩后中轴线发展；③墩前最大冲刷深度基本在试验 2~3h 内达到桥墩局部最大冲刷深度的 80%~

90％；④水流速度较小时，墩后淤积沙丘高度相对较高，而流速较大时，沙丘脊线向下游延伸较长，淤积高度相对较低；⑤冲刷平衡时，沙丘高度、形态基本维持稳定，少量沙颗粒随坑内漩涡来回缓慢移动，只在坑内进行局部调整，冲刷坑范围和深度基本保持不变。局部冲刷发展过程如图 5.10 所示。

（a）过程一　　　　　　　（b）过程二　　　　　　　（c）过程三

图 5.10　局部冲刷发展过程图

5.5.3　局部冲刷过程的试验数据分析

图 5.11 所示为明流与冰盖条件下桥墩附近局部冲刷深度和达到平衡冲刷时间的对比图，从试验数据结果可以看出，冰盖条件下的局部冲刷深度大于相应明流条件下的，达到冲刷平衡所需的时间也相对要长，这一点是与其局部冲刷深度相对较大有一定的关系。当流速增大时，冲刷坑冲刷深度和范围都会增大，平衡所需冲刷时间也会增大；当水深增大时，冲刷坑深度会变小，平衡所需冲刷时间会增大；当墩径增大时，冲刷坑冲刷深度和平衡所需时间都会增大。

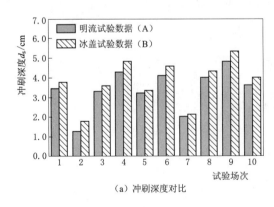 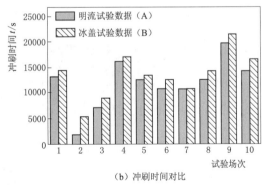

（a）冲刷深度对比　　　　　　　　　　（b）冲刷时间对比

图 5.11　明流与冰盖条件下桥墩局部冲刷深度和达到平衡冲刷时间对比

图 5.12 中绘制了明流和冰盖条件下桥墩附近局部冲刷深度 d_s 随时间 t 的变化过程，由图 5.12 中曲线可以看出，初始冲刷时，冰盖条件下桥墩附近局部冲刷坑深度发展相对要快一些，表现为在靠近坐标轴原点的地方，冲刷曲线斜率要大一些；随着冲刷时间的增加，冲刷深度变化逐渐变慢直至平衡，冲刷曲线逐渐走平。

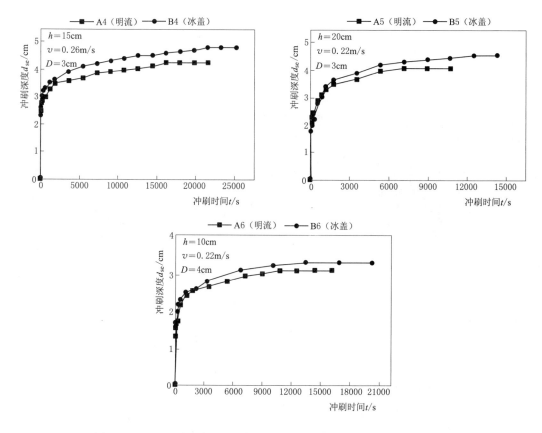

图 5.12　明流和冰盖条件下桥墩附近局部冲刷深度 d_s 随时间 t 的变化

　　图 5.13 所示为冰盖和明流条件下桥墩局部冲刷坑等值线及剖面图，由图 5.13 可见，相同水力条件时，相比于明流条件，冰盖条件下的冲刷坑深度更深，冲刷范围也更大。

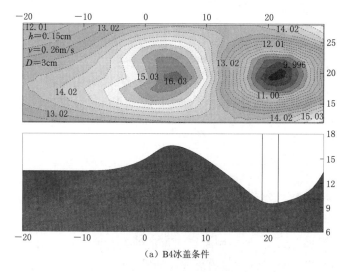

（a）B4 冰盖条件

图 5.13（一）　冰盖和明流条件下桥墩局部冲刷坑等值线及剖面图

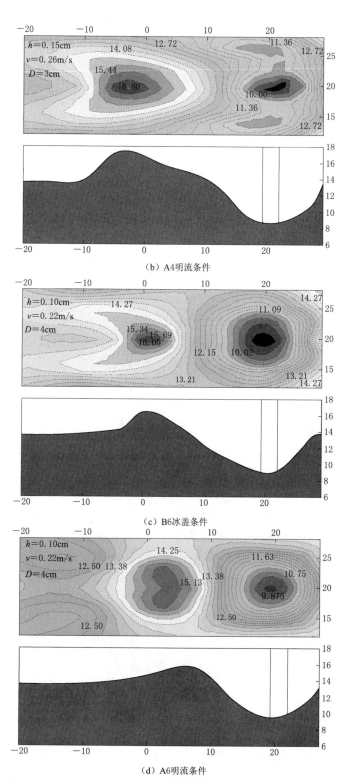

（b）A4明流条件

（c）B6冰盖条件

（d）A6明流条件

图 5.13（二） 冰盖和明流条件下桥墩局部冲刷坑等值线及剖面图

将某个时段增量 Δt 内的冲刷深度增量定义为 Δd_s，根据试验数据，可求出该时段内的冲刷深度变化速率 $\mathrm{d}d_s/\mathrm{d}t$ 随时间 t 的变化关系，如图 5.14 所示。

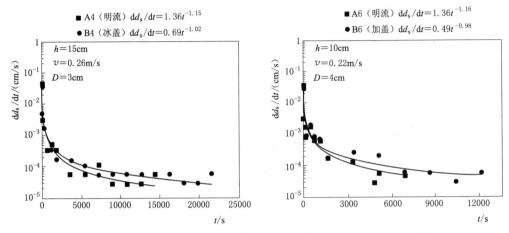

图 5.14 冰盖和明流条件下冲刷速率随时间变化（A4、B4、A6、B6）

由图 5.15 可以看出，冰盖和明流条件下冲刷速率变化趋势相似，根据试验数据，拟合曲线 $\mathrm{d}d_s/\mathrm{d}t$ 与时间 t 呈指数函数形式。在冲刷刚开始时冲刷发展迅速，平衡时冲刷坑深度和范围主要是在初始冲刷阶段完成的，随着冲刷坑深度和范围的逐渐发展，冲刷速率快速下降并逐渐变缓，最后冲刷速率曲线逐渐走平，曲线斜率渐趋于 0。图 5.14 和图 5.15 遵循了同样的定性规律。

图 5.16、图 5.17 所示为不同条件时冰盖和明流条件下冲刷速率随时间变化图。冰盖和明流条件下桥墩局部冲刷速率随水深

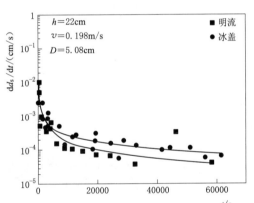

图 5.15 冰盖和明流条件下冲刷速率随时间变化（Hains 试验数据）

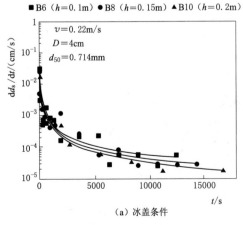

（a）冰盖条件

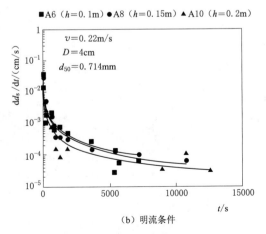

（b）明流条件

图 5.16 不同水深条件下冰盖与明流条件下冲刷速率随时间变化

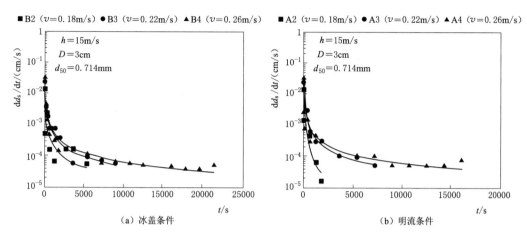

图 5.17　不同流速条件下冰盖和明流条件下冲刷速率随时间变化

变化趋势一致，水深越大，在同一时刻的冲刷速率越小，冲刷坑发展速度越慢，但随着水深增大，冲刷平衡所需时间也增大；行近流速越大，在同一时刻的冲刷速率越大，冲刷坑发展速度越快，随着流速增大，冲刷平衡所需时间也增大。

5.5.4　最大冲刷深度的试验数据分析

1. 局部最大冲刷深度和上游行近水流速度关系

由图 5.18 可见，其他条件不变的情况下，不论明流条件还是加盖条件，流速对局部最大冲刷深度影响较为明显。其他条件不变的情况下，局部最大冲刷深度随流速的增大而增大。

2. 局部最大冲刷深度与水深和墩径关系

由图 5.19 可见，冰盖条件下，其他条件相同时，局部最大冲刷深度随水深的增大而减小，图 5.19 中流速指的是上游行近水流速度。

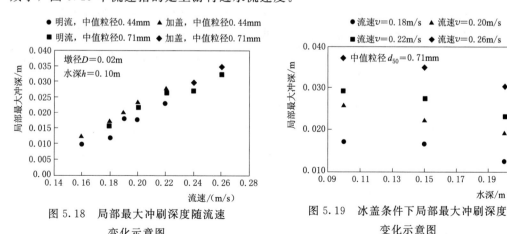

图 5.18　局部最大冲刷深度随流速变化示意图

图 5.19　冰盖条件下局部最大冲刷深度变化示意图

图 5.20（a）所示为不同水深条件下，2cm 与 3cm 墩径的局部最大冲刷深度随流速变化图，图 5.20（b）所示为 2cm 与 3cm 墩径分别在 0.15m 水深条件下局部最大冲刷深度

差随流速变化图。由图可知，无论是明流还是有冰盖的情况，墩径增大，局部最大冲刷深度随之增大；流速较低时，墩径对局部最大冲刷深度的影响较小，随流速增大，较大墩径的局部最大冲刷深度增长幅度会增大。

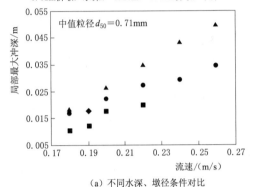
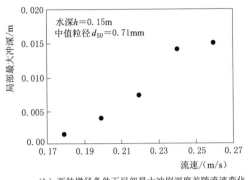

● 0.02m桥墩，水深h=0.15m　▲ 0.03m桥墩，水深h=0.15m
■ 0.02m桥墩，水深h=0.20m　◆ 0.03m桥墩，水深h=0.20m

（a）不同水深、墩径条件对比　　　　（b）两种墩径条件下局部最大冲刷深度差随流速变化

图 5.20　冰盖条件局部最大冲刷深度随流速墩径变化图

5.5.5　冰盖下无量纲冲刷深度随时间变化的回归分析

冰盖下冲刷受到冰盖下表面糙率 n_i 和河床泥沙糙率 n_b 共同作用，设定冰盖糙率因子 $K_r = n_i/n_b$ 表示冰盖对冲刷过程的影响，取无量纲冲刷时间 $T = t/t_e$，t_e 为平衡冲刷时间。基于 Melville 给出的明流下桥墩冲刷计算形式，将冰盖下无量纲冲刷深度与各影响冲刷主要因素的关系写成下式：

$$\frac{d_s}{D} = k \left(\frac{V}{V_c}\right)^a \left(\frac{h}{D}\right)^b \left(\frac{d_{50}}{D}\right)^c \left(\frac{n_i}{n_b}\right)^d (T)^e \tag{5.23}$$

式中：V 为行近流速；V_c 为泥沙起动时的临界流速；h 为行近水深；D 为桥墩墩径；d_{50} 为泥沙中值粒径。本试验中冰盖糙率 n_i 采用 Wang 方法确定，取 0.0212，床沙糙率 n_b 采用 Wu 的方法确定。选取了 Mia、Yanmaz、Melville、Wu 的数据进行无量纲平衡冲刷深度 d_{se}/D 与水流强度 V/V_c 分析，试验数据见表 5.9。

表 5.9　　　　　　　　　　　　其 他 试 验 数 据

明流试验序号	行近流速 V/(m/s)	行近水深 h/m	墩径 D/m	泥沙中值粒径 d_{50}/mm	冰盖试验序号	行近流速 V/(m/s)	行近水深 h/m	墩径 D/m	泥沙中值粒径 d_{50}/mm
M1	0.31	0.160	0.060	1.28	S1	0.18	0.100	0.030	0.40
M2	0.33	0.200	0.060	1.28	S2	0.18	0.150	0.030	0.40
M3	0.36	0.235	0.060	1.28	S3	0.18	0.200	0.030	0.40
M4	0.37	0.270	0.060	1.28	S4	0.22	0.150	0.020	0.40
M5	0.39	0.300	0.060	1.28	S5	0.20	0.200	0.020	0.40
YA1	0.36	0.165	0.067	1.07	W1	0.23	0.070	0.100	0.58

续表

明流试验序号	行近流速 $V/(m/s)$	行近水深 h/m	墩径 D/m	泥沙中值粒径 d_{50}/mm	冰盖试验序号	行近流速 $V/(m/s)$	行近水深 h/m	墩径 D/m	泥沙中值粒径 d_{50}/mm
YA2	0.34	0.152	0.067	1.07	W2	0.20	0.190	0.100	0.58
YA3	0.33	0.135	0.067	1.07	W3	0.23	0.070	0.100	0.50
YA4	0.28	0.105	0.047	1.07	W4	0.20	0.190	0.100	0.50
YA5	0.36	0.105	0.047	1.07	W5	0.22	0.070	0.100	0.58
Me1	0.17	0.070	0.070	0.96	W6	0.22	0.070	0.100	0.50
Me2	0.17	0.200	0.050	0.96	H1	0.22	0.200	0.051	0.13
Me3	0.17	0.200	0.040	0.96	H2	0.26	0.200	0.051	0.13
Me4	0.18	0.200	0.020	0.90	H3	0.20	0.220	0.051	0.13
Me5	0.19	0.230	0.200	0.90	H4	0.21	0.210	0.051	0.13

表中 M、YA、Me 分别为 Mia、Yanmaz、Melville 中的部分明流实验数据。S、W、H 分别为王军等、Wu、Hains 中的部分冰盖试验。

图 5.21 和图 5.22 分别为冰盖和明流条件下无量纲平衡冲刷深度 d_{se}/D 与水流强度 V/V_c 的变化关系。根据 d_{se}/D 与 V/V_c 的关系拟合了两条直线，V/V_c 的区间为 $0.45\sim0.90$。由图可以看出，d_{se}/D 随 V/V_c 的增大而增大，明流条件下，拟合直线与横坐标轴近似交于 0.4 处；冰盖条件下，拟合直线与横坐标交于 0.35 处。Melville 认为在清水冲刷时明流的 V/V_c 应为 $0.4\sim1$，而清水冲刷条件下，冰盖的存在使得泥沙更易起动。故认

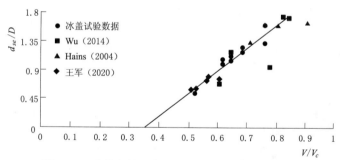

图 5.21 冰盖条件下水流强度 V/V_c 对无量纲平衡
冲刷深度 d_{se}/D 的影响

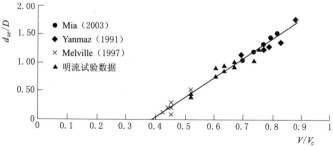

图 5.22 明流条件下水流强度 V/V_c 对无量纲
平衡冲刷深度 d_{se}/D 的影响

为在本系列明流试验中，当 $V/V_c > 0.4$ 时，V/V_c 对无量纲冲刷深度有明显的影响作用；在冰盖试验中，当 $V/V_c > 0.35$ 时，V/V_c 对无量纲冲刷深度有明显的影响作用。

使用多元回归对试验数据进行分析，可得冰盖下各因子与无量纲平衡冲刷深度的指数关系，同时给出明流下各因子指数关系作为对比：

冰盖时　$K_I = \left(\dfrac{V - 0.35V_c}{V_c}\right)^{1.240}$，$K_h = \left(\dfrac{h}{D}\right)^{0.350}$，$K_d = \left(\dfrac{d_{50}}{D}\right)^{-0.060}$，$K_r = \left(\dfrac{n_i}{n_b}\right)^{0.244}$

明流时　　　　$K_I = \left(\dfrac{V - 0.40V_c}{V_c}\right)^{1.150}$，$K_h = \left(\dfrac{h}{D}\right)^{0.426}$，$K_d = \left(\dfrac{d_{50}}{D}\right)^{-0.425}$

式中：K_I 为流速影响因子；K_h 为水深影响因子；K_d 为泥沙粒径影响因子；K_r 为冰盖影响因子。

临界流速 V_c 可由 Namaee 给出的公式确定。

冰盖与明流冲刷过程可以用无量纲冲刷深度随时间的变化率表示，即

$$\frac{\mathrm{d}(d_s/D)}{\mathrm{d}T} = \frac{(d_s/D)_{T+\Delta T} - (d_s/D)_T}{\Delta T} \tag{5.24}$$

式中：d_s/D 为无量纲冲刷深度；$(d_s/D)_{T+\Delta T}$ 和 $(d_s/D)_T$ 分别为 $T+\Delta T$ 和 T 时的无量纲冲刷深度。

图 5.23 和图 5.24 分别绘制出了冰盖和明流条件下无量纲冲刷深度变化率与无量纲时间的变化关系图，根据图中数据可以回归出下列关系：

$$\text{冰盖}\qquad \frac{\mathrm{d}(d_s/D)}{\mathrm{d}T} = 0.1251 K_{yD} K_I K_d K_r T^{-1.026} \tag{5.25}$$

$$\text{明流}\qquad \frac{\mathrm{d}(d_s/D)}{\mathrm{d}T} = 0.0391 K_{yD} K_I K_d T^{-1.068} \tag{5.26}$$

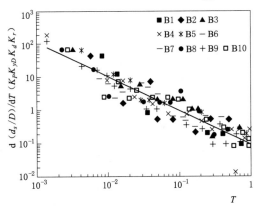

图 5.23　冰盖条件下无量纲冲刷深度变化率与
无量纲时间关系

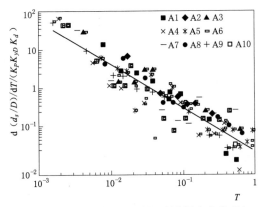

图 5.24　明流条件下无量纲冲刷深度变化率与
无量纲时间关系

对式（5.25）进行积分可得出冰盖下 d_s/D 与无量纲时间 T 的经验关系，对比可得出对应明流条件：

$$\text{冰盖}\qquad \frac{d_s}{D} = \left(\frac{V - 0.35V_c}{V_c}\right)^{1.240} \left(\frac{h}{D}\right)^{0.350} \left(\frac{d_{50}}{D}\right)^{-0.060} \left(\frac{n_i}{n_b}\right)^{0.244} (5.77 - 3.91T^{-0.026})$$

$$\tag{5.27}$$

明流　$\dfrac{d_s}{D}=\left(\dfrac{V-0.40V_c}{V_c}\right)^{1.150}\left(\dfrac{h}{D}\right)^{0.426}\left(\dfrac{d_{50}}{D}\right)^{-0.425}(1.19-0.67T^{-0.068})$　(5.28)

式（5.29）和式（5.30）中，平衡冲刷深度 t_e 采用 Melville 给出的计算形式，冰盖条件下加入冰盖糙率因子 n_i/n_b 进行回归分析，代入本系列试验数据回归分析得平衡冲刷时间关系式如下：

冰盖　　　　　$t_e=1.5\times10^6\dfrac{D}{V}\left(\dfrac{V}{V_c}-0.35\right)\left(\dfrac{n_i}{n_b}\right)^{1.35}$　　　　　(5.29)

明流　　　　　$t_e=3.1\times10^6\dfrac{D}{V}\left(\dfrac{V}{V_c}-0.40\right)$　　　　　(5.30)

使用本试验数据及未加入回归的 Hains 数据进行式（5.27）和式（5.28）的验证，由图 5.25 与图 5.26 可以看出局部冲刷过程呈近似指数形式，式（5.27）和式（5.28）对其他数据中的冲刷过程趋势拟合较好，从公式中可以看出，无论冰盖还是明流条件下，流速、水深的增大会使冲刷深度变深，中值粒径的增大会使冲刷深度变浅；冰盖下冲刷深度对流速和中值粒径变化敏感程度要大于明流，明流下冲刷深度对水深变化敏感程度要大于冰盖；冰盖糙率的增大会使得冲刷深度和平衡所需时间都增大。

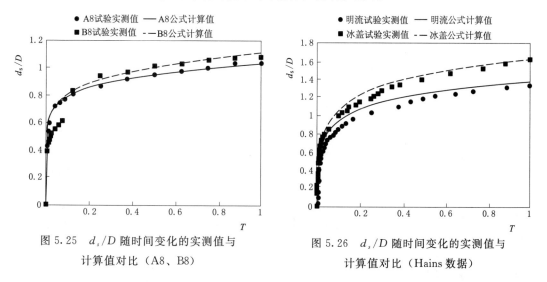

图 5.25　d_s/D 随时间变化的实测值与计算值对比（A8、B8）　　　　图 5.26　d_s/D 随时间变化的实测值与计算值对比（Hains 数据）

当 $T=1$ 时，此时式（5.27）可化为冰盖下平衡时无量纲冲刷深度与各因素之间的关系式，如下：

冰盖　$\dfrac{d_{se}}{D}=1.86\left(\dfrac{V-0.35V_c}{V_c}\right)^{1.240}\left(\dfrac{h}{D}\right)^{0.350}\left(\dfrac{d_{50}}{D}\right)^{-0.060}\left(\dfrac{n_i}{n_b}\right)^{0.244}$　(5.31)

式（5.31）中考虑了流速、水深、墩径、泥沙粒径及冰盖糙率对平衡冲刷深度的影响，孙鸿渐等在公式回归中未加入泥沙粒径的影响，Wu 等在公式中未考虑墩径的影响。通过计算各式结果与实际值结果的均方根误差，式（5.31）、孙鸿渐等公式、Wu 等公式的均方根误差分别为 1.34、2.65、2.15。可以看出式（5.31）的误差更小。将预测值与实际值作比较并与其他学者公式进行对比，如图 5.27 和图 5.28 所示，由图 5.28 可以看出，相对比较而言，由式（5.31）得到的计算结果与实验结果较为贴合。

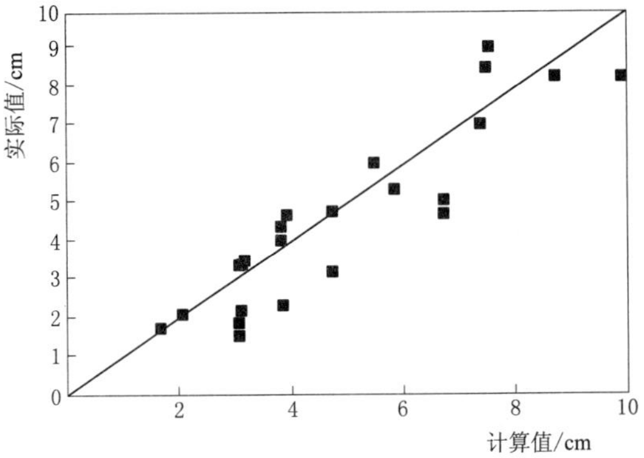

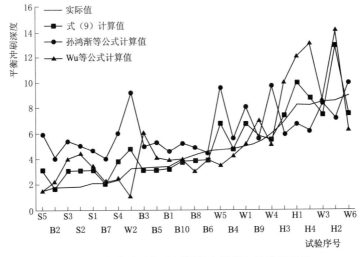

图 5.27　冰盖下平衡冲刷深度实测值与计算值

图 5.28　冰盖下平衡冲刷深度实测值与计算值对比

5.6　本章小结

如前所述，明流条件下的桥墩局部冲刷问题已经有了相对充分的研究，但冰期桥墩局部冲刷问题研究尚在起步，因此，采用试验方法对此问题进行了研究，通过改变冰盖下的流速、水深，探究了桥墩冲刷深度随时间的变化、桥墩局部最大冲刷深度及桥墩局部冲刷坑体积等方面的规律，并与明流条件进行了对比分析。所得结论如下：

（1）冰盖条件下，冲刷开始时，桥墩局部冲刷坑的范围和深度发展较明流条件下要快；随时间推移，局部冲刷坑的范围和深度的发展和明流条件下表现的规律类似，即冲刷范围和深度逐渐变大，局部冲刷速率逐渐下降；随流速、水深、墩径的增大，冲刷达到平衡的时间随之增长。

（2）在分析水流强度、水深因子、粒径因子等无量纲参数对冰盖条件下平衡冲刷过程影响的基础上，结合考虑 n_i/n_b 无量纲参数，给出了无量纲冲刷深度随时间变化的关系式[式（5.27）]，通过该式可计算冲刷开始后任意时刻的冲刷深度。

（3）因冰盖的存在改变了边界条件，使得最大流速点位置向河床面偏移，桥墩局部冲刷深度大于相应明流条件，且局部冲刷深度随时间的变化速率大于明流条件，试验数据范围内，平衡冲刷深度比明流条件下的约大12%，平衡冲刷所需时间比明流条件下的要约大10%。

（4）和明流条件相比，冰盖条件下床沙起冲流速、糙率等参数发生了改变，冰盖条件下因接近床面近底流速增大，使得墩前床沙起冲流速减小，水流的相对冲刷能力增强，局部冲刷较明流条件有所增强，桥墩附近局部最大冲刷深度比明流条件的多出20%～30%；表征冲刷坑范围的冲刷坑面积和冲刷坑体积可超出明流条件的40%～50%，与冲刷深度相比，冲刷坑面积和冲刷坑体积有更明显的增大。

（5）明流和冰盖条件下，局部冲刷坑体积与冲刷坑面积的关系可以用幂函数的形式来表示，冲刷坑面积相同时，冰盖条件下的冲刷坑体积更大。按照本文试验数据分析，当弗劳德数大于0.15时，冰盖条件与明流条件的冲刷坑面积、体积表现出差异，此时弗劳德数越大，这种差异越明显，冰盖条件较明流条件下的冲刷坑面积与冲刷坑体积越大。

参 考 文 献

[1] 杨开林. 河渠冰水力学、冰情观测与预报研究进展 [J]. 水利学报, 2018, 49 (1): 81-91.

[2] 郭新蕾, 杨开林, 杨淑慧, 等. 长距离明渠系统反向输水冰情模拟 [J]. 水利学报, 2015, 46 (7): 877-882.

[3] 王涛, 杨开林, 郭新蕾, 等. 模糊理论和神经网络预报河流冰期水温的比较研究 [J]. 水利学报, 2013, 44 (7): 842-847.

[4] 李志军, 徐梓竣, 王庆凯, 等. 乌梁素海湖冰单轴压缩强度特征试验研究 [J]. 水利学报, 2018, 49 (6): 662-669.

[5] 冀鸿兰, 石慧强, 牟献友, 等. 水塘静水冰生消原型研究与数值模拟 [J]. 水利学报, 2016, 47 (11): 1352-1362.

[6] 练继建, 赵新. 静动水冰厚生长消融全过程的辐射冰冻度——日法预测研究 [J]. 水利学报, 2011, 42 (11): 1261-1267.

[7] HAINS D, ZABILANSKY L. Scour under ice: Potential contributing factor in the schoharie creek bridge collapse [C]. Proceedings of the International Conference on Cold Regions Engineering, Orono, ME, United States, 2007: 17-24.

[8] CARR M L, TUTHILL M A. Modeling of Scour - Inducing Ice Effects at Melvin Price Lock and Dam [J]. Journal of Hydraulic Engineering, 2012, 138 (1): 85-92.

[9] 中华人民共和国行业标准. 公路工程水文勘测设计规范: JTG C30—2015 [S]. 北京: 人民交通出版社, 2015.

[10] 祝志文, 喻鹏. 中美规范桥墩局部冲刷深度计算的比较研究 [J]. 中国公路学报, 2016, 29 (1): 36-43.

[11] 齐梅兰, 邹艳荣. 河床溯源冲刷影响下的桥墩冲刷 [J]. 水利学报, 2017, 48 (7): 791-798.

[12] 喻鹏, 祝志文. 串列双圆柱桥墩局部冲刷精细化模拟 [J]. 中国公路学报, 2019, 32 (1): 107-

116.

[13]　陈启刚，齐梅兰，李金钊. 明渠柱体上游马蹄涡的运动学特征研究 [J]. 水利学报，2016，47 (2)：158 - 164.

[14]　HAN H，CHEN Y，SUN Z. Estimation of Maximum Local Scour Depths at Multiple Piles of Sea/ Bay - crossing Bridges [J]. Journal of Civil Engineering，2019，23 (2)：567 - 575.

[15]　WANG J，SUI J，KARNEY B W. Incipient motion of non - cohesive sediment under ice cover - an experimental study [J]. Journal of Hydrodynamics，2008，20 (1)：117 - 124.

[16]　WANG J，SHI F，CHENG P，et al. Simulations of ice jam thickness distribution in the transverse direction [J]. Journal of Hydrodynamics，2014，26 (5)：762 - 769.

[17]　王军，陈胖胖，杨青辉，等. 桥墩影响下冰塞水位变化规律的试验 [J]. 水科学进展，2015，26 (6)：867 - 873.

[18]　王军，章宝平，陈胖胖，等. 封冻期冰塞堆积演变的试验研究 [J]. 水利学报，2016，47 (5)：693 - 699.

[19]　WANG J，HUA J，SUI J，et al. The impact of bridge pier on ice jam evolution - an experimental study [J]. Journal of Hydrology & Hydromechanics，2016，64 (1)：75 - 82.

[20]　王军，汪涛，李淑祎，等. 桥墩影响下弯槽冰塞形成临界条件和冰厚变化的试验研究 [J]. 水利学报，2017，48 (5)：588 - 593.

[21]　CHRISTOPHER V，DARIO A B S，IOAN N，et al. Bridge Pier Scour under Ice Cover [J]. Water，2021，13 (4).

[22]　NAMAEE M R，LI Y Q，SUI J Y，et al. Comparison of Three Commonly Used Equations for Calculating Local Scour Depth around Bridge Pier under Ice Covered Flow Condition [J]. World Journal of Engineering and Technology，2018，6 (2)：50 - 62.

[23]　HAINS D，ZABILANSKY L. Laboratory Test of Scour Under Ice：Data and Preliminary Results [R]. U. S. Army Engineer Research and Development Center，Cold Regions Research and Engineering Laboratory，2004.

[24]　MUNTEANU A，FRENETTE R. Scouring around a cylindrical bridge pier under ice covered flow condition - experimental analysis [R]. RV Anderson Associates Limited and Oxand report，2010.

[25]　WU P，BALACHANDAR R，SUI J. Local Scour around bridge piers under ice - covered conditions [J]. Journal of Hydraulic Engineering，2016，42 (1)：1 - 9.

[26]　TUTHILL A M，WHITE K D，VUYOVICH C M，et al. Effects of proposed dam removal on ice jamming and bridge scour on the Clark Fork River，Montana [J]. Cold Regions Science and Technology，2009，55 (2)：186 - 194.

[27]　ETTEMA R，MELVILLE B W，CONSTANTINESCU G. Evaluation of bridge scour research：Pier scour processes and predictions [R]. Transportation Research Board of the National Academies，Washington，DC，2011.

[28]　WU P，HIRSHFIELD F，SUI J，et al. Impacts of ice cover on local scour around semi - circular bridge abutment [J]. Journal of Hydrodynamics，2014，26 (1)：10 - 18.

[29]　WU P，HIRSHFIELD F，SUI J. Local scour around bridge abutments under ice covered condition - an experimental study [J]. International Journal of Sediment Research，2015，30 (1)：39 - 47.

[30]　NAMAEE M R，SUI J. Local scour around two side - by - side cylindrical bridge piers under ice - covered conditions [J]. International Journal of Sediment Research，2019，34 (4)：355 - 367.

[31]　NAMAEE M R，SUI J. Velocity profiles and turbulence intensities around side - by - side bridge piers under ice - covered flow condition [J]. Journal of Hydrology and Hydromechanics，2020，68 (1)：70 - 82.

［32］ 王军，苏奕垒，侯智星，等．冰盖条件下桥墩局部冲刷研究进展［J］．水利学报，2020，51（10）：1248－1255.

［33］ FU H，GUO X L，KASHANI A，et al. Experimental study of real ice accumulation on channel hydraulics upstream of inverted siphons［J］．Cold Regions Science and Technology，2020，176：103087.

［34］ MELVILLE B W，CHIEW Y M. Time scale for local scour at bridge piers［J］．Journal of Hydraulic Engineering. 1999，125（1）：59－65.

第 6 章

静水冰与动水冰原型观测分析

静水冰的形成和融化是一个渐变的过程，静水冰的生长和消融是一个主要发生在垂直方向上多层热交换、热传导的复杂过程，其热力因素包括冰盖上表面的太阳辐射、长波辐射、感热和潜热。无论是冰情分析还是冰参数特性的研究，均需要全面掌握水塘静水冰的冰盖演变、冰层内部的温度、冰下水温、周边外部环境的气象变化和水文条件，就有可能针对静水结冰冻害、水库冰情破坏提供冰情参考依据和理论支持，而冰层厚度、冰下水位的现场自动检测目前是一个难题，解决冰凌问题的理论和实践都需要了解冰厚及其冰形成规律，这就要求提高冰生消过程检测的程度和自动化水平。基于冰工程应用需求，设计了适用于高寒地区安装于水塘试验点的冰情监测系统，以获取水塘封冻初期、稳定封冻期、消融期冰情数据。

黄河动水冰研究方面，成果主要集中在冰塞和冰坝的物理模拟、数值模拟以及冰生消预测方法方面，野外原型观测较少却是最真实最可靠的研究方法，河道冰厚是黄河防凌研究的重要指标，也是野外原型观测的一个重要指标，常用的通过人工钻孔或触冰式探地雷达获取黄河冰厚均要求河流稳定封冻，且工作人员必须在冰面上作业，因此，积极探索更加高效的非接触式冰厚获取方法意义重大。为提高黄河冰厚测量效率，利用无人机载雷达对黄河内蒙古什四份子弯道进行了冰厚测验，并与人工实测冰厚进行了对比，验证其测量精度，旨在为黄河冰层非接触式探测提供经验积累。

6.1 水塘静水冰试验

6.1.1 试验点概况与观测内容

南湖水塘位于北纬 46°16′、东经 111°8′，在托克托县双河镇西南 2km 处，中滩乡政府旁，西临黄河。水塘四周全长 307.3m，形状为梯形，水塘总面积 5673m²，深水区水深可达 3～4m。每年 11 月中下旬至 12 月初水塘开始结冰，翌年 3 月中下旬融化，冰期 3～4 个月。由于当地冬季气候相对温和，整个冬季水塘结冰厚度相对较薄，为 0.3～0.4m。

南湖水塘的常规观测项目包括气象因素测量、静水冰厚度测量和冰层垂向温度廓线测量、冰下水温测量。每个水塘冰观测点选取监测点水深分别为 20cm（25cm）、30cm（35cm）、50cm、70cm、120cm 共计 5 处水深。2015 年、2016 年两个冬季冰期，每日 8 时、14 时进行分段采集；稳定封冻期水塘冰周期性观测，每周 1～2 次。

6.1.2 测点布置

水塘横向布设点如图 6.1（a）所示，按水体深浅顺序由 1 至 5 顺次编号，2014—2015 年冬季对应水深分别为 20cm、30cm、50cm、70cm、120cm，2015—2016 年冬季对应水深分别为 25cm、35cm、50cm、70cm、120cm。由于表层水体温度变化较大，实验前将温度探头锚固在用隔热材料处理过的钢筋上作为温度监测链，把钢筋打入不同编号的水底，由于冰层上层 30cm 范围内的垂向热传导通量随气温的变化存在明显高频波动特性，因此试验温度探头在垂直方向上 25cm 范围内，以水面为基准面由上而下每隔 5cm，垂向布设点如图 6.1（b）所示，其中，水面 0cm 处布设温度探头用于量测结冰时冰表面温度。

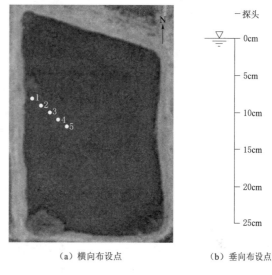

（a）横向布设点　　　　（b）垂向布设点

图 6.1　现场测点布置

6.2　静水冰盖的生长与消融

静水结冰的实质是持续负气温导致水体过冷却—冰晶—冰晶相连—冰盖的过程。水库冰的生长主要受热力学过程控制，水塘冰受热力学控制比水库大，则也可以忽略冰下水流的影响，静水结冰的过程是在气温持续低于 0℃ 条件下，水体释放热量，水体表面温度不断降低，当表层水体温度降至 0℃ 后，进一步冷却，水体继续失热，水表面结冰形成冰晶。随着气温进一步降低，水体持续失热，水面冰晶逐渐增多，冰晶上升聚集联结成面，面与面连接起来形成初始冰盖的过程。水塘结冰沿岸开始，在塘滩、浅湾及水草丛生处首先出现岸冰或薄冰，冰厚仅 0.3~3cm，岸冰或薄冰形成冰带，结冰期 2~3 天。随着气温继续降低，水塘深水区结冰，除少数敞露水面部分外，整个水塘冰形成整体 [图 6.2（a）]，有时候，受强冷空气侵袭，气温急剧下降，发生全塘冰一夜封冻的现象，由于南湖水塘是相对长形水塘，冰由垂直于长轴方向的两岸向塘心逐渐推进而形成的。消融期，随着持续正气温，水塘开始逐渐消融，消融过程始于水塘岸边 [图 6.2（b）]，由于岸边水浅，冰厚相对较薄，冰、水、气热交换较快，消融时间相对较短。然后不断发展到水塘中心，形成岸边冰先消失中心冰后消失的现象。

结冰时由于水塘岸边是浅水域，水体蓄热量较小，水体失热途径包括水与大气之间的热交换以及水与河床之间的热交换，受负气温影响水体放热降温较快，表层水温降至 0℃ 历时短；另一方面，水塘边界与陆地相接，岸边水体除了与大气进行热交换外，还与周围

（a）水塘全部封冻　　　　　　　　　　（b）水塘开始消融

图 6.2　水塘冰生消现象

陆地进行热交换，陆地土壤比热小，低温作用使得岸边土壤降温明显，低于水温，随着岸边水体与边界土壤的热交换作用，加速了岸边水塘的放热降温过程，所以岸边先结冰出现冰带，而越靠近水塘中心水越深，水体在增温期储热量越大（由于水的比热容大）。在低温条件下，深水处的水温高于浅水，因为浅水区域受气温影响明显，放热降温快，水温偏低，低于深水区域温度，而深水区水温受气温影响变化不明显，放热降温慢，因为水体间热传导慢，所以深水区水体储热量大，表层水降至 0℃ 需要失去更多的热量，出现中心相对岸边结冰晚的现象；消融时，受正气温影响，冰盖表面与大气进行热交换吸热，冰盖表面温度升高，当升至 0℃ 后，冰盖继续吸热，冰面开始消融。消融时，由于岸边水浅，冰厚相对中心较薄，冰、水、气三态热交换较快，消融快，时间相对缩短；另外，池塘边界冰消融与结冰时同理，岸边冰面除了与大气进行热交换外，还与周围相接陆地进行热交换吸热（在正气温下，陆地比热容小升温快，陆地温度接近气温），因此，出现岸边比中心冰面升温快，先消融的现象。

6.2.1　冰盖的生长

2014 年结冰期冰厚结果见表 6.1，其中 11 月 30 日—12 月 5 日为冰盖快速增长期，12 月 5—17 日为冰盖缓慢增长期。

表 6.1　　　　　　　　　　　　　　2014 年结冰期冰厚结果

编号	水深 /cm	试验时间 /h	初始冰盖厚度 /cm	冰盖最大增长速率 /(cm/d)	快速增长期冰盖平均增长速率 /(cm/d)	缓慢增长期冰盖平均增长速率 /(cm/d)	冰盖平均增长速率 /(cm/d)	快速增长期日内冰厚变化均值 /cm	缓慢增长期日内冰厚变化均值 /cm
1	20	8	2.3	2.0	1.6	0.6	1.1	0.3	0.7
		14	1.4	1.9	1.5	0.6	1.1		
2	30	8	2.8	1.9	1.5	1.2	1.4	0.6	0.7
		14	1.3	2.1	1.8	1.2	1.5		

续表

编号	水深/cm	试验时间/h	初始冰盖厚度/cm	冰盖最大增长速率/(cm/d)	快速增长期冰盖平均增长速率/(cm/d)	缓慢增长期冰盖平均增长速率/(cm/d)	冰盖平均增长速率/(cm/d)	快速增长期日内冰厚变化均值/cm	缓慢增长期日内冰厚变化均值/cm
3	50	8	2.6	1.9	1.4	1.1	1.3	0.3	0.9
		14	1.3	2.0	1.5	1.1	1.3		
4	70	8	2.5	1.8	1.4	1.0	1.2	0.5	0.6
		14	1.3	1.9	1.3	1.0	1.2		
5	120	8	2.4	1.9	1.5	1.1	1.3	0.6	0.6
		14	1.5	2.4	1.4	1.1	1.3		

由表 6.1 可知，不同水深测点冰盖快速增长期冰盖平均增长速率较缓慢增长期平均增加 0.6cm/d，快速增长期日内冰厚变化均值较缓慢增长期相对较小。

冰盖在封冻初期出现短期生消现象时期，冰盖日内变化程度不同水深相差较大，其中水深较深处冰盖生消受影响明显，变动幅度较大，这是由于水深较深，水体储热量较大，受气温影响变化明显。在冰盖增长最快时期，不同水深冰盖最大增长速率平均相差较大，平均值 8 时约为 3.4cm/d，14 时约为 2.5cm/d，说明冰盖最大增长速率受水深影响较小，主要受日内时段气温影响，其中冰盖 8 时平均增长速率较 14 时较大，这是由于上午气温相对较低，平均为 −8.3℃，下午气温较高，平均为 −5.4℃，上午比下午气温平均低 2.9℃，低温促进冰盖增长，下午相对较高温，使得部分水深冰盖出现微融化现象，所以上午水深冰盖最大增长速率相对下午较快。还可以看出，在冰盖增长速率最大期间，冰盖的平均增长速率基本相同，不同水深 8 时和 14 时的冰盖平均增长速率均约为 1.5cm/d，说明冰盖的平均增长速率受水深和日内时段气温影响较小，主要受累积日均负气温影响，这段时间累积日均负气温达到 −62.5℃。在冰盖的缓慢增长期，不同水深冰盖的增长速率日内相差不大，8 时冰盖的平均增长速率约为 1cm/d，14 时水深冰盖的增长速率约为 0.9cm/d。说明在冰盖缓慢增长期，水深和日内时段气温对其作用相对较小，冰盖增长速率主要受累积日均负气温影响。主要原因是，在冰盖缓慢增长期，形成的冰盖相对较厚，这部分冰盖在一定程度上减缓了水汽的热交换，仅靠累积日均负气温作用使得冰下水体失热结晶依附在冰盖下表面来增加冰盖厚度。

结冰初期，在 11 月 23—29 日，随着气温降低，水塘水体受低温影响水温降低，当水温冷却至 4℃时，表层水体因失热密度大下沉，引起上下循环，直至上下水温均为 4℃时，循环停止，在短期负气温的作用下，水体继续冷却，表层水密度减小，不再下沉，至水面温度为 −0.012℃过冷却时，聚集在水面的冷水分子，将随之放出"潜热"而凝成冰晶。冰的密度低于水，因而冰晶停留于水面，继续冷却时，将发展为冰饼以至薄冰层。此薄冰层冰盖厚度受风力和温度影响较大，无风或者风力较小时，气温降低，冰盖增厚，气温升高，冰、水、气热平衡作用使得冰盖又部分消融，冰盖变薄，因此气温不稳定的变化，日内正负气温交替，冰盖厚度出现增减不稳定变化现象。水塘经过结冰—消融—再冻结多次反复后，形成稳定的冰盖。在 11 月 29 日—12 月 5 日，气温持续降低，较前期负气温值低，平均负气温达到－7.1℃，冰盖表面温度与气温相差较大，冰与大气的热交换量也较大，冰下水体失热结晶速度较快，更多的冰晶体依附在冰盖的下表层，导致冰盖增长速率较快。随着冰盖厚度的增加，一定的冰厚隔断了水、气之间的热交换，对冰下水体形成保温作用，冰下水体热量散失逐渐减慢，冰盖水体变成晶体析出的速度减慢，冰盖的增长速率相应减小，进入稳定增长期。表明，时段气温在结冰初期作用明显，在后期时段气温影响较小。因此，整体看，结冰期南湖水塘这样的静态水域冰盖厚度的增长会出现前期不稳定、中期增长快、后期增长慢的特点。

图 6.3 所示为 2014 年各水深在结冰期（11 月 23 日—12 月 17 日）不同时段冰盖厚度的演变过程的综合。从图 6.3 中可以看出，8 时和 14 时冰盖变化趋势一致，11 月 23—29 日由于气温的不稳定升降，形成的薄层冰盖受气温影响较大，冰盖厚度不稳定增减，变化幅度为 0.5～1.5cm；11 月 29 日—12 月 5 日，随着气温继续下降，冰盖快速增长，不同时段平均增长速率均为 2.0cm/d，为冰厚增长最快时期；12 月 5—17 日，冰盖厚度缓慢增长，平均增长速率为 1.1cm/d。

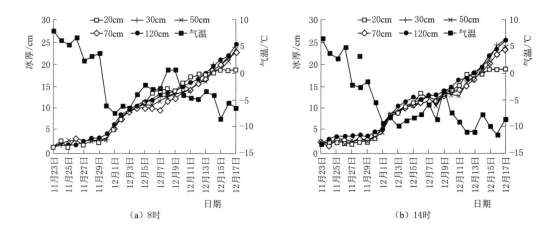

图 6.3　2014 年结冰期不同水深冰盖增长过程

对比图 6.3（a）与图 6.3（b）可见，在冰盖不稳定变化期（11 月 23—29 日），日内不同时段，冰厚变化较大，最大达 1.3cm，这是由于初冰厚度较小，时段气温不稳定，冰、气热交换过程很快影响到冰盖下表面，致使冰厚出现短期生消现象；在冰盖稳定增长期，不同时段各水深平均冰盖增长速率相近，8 时的平均增长速率为 1.1cm/d，14 时的平均增长速率为 1.2cm/d，表明时段气温对冰厚影响在冰盖增长期较小，仅在冰盖不稳定变化期明显，同时水深在冰盖增长期作用也不明显。

2014—2015 年冰封期各水深冰厚变化过程如图 6.4 所示。封冻初期之前的冰厚不稳定变化到封冻初期冰盖的快速增长，后期冰盖缓慢增加，直到 2015 年 3 月 2 日冰厚达到最大，之后开始缓慢消融，然后从受热力因素影响冰盖快速消融的过程总体看，各个水深在整个封冻期呈现前期不稳定、中期消融快、后期消融慢的特点。

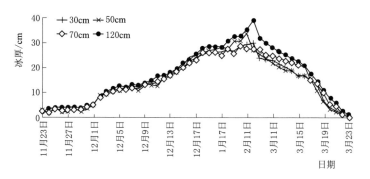

图 6.4　2014—2015 年冰封期各水深冰厚变化过程

2015 年结冰期冰厚结果见表 6.2，其中 11 月 25 日—12 月 5 日为冰盖快速增长期，12 月 5—25 日为冰盖缓慢增长期。

表 6.2　　　　　　　　　　　　　　2015 年结冰期冰厚结果

编号	水深 /cm	试验时间 /h	初始冰 盖厚度 /cm	冰盖最大 增长速率 /(cm/d)	快速增长 期冰盖平均 增长速率 /(cm/d)	缓慢增长 期冰盖平均 增长速率 /(cm/d)	冰盖平均 增长速率 /(cm/d)	快速增长期 日内冰厚 变化均值 /cm	缓慢增长期 日内冰厚 变化均值 /cm
1	25	8	0.9	2.6	1.3	0.6	1.0	0.9	0.4
		14	0.8	2.9	1.3	0.6	1.0		
2	35	8	0.6	3.6	1.5	0.6	1.0	0.6	0.4
		14	0.5	3.7	1.2	0.6	0.9		
3	50	8	0.6	2.9	1.4	0.6	1.0	0.7	0.5
		14	0.5	4.1	1.3	0.7	1.0		
4	70	8	0.8	3.7	1.4	0.7	1.0	0.6	0.6
		14	0.6	4.7	1.5	0.7	1.1		
5	120	8	0.8	3.2	1.2	0.6	1.0	0.7	0.5
		14	0.6	4.1	1.2	0.7	0.9		

由表 6.2 可知，冰盖快速增长期冰厚平均增长速率较冰盖缓慢增长期快 0.6cm/d，冰盖快速增长期日内变化均值较缓慢增长期较大，平均大 0.2cm/d。

在冰盖不稳定增长期，不同日期各水深 8 时增长速率在 0.2～0.7cm/d 波动，14 时增长速率在 0.1～0.6cm/d 波动，8 时平均增长速率为 0.4cm/d，14 时平均增长速率为 0.3cm/d，平均增长速率相对较缓，且相差不大，这是由于这段时间出现短期负气温，且负气温相对较高，最高负气温为 -1.7℃，冰、水、气热交换相对较缓慢，冰下结晶速率相对较慢。日内冰盖厚度平均差值 0.3cm，主要是由于这段时间上下午温差较小，平均相差 1.5℃，水气热交换相对较小，冰厚差值较小。还可以看出 25cm、35cm、50cm、70cm、120cm 冰盖的平均增长速率 8 时的为 0.5cm/d、0.4cm/d、0.7cm/d、0.3cm/d、0.2cm/d；14 时的为 0.5cm/d、0.3cm/d、0.3cm/d、0.1cm/d、0.3cm/d，水深越深，冰盖增长速率相对较慢。这是由于水深较浅处靠岸边界，水体除受气温作用，还受岸边界影响降温较快，冰盖增长相对水深处较快。说明在这段时期冰盖的增长速率受水深和日内时段气温影响较明显。在冰盖增长最快时期，不同水深冰盖最大增长速率平均相差较大，平均值 8 时约为 3.2cm/d，14 时约为 3.9cm/d，不同于 2014 年的 8 时冰盖增长速率比 14 时冰盖增长速率大的结果。这说明冰盖最大增长速率受水深影响较小，主要受日内时段气温影响，其中冰盖 14 时平均增长速率较 8 时较大，这是由于 14 时冰盖厚度较前一天相差较大，而 8 时冰盖厚度较前一天相差相对较小。还可以看出，在冰盖增长速率最大期间，冰盖的平均增长速率基本相同，不同水深 8 时的冰盖平均增长速率均约为 1.4cm/d，14时的冰盖增长速率约为 1.3cm/d，说明冰盖的平均增长速率受水深和日内时段气温影响较小，主要受累积日均负气温影响，这段时间累积日均负气温达到−67℃，这与 2014 年结冰期观测到的结论一致。在冰盖的缓慢增长期，不同水深冰盖的增长速率日内相差不大，8 时冰盖的平均增长速率约为 0.6cm/d，14 时水深冰盖的增长速率约为 0.7cm/d。说明在冰盖缓慢增长期，水深和日内时段气温对其作用相对较小，冰盖增长速率主要受累积日均负气温影响。主要原因是，在冰盖缓慢增长期，形成的冰盖相对较厚，这部分冰盖在一定程度上减缓了水气的热交换，仅靠累积日均负气温作用使得冰下水体失热结晶依附在冰盖下表面来增加冰盖厚度，与 2014 年冰盖缓慢增长期结果一致。

　　图 6.5 为 2015 年结冰期（11 月 23 日—12 月 25 日）各水深在 8 时和 14 时冰盖厚度的演变过程的综合。从图 6.5 中可以看出，8 时和 14 时冰盖变化趋势一致，11 月 23—25日由于负气温变化较缓，形成的冰盖无明显增长，缓慢变化，在 0.1～0.5cm 范围内缓慢增长；11 月 25 日—12 月 5 日，随着气温继续下降，冰盖快速增长，不同时段平均增长速率均为 1.3cm/d，为冰厚增长最快时期；12 月 5—25 日，冰盖厚度缓慢增长，平均增长速率为 0.6cm/d。

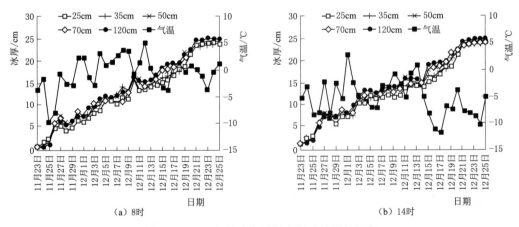

图 6.5　2015 年结冰期不同水深冰盖增长过程

　　对比图 6.5（a）与图 6.5（b）可见，在冰盖缓慢变化期（11 月 23—25 日），日内不同时段，冰厚变化较小，最大达 0.5cm，这是由于两个时段温度变化较小，冰、气热交换过程相对缓慢，致使冰厚在这个时段变化不明显；在冰盖稳定增长期，不同时段各水深平均冰盖增长速率相近，8 时的平均增长速率为 0.6cm/d，14 时的平均增长速率为 0.7m/d，表明时段气温对冰厚影响在冰盖增长期较小，仅在冰盖不稳定变化期明显，还可以看出水深在冰盖增长期作用也不明显。

2015—2016 年冰封期各水深冰厚变化过程如图 6.6 所示，与上一个冬季类似，冰厚的变化规律在整个冰封期呈现"不稳定—快—慢—快"的演变规律。

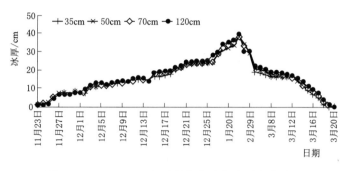

图 6.6　2015—2016 年冰封期各水深冰厚变化过程

6.2.2　冰盖的消融

2015 年消融期冰厚结果见表 6.3，其中 3 月 9 日—3 月 16 日为冰盖缓慢消融期，3 月 16—23 日为冰盖快速消融期。

表 6.3　2015 年消融期冰厚结果

编号	水深/cm	试验时间/h	消融连续观测起始冰盖厚度/cm	快速消融期冰盖最大消融速率/(cm/d)	缓慢消融期冰盖平均消融速率/(cm/d)	快速消融期冰盖平均消融速率/(cm/d)	冰盖平均消融速率/(cm/d)	缓慢消融期日内冰厚变化均值/cm	快速消融期日内冰厚变化均值/cm
1	20	8	20	4.7	0.6	4	2.3	0.8	2.7
		14	20	4	0.9	3.4	2.2		
2	30	8	24	6	1	3.4	2.2	0.4	1.5
		14	24	5.5	1.2	3.1	2.2		
3	50	8	25.5	4.5	1.2	2.4	1.8	0.8	1.4
		14	25	4.5	1.3	2.3	1.8		
4	70	8	27.5	0.9	1.2	3.0	1.9	0.8	1.6
		14	27	4.5	1.3	2.5	1.9		
5	120	8	32.2	3.7	1.6	2.8	2.2	1.6	1.4
		14	31	4.4	1.6	2.7	2.2		

由表 6.3 可知，消融初始冰厚随水深增加而增加，即水深越深，冰厚越大，冰盖快速消融期的平均消融速率较缓慢消融期大 1.8cm/d，冰盖缓慢消融期，消融速率 14 时较 8 时略大，冰盖快速消融期，消融速率 8 时较 14 时大，快速消融期日内冰厚变化均值比缓慢消融期日内冰厚变化均值大 0.8cm。

在冰盖消融前期，即冰盖消融缓慢时期，各水深冰盖平均消融速率相差不大，8 时冰盖的平均消融速率为 1.1cm/d，14 时冰盖的平均消融速率为 1.3cm/d，说明这段时间，冰盖消融速率受日内时段气温影响较小，主要受累积日均正气温影响。还可以发现这段时间 14 时相对 8 时消融较快，这是由于水深较深，14 时气温较高，加快了冰水气热交换，更多的晶体从冰盖下表面释放到水体中，冰厚消融相对 8 时明显。这段时间，各水深冰盖厚度日内相差较小，日内相差 0.3cm，说明在消融前期水深和日内时段气温对冰盖影响较小。主要原因是，在冰盖缓慢消融期，形成的冰盖相对较厚，这部分冰盖在一定程度上减缓了水气的热交换，仅靠累积日均正气温作用使得冰下晶体释放到水体中减小冰盖厚度，说明在消融前期水深和日内时段气温对冰盖影响较小。在冰盖消融后期，即冰盖快速消融时期，各水深最大消融速率平均约 8 时为 4.6cm/d，14 时约为 5cm/d，平均消融速率 8 时约为 2.8cm/d，14 时约为 3.1cm/d，14 时较 8 时消融较快。这是由于时段气温作用明显，冰厚相对较薄，这段时间 8 时平均气温 5.2℃，14 时平均气温 11.5℃，15 时较 9 时平均气温高约 6.3℃，水气热交换作用比上午明显，冰厚消融相对较快。最大消融速率和平均消融速率水深较浅处较水深深处消融较快，30cm 水深 8 时和 14 时最大消融速率分别为 6cm/d 和 5.5cm/d，120cm 水深 8 时和 14 时最大消融速率分别为 3.7cm/d 和 4.4cm/d，30cm 水深 8 时和 14 时平均消融速率分别为 3.4cm/d 和 3.1cm/d，120cm 水深 8 时和 14 时平均消融速率分别为 2.8cm/d 和 2.7cm/d，这是由于水体较浅处，冰盖厚度较薄，冰面上的气温很快影响到冰盖下表面，水气热交换相对较快，冰盖消融速度较快。

消融期，2015 年 3 月气温开始回升，水塘静水冰开始消融。消融前期（3 月 9—16 日）水温开始缓慢回升，消融后期（3 月 16—23 日），冰下水温升温速率加快。在消融期，3 月 9 日以后测点冰盖由于气温的持续升高而逐渐融化。3 月 16 日之前，水塘冰面裂缝较少，受冰盖的隔热作用，冰下水温上升缓慢，水塘冰消融速率较低；3 月 16 日以后水温快速上升，之后保持较高的水平；17 日、18 日，在风动力要素和太阳辐射的共同作用下观测区域冰裂缝逐渐增多，部分裂缝处水直接暴露在空气中，静水冰吸收的太阳辐射迅速增加；3 月 20 日以后冰下水温迅速升高，水塘冰消融速率明显加大，水塘冰进入快速融冰期；3 月 21—23 日的水温突变归因于安装冰温度链处的水塘冰出现了直径约 5cm 的融水坑，水体开始与空气发生直接的热交换。消融初期，冰盖下水温保持稳定，直至部分水面敞露，直接与大气热交换，冰下水温逐渐升高。消融期，水塘冰裂缝首先从接岸冰区出现，逐渐向外扩张；冰面出现融池后，水塘冰吸收的太阳短波辐射增强，水塘静水融化从底面和表面同时进行，融池逐渐发展成融水坑，随着静水开始发生横向和垂向消融，融水坑随之扩大，融池和融水坑的面积覆盖率不断加大，直至冰全部融化。

图 6.7 所示为 2015 年消融期不同水深在 8 时、14 时冰厚的变化过程的综合。由图 6.7 可知，不同时段不同水深冰厚消融速度均先缓后疾，且同时段各水深消融速率相近。消融前期（3 月 9—15 日）8 时的平均消融速率为 1.3cm/d，14 时的平均消融速率为 1.6cm/d；而消融后期（3 月 15—23 日）8 时和 14 时平均消融速率约为前期的 2.7 倍，这是由于前期平均气温较低，在 0℃左右，且冰盖相对较厚，大气到冰盖底面的热通量较小，消融缓慢；而后期平均正气温达到 5.9℃，热力和风动力因素对冰盖的共同作用有所增强，加速了融冰作用。

消融后期，各水深冰厚在日内不同时段相差较大，14 时冰厚较 8 时平均减少 3.2cm，

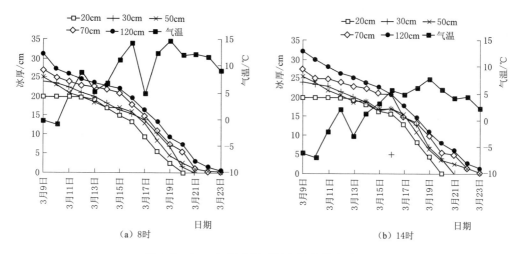

图 6.7　2015 年消融期不同水深冰盖消融过程

原因是融冰后期，14 时气温较 8 时平均升高 6.7℃，加速了冰气热交换过程，使得高温时段较低温时段冰盖消融较快，冰厚相差较大，表明消融后期，时段气温在冰盖消融中作用明显。

2016 年消融期冰厚结果见表 6.4，其中 3 月 5—12 日为冰盖缓慢消融期，3 月 12—20 日为冰盖快速消融期。

表 6.4　　　　　　　　　　　　2016 年消融期冰厚结果

编号	水深 /cm	试验时间 /h	消融连续观测起始冰盖厚度 /cm	快速消融期冰盖最大消融速率 /(cm/d)	缓慢消融期冰盖平均消融速率 /(cm/d)	快速消融期冰盖平均消融速率 /(cm/d)	冰盖平均消融速率 /(cm/d)	缓慢消融期日内冰厚变化均值 /cm	快速消融期日内冰厚变化均值 /cm
1	25	8	18.9	4.5	0.5	2.2	1.4	0.2	1.6
		14	18.5	5.5	0.4	3.1	1.8		
2	35	8	4.2	3.6	0.4	2.3	1.4	0.2	0.7
		14	3	3.7	0.4	2.3	1.4		
3	50	8	4	2.9	0.6	2.4	1.5	0.3	0.8
		14	3.5	4.1	0.6	2.4	1.5		
4	70	8	3.8	3.7	0.7	2.3	1.5	0.2	0.8
		14	3.4	4.7	0.8	2.2	1.5		
5	120	8	3.7	3.2	0.7	2.3	1.5	0.3	1.1
		14	3.9	4.1	0.7	2.4	1.6		

由表 6.4 可知，快速消融期冰盖平均消融速率较缓慢消融期大 1.8cm/d，缓慢消融期日内冰厚变化均值较快速消融期小 0.8cm。

消融后期，随水深增加，水深越深，日内冰厚相差相对较大，这是由于深水区吸热较多，冰盖消融受时段气温影响明显。说明，时段气温和水深在消融后期作用明显。还可以看出消融后期的平均变化幅度较前期增加 0.8cm，说明消融后期日内冰厚变化受时段气温影响明显，冰厚变化较大。

图 6.8 所示为 2016 年消融期不同水深各时段消融过程的综合。由图 6.8 可知，各水深冰盖厚度消融速度先缓后疾，同时段各水深消融速率相近。3 月 5—12 日 8 时和 14 时的平均消融速率为 0.6cm/d，分析融冰初期，气温虽已转正，但相对偏低，且冰盖较厚，冰盖与大气的热交换中，冰吸热通量小，升温慢，所以消融慢。3 月 12—20 日，随着气温的升高，平均正气温达到 6.2℃，高气温作用加速了消融过程，8 时的平均消融速率为 2.3cm/d，14 时的平均消融速率为 2.5cm/d。14 时气温较高，消融速率相对 8 时更快，同时这段时间冰厚相差较大，原因是融冰后期，随着冰盖变薄，部分水面敞露，大气不仅与冰进行热交换，还直接与水面热交换，这样，上下冰面均可吸热消融，因此加快了后期消融。时段气温在冰盖消融中作用明显，使得各时段冰厚差异较大。由此可见，在结冰期和消融期，不同水深对冰盖的生消过程无明显影响，气温是影响水塘冰盖演变的主要因素。

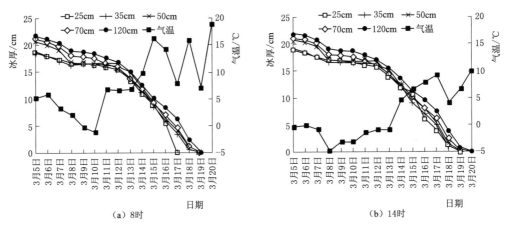

图 6.8　2016 年消融期不同水深冰盖消融过程

通过分析冰情随时间的变化过程，可将观测期间结冰初期大致划分为 3 个阶段：2014 年 11 月 23—29 日为冰情不稳定变化期，冰厚度变化不大；11 月 29 日—12 月 5 日为冰厚快速增长期，这期间冰盖平均增长速率是 2.5cm/d；12 月 5—17 日为冰盖的缓慢增长期，这期间冰盖平均增长速率为 0.9cm/d。结冰初期连续观测期间 25cm、35cm、50cm、70cm、120cm 最大冰厚依次为 19cm、25.3cm、23.8cm、23.3cm、25.5cm，2014 年 12 月 17 日—2015 年 3 月 9 日为稳定封冻期的周期性观测，此段期间 20cm、30cm、50cm、70cm、120cm 最大冰厚依次为 20cm、29cm、30cm、35cm、39.5cm。南湖水塘于 2014 年 11 月 23 日封塘，2015 年 3 月 17 日开塘，整个冰期历时 120d。

试验主要观测水塘在不同水深条件下冰生消过程以及每日不同时段冰情的变化。

（1）2014—2015 年起始观测日期为 11 月 23 日，时段为 8 时和 14 时。结果显示：

1）结冰初期不同时段初始冰厚不同，气温对各时段初始冰厚的形成有较大的影响，如 8 时的初始冰厚平均为 2.5cm，14 时的初始冰厚平均为 1.4cm，这是由于不同时段气温不同，14 时气温较 8 时高，当气温升高到 0℃以上时，冰盖吸收大气的热量，冰面温度上升,当达到0℃继续吸热,冰面有所融化。11月23—29日14时气温高达5℃以上,另外,由于初期冰厚较薄,水塘冰盖未完整形成,薄冰未能将大气与冰下水面完全阻隔,大气通过薄冰及其缝隙,将热量传递到冰的下表面,冰的底面冰水混合温度为0℃,吸收热量后,冰底面也有所融化,导致原有冰厚变薄,所以14时的冰厚小于8时。

2)不同时段不同水深初期冰盖平均增长速率相近,如8时和14时初期冰盖平均增长速率分别为1.10cm/d和1.12cm/d,表明时段气温对冰盖的增长过程无明显影响。

3)不同水深对初期冰盖最大增长速率无明显影响,对稳封期最大冰厚有一定影响,如水深20cm与50cm的初期冰盖最大增长速率分别为2.0cm/d和1.9cm/d,而稳封期最大冰厚为20cm和30cm。综上分析,因为初始冰盖形成后,冰厚的增长在负气温下,随着气温继续下降,由冰盖底面水结冰形成,而不同水深冰盖底面冰水混合温度均为0℃,因此不同水深在相同负气温下,失热速率相近,即结冰速率相近。冰盖形成后,阻隔了大气与冰盖下水的热交换,冰盖下表面水体失热减慢,冰盖增长速率减慢,因此初始冰盖形成后,冰盖增长速率受时段气温变化影响不明显,而稳封期最大冰厚与水深有一定关系。原因是浅水域冰盖增长到接近水深时无法继续结冰增厚,冰厚较薄,而深水由于持续低温,冰下水体继续失热结冰,冰盖继续增长,最终深水域较浅水域冰厚。初期冰盖最大增长速率主要受气温影响,水深对其影响不明显。

4)冰盖消融速率受时段气温影响明显,高气温时段较低气温时段消融速率较快,如冰盖平均消融速率14时比8时较大,8时冰盖平均消融速率为1.9cm/d,14时冰盖平均消融速率为2.4cm/d,这主要是由于14时气温较8时高,冰盖表面与大气热交换快,吸热通量大,冰盖消融相对较快。水深对冰盖全部消融时间有所影响,水深越深,冰盖相对较厚,吸热通量越大,冰体吸热至完全消融所需时间越长,如水深70cm处的冰盖比30cm处的滞后3天全部融化。

(2)2015—2016年分析结果显示:

1)结冰初期不同时段初始冰厚不同,同2014—2015年类似,时段气温在时段初始冰厚的形成中起主导作用,如8时的初始冰厚平均为0.7cm,14时的初始冰厚平均为0.6cm,这是由于14时气温较8时高,冰与大气之间的热交换较快,且冰盖吸收大气的热量,冰盖上表面和冰盖下表面略有融化。

2)不同时段不同水深初期冰盖平均增长速率一致,如8时和14时初期冰盖平均增长速率均约为1.0cm/d,表明时段气温对冰盖的增长过程无明显影响,这与2014—2015年观测的现象一致。

3)冰盖消融速率受时段气温影响明显,高气温时段较低气温时段消融速率较快,如冰盖平均消融速率14时比8时较大,8时冰盖平均消融速率为1.5cm/d,14时冰盖平均消融速率为1.6cm/d,这主要是由于14时气温较8时高,冰、水、气热交换较快,促进冰盖消融。同2014—2015年类似,水深对冰盖全部消融时间有所影响,深水区冰盖较浅水区冰盖消融时间相对较长,如水深70cm处的冰盖比30cm的滞后1天全部融化。

4)不同水深对初期冰盖最大增长速率无明显影响,对稳封期最大冰厚有一定影响,如水深25cm与50cm的初期冰盖最大增长速率分别为2.6cm/d和2.9cm/d,而稳封期最大冰厚为24.5cm和38.5cm增厚,说明初期冰盖最大增长速率主要受气温影响,水深对其影响不明显，这与 2014—2015 年结论一致。

6.2.3　冰厚增长与累积日均负气温的关系

2014 年和 2015 年冰盖生长期不同水深冰厚与累积日均负气温关系分别如图 6.9 和图 6.10 所示，2014 年冰厚与累积日均负气温关系式如下：

$$8 \text{ 时：} H = 0.120T + 3.129 \tag{6.1}$$

$$14 \text{ 时：} H = -0.116T + 3.204 \tag{6.2}$$

2015 年冰厚与累积日均负气温关系式如下：

$$8 \text{ 时：} H = -0.1487T + 0.8513 \tag{6.3}$$

$$14 \text{ 时：} H = -0.1531T + 0.2921 \tag{6.4}$$

式中：T 为累积小时负气温，℃；H 为冰厚，cm。

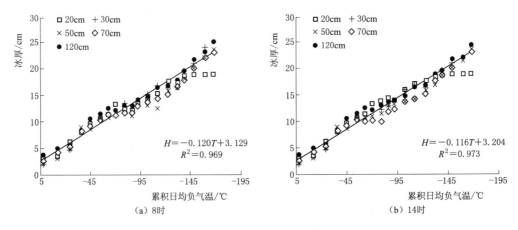

图 6.9　2014 年冰厚与累积日均气温关系图

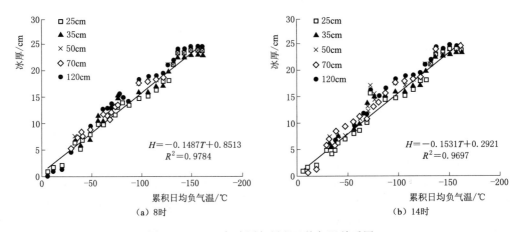

图 6.10　2015 年冰厚与累积日均气温关系图

2014 年结冰期 8 时的斜率为 0.120cm/(℃·d)，14 时的斜率为 0.116cm/(℃·d)，8 时的相关系数为 0.9843，14 时的相关系数为 0.9864，可以认为在冰盖增长期，冰厚与累积日均负气温线性相关，14 时的斜率比 8 时的低，表明日内时段气温影响冰盖增长斜率，时段气温越高，冰盖增长斜率越低。2015 年结冰期 8 时的斜率为 0.1487cm/(℃·d)，14 时的斜率为 0.1531cm/(℃·d)，8 时的相关系数为 0.9843，14 时的相关系数为 0.9864，冰厚与累积日均负气温同样线性相关，14 时的斜率比 8 时的略高，这与 2014 年结论不同，分析原因可能是 2015 年 11 月 25 日 14 时气温较 8 时反常低温导致冰盖增长速度加快，表现为斜率较 8 时的大。

6.2.4　冰下水温变化

图 6.11 和图 6.12 给出了以 70cm 水深为例的 2014—2015 年度结冰期和消融期连续观测时水温测量结果，由图 6.11（a）、（b）可见，冰盖增长期，水体由浅入深，水温逐层升高，表层水温较低，深层水温相对较高。对于静水，热力学过程发挥主要作用，气温影响冰下水温的时空分布。11 月 23—29 日由于气温不稳定变化，冰盖下水温随气温波动，不稳定变化，其中，8 时表层 5cm 和 10cm 变化幅度最大达到 2.5℃和 2.1℃，最低水温分别为 0.5℃和 0.9℃；水深 15cm 变化幅度为 1.6℃，在 4℃左右变化；水深 20cm 和 25cm 变化幅度平均为 1.2℃，在 4.5℃左右变化，14 时各层水温变化与 8 时有着相同规律，此现象表明结冰初期表层水温对气温的变化响应明显，波动较大，随着深度增加，水温对气温的变化响应逐渐缓慢，仍维持在较高的温度。11 月 29 日开始，随着气温的降低，冰盖由上而下逐层结冰，水体不断失热，各层水温呈降低趋势，最终水温维持在 2℃左右。两次实验的不同之处：一是 14 时的气温较 8 时的高，同深度相比水温偏高，整体水温分布抬升；二是冰盖稳定增长期水体的降温幅度不同，8 时的水体降温比 14 时的快，8 时的水体降温幅度平均为 1.3℃，14 时水体的降温幅度平均为 0.6℃，这是由于 8 时气温低，水体放热快，使得各层水温降温较快。由图 6.12（a）、（b）可见，冰盖消融期，3 月 15 日之前水温变化缓慢，大部分接近 0℃，这是由于这段时间冰厚略小于 25cm，测点位于冰水界面处，水温较低。3 月 15 日之后，随着时段气温的升高，冰盖逐层消融，各层水温大幅度升高，8 时的水体升温幅度平均约为 1.2℃，14 时水体升温幅度平均约为 2.1℃，这是由于 14 时气温较高，促进冰下水体吸热，使得水体升温加快。最终，表层水温达到 4℃左右，深层水温达到 8℃左右。整体看，8 时各层水温稳步升高，14 时各层水温波动升高，这是由于 14 时气温较 8 时变化剧烈，形成 14 时水温升温出现局部不稳定现

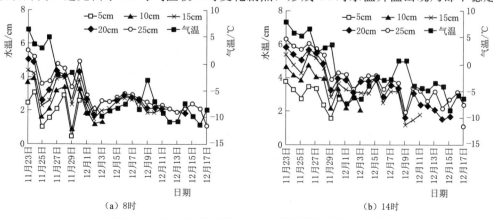

（a）8时　　　　　　　　　　　　　　（b）14时

图 6.11　2014 年结冰期 70cm 水深冰下水温变化过程

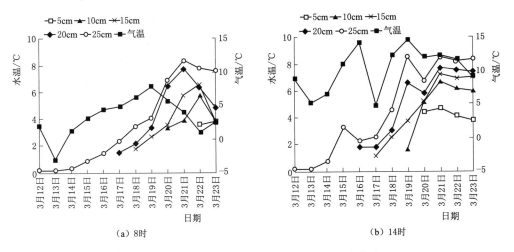

(a) 8时　　　　　　　　　　　　　　(b) 14时

图 6.12　2015 年消融期 70cm 水深冰下水温变化过程

象，并且随气温升高，水体升温呈先慢后快的趋势。在结冰期和消融期，气温是影响水温分布的主要因素，表层水体受气温影响明显，随着深度加深，水温受影响作用逐渐减弱。

6.3　静水冰生消数值模拟

6.3.1　数学模型方程及求解

1. 数学模型方程

当河流封冻以后，初始冰盖呈两维发展，即沿河流方向增加长度，沿垂直方向增加厚度，属于动态结冰过程，由于水塘结冰是静态结冰问题，在数值模拟中只考虑水温在垂向上的变化。通过水体内部以及表层水体的热量平衡关系，得到热量平衡方程。

水体的热量平衡方程：

$$\frac{\partial T_w}{\partial t} = E \frac{\partial^2 T_w}{\partial z^2} \tag{6.5}$$

表面水体的热量平衡方程分为无冰盖和有冰盖两种情况。

无冰盖情况：

$$\frac{\partial T_w}{\partial t} = -\frac{A}{V} E \frac{\partial T_w}{\partial z} + \frac{\varphi}{\rho_w c_w \Delta z} \tag{6.6}$$

有冰盖情况：

$$\frac{\partial T_w}{\partial t} = -\frac{A}{V} E \frac{\partial T_w}{\partial z} + \frac{q_{wi}}{\rho_w c_w \Delta z} \tag{6.7}$$

通过冰气界面、冰内和冰水界面的热量平衡关系，分别得到冰气界面、冰内和冰水界面的热量平衡方程。

冰内热量平衡方程：

$$\frac{\partial T_i}{\partial t} = \frac{k_i}{\rho_i c_i} \frac{\partial^2 T_i}{\partial z^2} \tag{6.8}$$

冰下表面边界条件（$z_{下} = h$）：

$$k_i \frac{\partial T_i}{\partial z} - q_{wi} = \rho_i L_i \frac{\mathrm{d}h}{\mathrm{d}t} \tag{6.9}$$

冰上表面边界条件（$z_{上} = 0$）：

$$k_i \frac{\partial T_i}{\partial z} = \varphi_i - \rho_i L_i \frac{\mathrm{d}h}{\mathrm{d}t} \tag{6.10}$$

以上式中：T_i、T_w 分别为冰温、水温，℃；A 为单元层水平面面积，m^2；Δz 为单元体的高度，m；E 为垂向热扩散系数，$E = 1.34 \times 10^{-7} \mathrm{m}^2/\mathrm{s}$；$V$ 为单元体体积，m^3；t 为时间，s；k_i 为冰的导热系数，取 $2.22 \mathrm{J}/(\mathrm{s} \cdot \mathrm{m} \cdot ℃)$；$c_w$、$c_i$ 分别为水、冰的比热，$\mathrm{J}/(\mathrm{kg} \cdot ℃)$；$\rho_w$、$\rho_i$ 分别为水、冰的密度，kg/m^3；h 为冰厚，m；L_i 为冰的熔解潜热，$336.0 \mathrm{kJ}/\mathrm{kg}$；$q_{wi}$ 为冰水之间的热交换量，W/m^2；φ 为水气界面的热交换量，W/m^2；φ_i 为冰气界面的热交换量，W/m^2。

2. 三态热交换公式

在液体与固体的对流换热中，贴壁处这一极薄的流体层相对于壁面是不流动的，从液体传入壁面的热量必须穿过这个流体层，而穿过不流动的流体层的热量传递方式只能是导热，所以液体与固体的对流传热量等于贴壁流体层的导热量。采用傅里叶定律模拟贴壁流体层的热传递：

$$q_{wi} = k_w \frac{\partial T_w}{\partial z} \tag{6.11}$$

式中：k_w 为水的导热系数，$\mathrm{J}/(\mathrm{s} \cdot \mathrm{m} \cdot ℃)$。

水的导热系数随着温度的变化而变化，在冰盖下水体的温度接近于 0℃，模型中导热系数 k_w 取水温为 0℃时的值，$k_w = 0.55 \mathrm{J}/(\mathrm{s} \cdot \mathrm{m} \cdot ℃)$。

水气界面的热交换量 φ 的取值为

$$\varphi = T_w - T_\infty \tag{6.12}$$

式中：T_w、T_∞ 分别为水表面和空气温度，K。

冰气界面的热交换量 φ_i 的取值为

$$\varphi_i = \frac{T_m - T_{ei}}{h/k_i + 1/h_{ai}} \tag{6.13}$$

式中：h_{ai} 为冰面与大气的热交换系数，取 1.5；T_m 为冰水交界面的温度，℃；T_{ei} 为冰和空气热交换平衡的温度，℃；k_i 为冰的热传导系数，$k_i = 2.22$。

3. 边界条件

在数学基本方程和热交换量确定的基础上，需加入以下五种边界条件。

边界条件 1：冰面温度：$T(0, t) = T(t)$，$t \geqslant 0$，$T(t)$ 为已知函数；$T_s = 0.05 T_a$，T_s、T_a 分别为冰面温度和环境温度。

边界条件 2：初始 $t = 0$ 时刻，即开始时刻下不同深度的水温，$T(z, 0) = T$（测试的 5 个点）。

边界条件 3：冰水交界面水温，$T_m = 0$。

边界条件 4：有无冰盖状态下，水体热量平衡方程，即式（6.6）和式（6.7）。

边界条件 5：冰层初始厚度。

4. 模型求解方法

当系统的数学模型建立后，针对冰生长过程用偏微分方程的求解，用有限差分法对微分方程进行离散，将水温方程与冰盖生长和消融方程耦合求解。

根据实验测量的冰厚和水温结果，将某一时刻的冰厚和水温作为模型的初始值。采用式（6.5）和式（6.7）来计算冰盖下水温分布。

冰表面温度 T_s，如果 $T_s<0$，冰盖处于生长状态，一个时间步长内冰盖下表面生长厚度（h^t 为上一时刻的冰厚）：

$$\Delta h^{t+\Delta t}=\frac{\Delta t}{\rho_i L_i}\left(K_i\frac{T_m-T_s}{h^t}-q_{wi}\right)\tag{6.14}$$

求得每个时刻冰盖下表面的位置 $Z_下=h^t+\Delta h^{t+\Delta t}$

如果 $T_s>0$，冰盖处于融化状态，融化时冰表面温度为 $0.0℃$，一个时间步长内冰盖下表面融化厚度：

$$\Delta h^{t+\Delta t}=\frac{\Delta t}{\rho_i L_i}\left(K_i\frac{T_m-T_s}{h^t}-q_{wi}\right)\tag{6.15}$$

一个时间步长的冰盖上表面融化厚度：

$$\Delta h^{t+\Delta t}=\frac{\Delta t}{\rho_i L_i}\left(\varphi_i-K_i\frac{T_m-T_s}{h^t}\right)\tag{6.16}$$

根据每个时间步长内冰盖融化厚度，得到 $Z_下$。

6.3.2　冰厚数值模拟

采用冰盖生长消融模型对南湖水塘水体结冰和融化过程冰盖演变进行模拟，模型初始条件：20cm、30cm、50cm、70cm、120cm，结冰期初始冰厚为 2.3cm、2.8cm、2.6cm、2.5cm、2.4cm，消融期初始冰厚为 20cm、24cm、25.5cm、27.5cm、32.2cm。冰厚计算值与实测值的比较如图 6.13 所示。

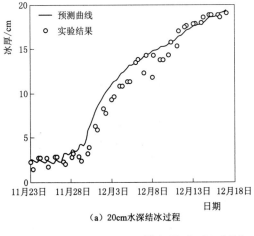
（a）20cm水深结冰过程

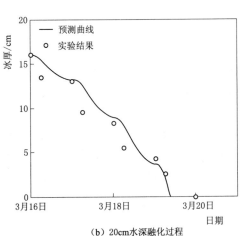
（b）20cm水深融化过程

图 6.13（一）　2014—2015 年冰厚变化过程

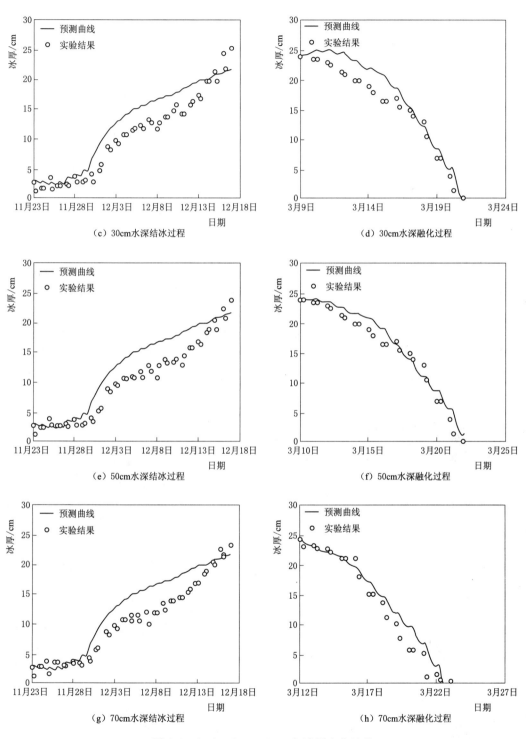

图 6.13（二） 2014—2015 年冰厚变化过程

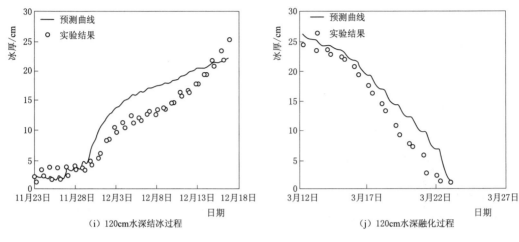

(i) 120cm水深结冰过程

(j) 120cm水深融化过程

图 6.13（三）　2014—2015 年冰厚变化过程

由图 6.13 可见，对冰盖模拟结果和实测结果进行分析，得到 8 时、14 时 20cm、30cm、50cm、70cm、120cm，水深结冰期冰厚的计算值与实测值的平均误差为 0.958cm、2.430cm、2.571cm、2.609cm、2.514cm；消融期的平均误差为 1.160cm、2.057cm、1.248cm、1.566cm、2.495cm。分析误差原因是未在数学模型里加入太阳辐射和风速的影响，而且这个差值小于南湖水塘冰厚度空间分布的不均匀波动值，属于同一量级，可以忽略。因此数学模型在这里同样具有一定精度，误差在允许范围内，结果表明冰厚变化过程与实测结果基本吻合。

6.3.3　冰下水温数值模拟

采用冰盖生长消融模型对南湖水塘水体结冰和融化过程冰下水温分布进行模拟，初始条件：20cm、30cm、50cm、70cm、120cm，结冰期垂向平均温度分别约为 3.2℃、4.4℃、4.1℃、4.0℃、4.2℃，消融期垂向平均温度分别约为 0.6℃、0.3℃、0.2℃、0.2℃、0.3℃。冰厚计算值与实测值如图 6.14 所示。

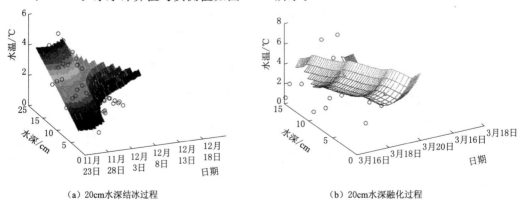

（a）20cm水深结冰过程

（b）20cm水深融化过程

图 6.14（一）　2014—2015 年水温变化过程

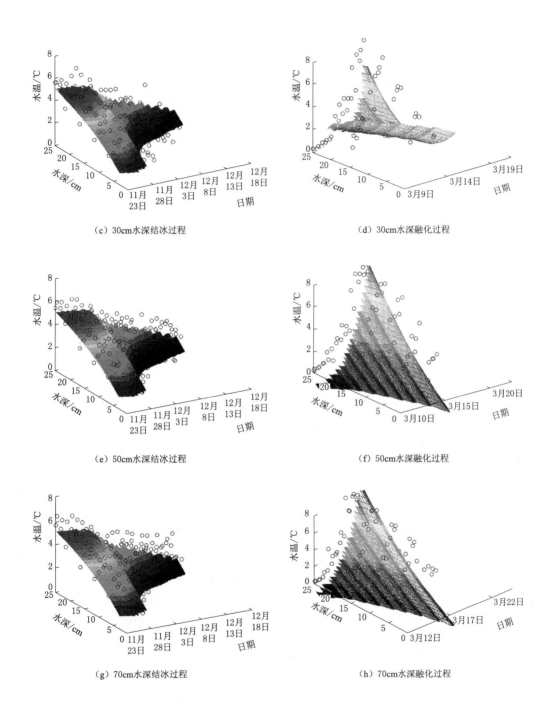

（c）30cm水深结冰过程

（d）30cm水深融化过程

（e）50cm水深结冰过程

（f）50cm水深融化过程

（g）70cm水深结冰过程

（h）70cm水深融化过程

图 6.14（二）　2014—2015 年水温变化过程

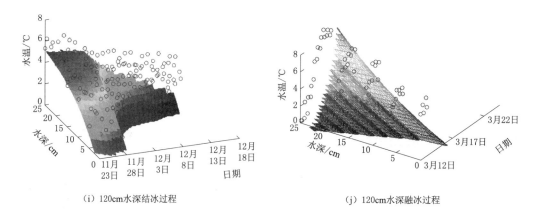

(i) 120cm水深结冰过程　　　　　　　　　(j) 120cm水深融冰过程

图 6.14（三）　2014—2015 年水温变化过程
注：图中散点为实测点，面为预测曲面

由图可见，8 时、14 时 20cm、30cm、50cm、70cm、120cm，水深结冰期冰厚的计算值与实测值的平均误差为 0.6℃、0.7℃、0.7℃、0.8℃、1.0℃；消融期的平均误差为 1.8℃、1.9℃、1.8℃、1.9℃、2.2℃。垂向水温分布与实测结果基本吻合。

6.4　黄河动水冰试验

6.4.1　试验点概况

什四份子弯道位于呼和浩特市托克托县河段头道拐水文站上游 4km 处（111°2.74′E，40°17.71′N），河道走势为由上游西北转为下游东南，由一个 120°的弯道连接，河道比降为 0.1‰。最大河宽 600m 左右。该河段历年凌汛时间多出现在 11 月下旬至次年 3 月上旬，冰期持续 100 多天，多年（1986—2018 年）平均流凌日期为 11 月 22 日，平均封河日期为 12 月 11 日，平均开河日期为 3 月 17 日，且最大洪峰流量（头道拐水文站）基本出现在开河期。封冻过程中，弯道水面束窄处水流输冰能力小于上游来冰量，弯顶处本身河道窄，进一步降低了水流过流能力，浮冰及冰花极易在此堆积形成冰塞、冰坝，壅高上游水位，严重时易引发冰凌洪水。因此选此河段为研究对象，通过一定手段对冰情进行观测，分析冰厚及冰层结构，有助于进一步深化对冰层生消过程的认识，对于防凌工作具有重要意义。

6.4.2　无人机载雷达简介及断面布设

无人机载雷达可对冰面进行连续大面积的探测，具有作业效率高的突出优势，能够解决黄河凌汛期冰厚监测过程的低效高危问题，提供河冰测量全新的技术手段和解决方案。结构上探地雷达主机、天线一体化，具有体积小、重量轻、功耗低等特点，系统连线少，可靠性高，控制方式为全数字化程控时钟控制，最小时间间隔仅 2ps；其测量数据与经纬度坐标信息紧密融合。雷达中心频率为 400MHz，可探测的最大冰层厚度在 6m 以上，精

度良好，脉冲重复频率为 400kHz，雷达动态
范围大于 120dB，最大扫描速率为 3125 道/s，
时窗范围 1ns～2μs，采样点数可为 128/256/
512/1024/2048/4069/8192，可进行连续测
量，也可进行单点测量，显示方式为伪彩
图，红外摄像头像素大于 200 万，有效距离
大于 50m，遥控距离 2km 以内，可连续飞行
15～30min，飞行速度最大 18m/s，工作温
度－30～60℃，储存温度－42～71℃，并且
其防震耐摔、防水防烟雾、防腐蚀。图 6.15
为作业中的无人机载雷达。

图 6.15　无人机载雷达

2019 年 1 月中旬，对冰层进行初步探
测，依照《河流冰情观测规范》（SL 59—
2015）进行断面布置，此次试验共布设 4 个断面，其中在弯顶处布设 3 个断面，在
下游清沟处布设 1 个断面，弯顶处的 3 个断面每个断面垂直于河道间隔 10～20m 布
置测点，进行人工钻孔获取实际冰厚。由于各断面长度不同，1—1 断面布设 23 个测
点、2—2 断面布设 21 个测点、3—3 断面布设 14 个测点。将无人机载雷达放置打孔
处进行定位，以便于测量打孔位置的冰厚。出于安全考虑，未对清沟断面进行人工
测量，测量位置与断面分布如图 6.16（a）所示。由于工作量较大，人工钻孔较多，
为了保证雷达测量与人工测量的时效性，待弯顶处的 3 个断面人工钻孔结束且冰厚测
量完成后，启动无人机，设置自动航线定点测量。无人机起飞后，在断面测点定位
处上空会悬停 3～5s，随后对所处位置的冰层进行探测。当无人机从一个测点飞向另
一个测点时，雷达依然处在不断发射电磁波的状态，故一次断面飞行可满足定点和
连续两种探测要求。本次试验共设置 2 个测次的飞行，1—1 断面、3—3 断面为一个
测次，2—2 断面、4—4 断面为一个测次，其中 1—1 断面、2—2 断面凹岸侧端点为
起点，3—3 断面、4—4 断面凹岸侧端点为终点。

2020 年 1 月中旬，在弯道中上游共布设 7 个断面，如图 6.16（b）所示，弯顶处极
易形成初始卡冰位置，为重点探测区域，布设 4 个断面；上游为堆冰区域，布设 3 个断
面。参照《河流冰情观测规范》（SL 59—2015），7 个断面可以将弯道易卡冰区以及堆
冰区覆盖，测量的数据有代表性。1～6 断面间隔 10～20m 依次布设 12、13、23、31、
51、24 个测点进行人工打孔获取实际冰厚，7 断面只进行机载雷达探测。由于此次测
线平直且钻孔较多，并未在打孔处进行无人机定位，只在断面两侧端点进行定位，由
于雷达处在不断发射电磁波的状态，在断面上空连续飞行依然能够探测到断面上打孔
位置的冰厚。本次试验共进行 4 个测次的飞行，2、3 断面为一个测次，4、5 断面为一
个测次，6、7 断面为一个测次，其中 2 断面凹岸侧为起飞点，到达凸岸侧后飞行至 3
断面凸岸侧定位处，进一步完成 3 断面的冰厚测量，5 断面跟 6 断面凹岸侧为起飞点，
1 断面则进行手动飞行。

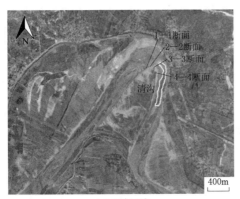

（a）研究区域　　　　　　　　　　　　　　　　（b）断面布设

图 6.16　研究区域与断面布设

6.4.3　冰厚提取过程

　　2019 年 1 月，由于现场原因，测线并不平直，故在每一个测点处都进行了无人机定位，无人机载雷达会在定位上空悬停 3～5s，进而对测点位置的冰层进行探测，通过观察后期影像中无人机的飞行状态可以确定单点钻孔处雷达测量的道号范围。如图 6.17（a）所示的区间内为单点测量的雷达回波，取此区间范围内冰厚平均值或者任意冰厚值即为雷达单点测量结果。

　　2020 年 1 月，由于设置的航线较为平直，不再专门进行无人机测点定位。在飞行过程中探地雷达处在不断发射电磁波的状态，所以可以通过无人机下方的摄像头影像来观察探测情况。当在影像中观察到实测打孔位置时，读取与之相对应道号，即可获得打孔处雷达测量的冰厚，两次冰厚提取方式有所不同。

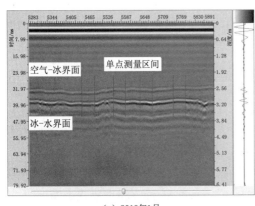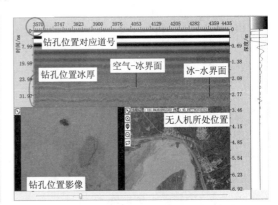

（a）2019 年 1 月　　　　　　　　　　　　　　　（b）2020 年 1 月

图 6.17　冰厚提取过程

6.4.4　2019 年稳封期冰厚

　　图 6.18 为 2019 年 1 月四份子弯道稳封期雷达冰厚测量结果。1—1 断面、2—2 断面冰厚示意为凹岸到凸岸走向，1—1 断面雷达测量平均冰厚为 58cm，人工测量平均冰厚为

57cm；2—2 断面雷达测量平均冰厚为 62cm，人工测量平均冰厚为 64cm。3—3 断面、4—4 断面为凸岸到凹岸走向，3—3 断面雷达测量平均冰厚为 63cm，人工测量平均冰厚为 61cm；4—4 断面为清沟断面。从图中可以看出，弯道冰厚分布不均匀，冰面形态不平整，从上游往下游看，1—1 断面、2—2 断面、3—3 断面冰厚分布及走向基本一致，整个试验区域凸岸冰厚相比凹岸侧较小，冰厚多在 50～60cm，凹岸冰厚相对较大，冰厚在 70～80cm 居多。1—1 断面、2—2 断面中间位置经测量流速几乎为 0，水流平稳，水深较小，为浅滩，水深不大，冰层冻结形式可能为连底冻，冰层较厚。3—3 断面冰厚同样是凹岸侧大于凸岸侧且大小差异非常明显，3—3 断面凸岸侧正处在清沟上游，流速偏大，限制了冰层的生长及堆冰的聚集。

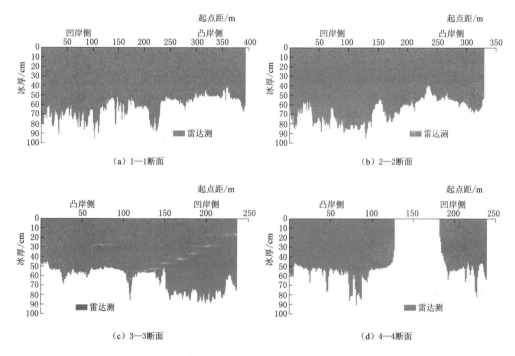

图 6.18　2019 年 1 月四份子弯道稳封期雷达冰厚测量结果

清沟断面凸岸侧平均冰厚 57cm，凹岸侧平均冰厚 53cm，整个断面最大冰厚 91cm，最小冰厚 19cm。清沟断面冰厚分布不均匀，空间分布无规律，垂直河道方向，靠近水面冰厚较小，由于清沟水内冰生成时释放热量延缓冰层的生长，且清沟内水流速度相对较大，水流的冲刷也会影响冰层的生长。根据现场观测，靠近水面位置冰面较为平滑，清沟两侧位置堆冰较为严重，如图 6.19 所示，雷达探测清沟断面冰厚时断面上堆冰会有一定影响。另一方面，清沟两侧冰下也凹凸不

图 6.19　清沟断面

平，水流冲刷形成冰下沟壑，冰花、碎冰也会在清沟两侧流速小的地方堆积，上凸、下凸两者结合也会导致部分冰厚异常增大。

为验证雷达测量结果的准确性，对 2019 年 1 月雷达测量结果进行标准差和比测不确定度计算：

$$X = Z_a S \tag{6.17}$$

式中：X 为观测值的不确定度，%；Z_a 为相应于一定置信水平的置信系数，2019 年观测次数足够，故 Z_a 取 2，对应置信概率为 95%。

$$S = \sqrt{\frac{\sum\limits_{i-1}^{n} \Delta_i^2}{n-1}} \tag{6.18}$$

式中：S 为观测值的标准差；Δ_i 为第 i 个观测值与实测值之差；n 为比测次数。

根据上述两式计算得到雷达测量和人工实测的标准差为 3.9%，误差为 7.8% < 10%，满足《河流冰情观测规范》（SL 59—2015）中的要求。

对 2019 年 1 月探测的弯顶处 3 个断面全部测点的冰厚进行相关性分析，如图 6.20 (d) 所示，可以看出雷达探测结果与人工实测结果具有较好的相关性，$R^2 = 0.887$。雷达测量结果与人工测量结果平均误差不超过 2cm，图 6.20（a）、（b）、（c）为测点处雷达测量与人工测量结果对比曲线，从图中也可以看出凹岸侧冰厚大于凸岸侧，多数雷达测量结果稍大于人工测量结果且在凹岸侧较多。对 3 个断面共 58 个测点进行误差计算，统计误差结果见表 6.5，超过 70% 的测点误差在 5% 以下，90% 以上的测点误差在 10% 以下，说明无人机载雷达测量冰厚的精度是比较理想的，测点误差多数出现在凹岸侧。

表 6.5　　　　　　　　　　2019 年雷达测量与人工测量冰厚误差

误差范围/%	<5	5~10	10~15	>15
测点数	41	12	4	1
占总测点比例/%	70.7	20.7	6.9	1.7

黄河什四份子弯道由于其本身地形的独特性，上游来冰多在凹岸侧堆积，凹岸侧冰层上插下爬，形成堆冰立封区域，而凸岸侧冰层多为自然冻结形成平封区域，如图 6.21 所示。立封给机载雷达探测带来难度，无人机搭载雷达从断面上空飞过，立封堆冰会影响电磁波的传播，电磁波传播到钻孔附近立封上插的堆冰会发生反射或者绕射，导致其与正常回波时间出现偏差，钻孔过程中从冰下捞出的碎冰及冰花也会使冰孔附近的冰层变高，导致个别雷达测量结果比人工测量结果大，立封区的误差较大，立封区域测量的冰厚也较大。另外，在钻孔过程中，冰孔附近发生磨损，使用量冰尺只能测得单点位置的冰厚，而冰下是不规则的，故量冰尺测量操作不当也会给测量带来误差，机器自身产生的抖动噪声，也会影响电磁波的传播。但经过数据分析表明雷达测量结果与人工测量结果基本吻合，虽有一定误差，但误差在规定范围内，故利用无人机载雷达设备探测黄河冰厚的方法可行。

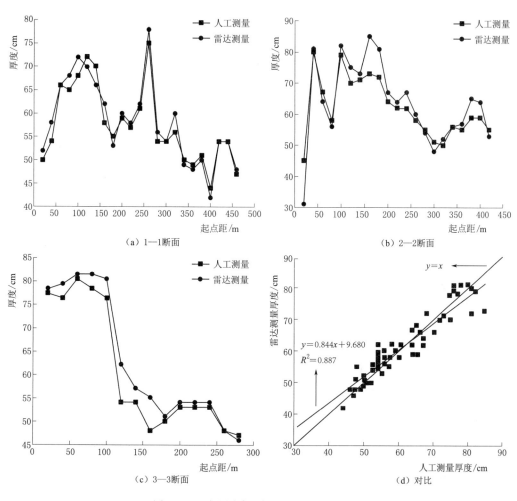

（a）1—1断面

（b）2—2断面

（c）3—3断面

（d）对比

图 6.20 雷达测冰厚与人工测冰厚的对比

（a）弯道凹岸立封图

（b）弯道凸岸平封图

图 6.21 2019 年 1 月河道冰情

6.4.5　2019 年开河期冰厚

2019 年 3 月中旬再一次对什四份子弯道冰层进行探测, 3 月中旬黄河已经进入开河期, 此时距离冰层完全开河还有 10 天左右。无人机载雷达按照稳封期的测线进行飞行, 4—4 断面冰盖已消融殆尽, 只探测前 3 个断面, 冰厚示意如图 6.22 所示。1—1 断面与 2—2 断面冰厚依然是凹岸到凸岸走向, 3—3 断面冰厚是凸岸到凹岸走向。相比与稳封期的冰厚, 开河期的冰层已经大幅度消融。1—1 断面此时平均冰厚约 14cm, 凹岸测平均冰厚 13.36cm, 凸岸侧平均冰厚 9.8cm; 2—2 断面平均冰厚约 15cm, 凹岸测平均冰厚 17.61, 凸岸侧平均冰厚 14.43cm; 3—3 断面平均冰厚约 11cm, 凹岸测平均冰厚 14.29cm, 凸岸侧平均冰厚 11.39cm。总体来说, 冰厚多在 13cm 左右, 凹岸测平均冰厚 14.29cm, 凸岸侧平均冰厚 11.39cm, 凹岸测冰厚大于凸岸侧, 上游冰厚大于弯顶处。凹岸测冰厚稳封期就比凸岸侧大, 与稳封期冰层厚度相比, 此时冰厚已消融 3/4, 凸岸侧已有冰层完全消融, 主流区还在凸岸侧, 流速大, 水流的冲刷也加速了冰层的消融, 3—3 断面凸岸侧开河部分本身就是下游清沟向上游的延伸, 在稳封期 3—3 断面就设置在清沟上游 10m 处。通过冰厚的变化, 可进一步得知黄河开河期弯道冰层的消融情况。

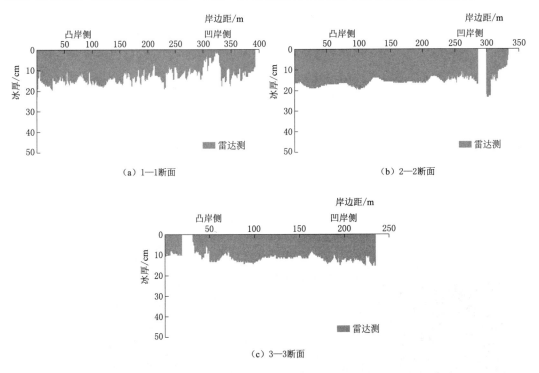

（a）1—1断面　　　　　　　　　（b）2—2断面

（c）3—3断面

图 6.22　开河期冰厚

6.4.6　2020 年稳封期冰厚

2020 年 1 月中旬什四份子弯道冰厚测量结果如图 6.23 所示, 总体上从 4、5、6 长断面来说, 凹岸侧冰厚大于凸岸侧, 凹岸侧冰厚多在 60~75cm 之间, 凸岸侧冰厚多在 50~

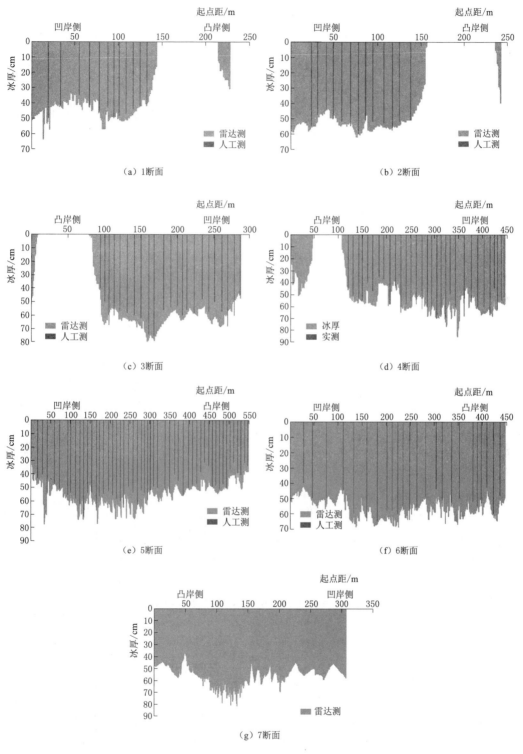

图 6.23 2020 年 1 月冰厚测量结果

163

60cm 之间。1 断面雷达测量平均冰厚 43.2cm，人工测量平均冰厚 44.3cm，2 断面为 51.7cm 与 52.2cm，两断面冰厚较小，弯顶位置河道窄，形成卡冰口，上游的冰凌最初在此处堆积，1 断面距离起点 50m 左右、2 断面距离起点 25m 左右及 3 断面距离起点 200m 左右，冰厚为 45~50cm，较断面其他位置小，此处冰为自然冻结冰，2019 年 12 月 20 日左右，该区域在其他区域冻结时并未冻结，凹岸侧堆冰至 3 断面处并未大量向下游推进，在弯道水流任一条垂线上，水流一边沿着轴向运动，水质点一边受到径向压力梯度，由于流速不同，水面与水底水流流向不同，因此在大流量封河的条件下弯顶上游会形成部分回流区，在回流的作用下冰盘会被推到上游，到 2020 年 1 月 11 日左右水位下降，流量流速变小，气温逐渐下降该区域才逐渐冻结，后打开冰盖用 ADCP 测得流速为 0.3~0.5m/s，依然比断面其他区域大，冰盖下无冰花聚集。3 断面雷达测量平均冰厚 58.4cm，人工测量平均冰厚 57.6cm，4 断面雷达测量与人工测量的冰厚分别为 55.0cm 与 55.5cm，结果基本一致，其中立封区冰厚较大，凸岸侧经测量流速在 0.7m/s 左右，凹岸侧流速在 0.2m/s 左右，多数无流速，凹岸一侧水流受堆冰及冰塞挤压和护坡回推以及回流影响，水流动能削弱，此时凹岸侧流速小，凸岸侧流速大。1~4 断面为清沟断面，其中 1~3 断面冰厚走向类似，从凹岸到凸岸冰厚几乎呈小—大—小趋势，与后冻结区-立封区-清沟边缘走向一致，靠近清沟位置冰厚最小。原因是清沟水内冰生成时释放热量延缓冰层的生长，清沟内水流速度大，水流的冲刷也会影响冰的生长。5、6 断面为过河全断面，5 断面雷达测量平均冰厚 60.5cm，人工测量平均冰厚 55.8cm，6 断面为 55.9cm 与 53.5cm，5 断面是立封区域最多的断面，雷达测量结果明显大于人工测量结果。雷达测冰时，会将立封堆积层的冰厚也计算进去，而在数据处理成图时会默认空气-冰界面为平界面，并将堆积冰折合到冰-水界面上，人工用冰尺测量则不会考虑冰层上部堆积的部分，这就出现了冰水界面有明显的锯齿状的现象。7 断面只进行雷达测量，平均冰厚 54.7cm，7 断面在弯道以上，并未进入弯道，断面中间冰厚突出，为堆冰立封区域，立封区按误差 10% 计算，预计 7 断面立封区实际冰厚比雷达测量小 5cm 左右。

纵观整个区域，2020 年冬季什四份子整体冰厚多为 50~75cm，从 6 断面至 1 断面冰厚几乎呈逐渐减小趋势，各断面均有堆积冰，受堆积立封冰盖影响，在立封区域雷达测量结果依然大于人工测量结果，整个研究区立封区所占比例较大，为此对所探测的 6 个断面共 154 个测点进行误差计算，计算结果见表 6.6。

表 6.6　　　　　　　　　2020 年雷达测量与人工测量冰厚误差

误差范围	[0, 5%)	[5%, 10%)	[10%, 20%)	20% 及以上
测点数	76	50	22	6
占总测点比例	49.4%	32.5%	14.3%	3.8%

总体上近 50% 的测点误差在 5% 以下，尤其是平封区测点误差多数在 5% 以下，立封区测点误差多在 10% 左右，80% 以上的测点误差在 10% 以下。由于本次试验测点较多，不确定因素较多，个别测点误差在 20% 以上。此次试验产生误差的原因有多种，但基本与 2019 年 1 月试验的误差原因一致，雷达测冰时，会将立封堆积层的冰厚也会被探测进去，而人工测量不会将堆冰厚度计入总冰厚；此外，人工测量时的不规范操作，雷达自身

测量噪声等也会引起测量误差。立封区虽有误差却是符合实际试验情况的，现场环境极其复杂，上插下爬的冰层本身测量过程就极其困难，对于冰厚的掌握没有极其精准的外部条件，所以误差在所难免，但从数据分析看无人机载雷达总体上测验效果良好，能满足对于冰厚认知的需求。

对比 2019 年与 2020 年什四份子冰厚测量结果，整体冰厚 2020 年较 2019 年偏小。2019 年什四份子弯道冰厚凹岸侧明显大于凸岸侧，2020 年什四份子弯道冰厚也呈现这种趋势，但趋势在减小，整体冰厚向较为平均的趋势发展，清沟断面冰厚均存在小-大-小的趋势。弯道每年冬季都会形成一处清沟，2020 年清沟位置较 2019 年往上游延伸了大概50m。分析认为冰厚减小及清沟上延的原因并不在于气温，因为 2020 年冬季气温明显低于 2019 年，而清沟位置 2020 年却向上游延伸了，主因素应该是 2020 年是大流量封河，流量大、流速大、动力因素大的情况下冰层不能更好地生长，一方面水流的冲刷使冰层冻结过程受阻，另一方面随上游水流而来的冰盘无法在此聚集。

事实证明，无人机载雷达能高效获取冰厚的空间分布情况，对于立封冰面测量效果虽不如平封冰面，但总体效果良好，能够满足防凌工作基本需求。

6.4.7 无人机载雷达电磁波在黄河冰层中的传播速度

黄河冰层复杂，冰层纯净度不统一。冰内存在各种结构，冰水界面参差不齐，对电磁波的传播会产生影响。通过两次冬季野外原型观测试验，对于电磁波在黄河冰层中的传播速度有了一定认识。

首先根据 2019 年数据进行分析。根据电磁波在冰层中传播的双程历时及冰层的介电常数，可采用式（6.19）计算冰层的厚度：

$$D = \frac{vt}{2} = \frac{ct}{2\sqrt{\varepsilon}} \tag{6.19}$$

式中：D 为冰层厚度，cm；v 为电磁波在冰层中的传播速度，cm/ns；t 为电磁波在冰层中的双程历时，ns；c 为电磁波在空气中的传播速度，取 30cm/ns；ε 为冰层的介电常数（经标定后取 3.2）。

雷达发射的电磁波在冰层中的传播速度是探测结果准确性的关键影响因素，采用反算法来推求，由式（6.20）可得

$$v = \frac{2D}{t} \tag{6.20}$$

式中：D 为人工测量冰厚，cm；t 为电磁波在冰层中的双程历时，ns，可由雷达后处理软件生成的厚度报表中得到。

从 2019 年试验所设置的弯顶 3 个断面中，每个断面间隔相同距离各选取 3 个测点的人工实测冰厚，利用式（6.20）求得电磁波在冰层中的传播速度，见表 6.7。

由式（6.21）根据电磁波传播速度计算冰层的有效介电常数，可以看到冰层的介电常数并不固定，经计算 9 个测点的平均介电常数为 3.197，但多在 3.2 上下浮动（表 6.8），实际取 3.2。

$$v = \frac{c}{\sqrt{\varepsilon}} \tag{6.21}$$

表 6.7　　　　　　　　　　　　　　电磁波在冰层中传播速度

编号	人工实测冰厚/cm	双程历时/ns	传播速度/(cm/ns)	平均速度/(cm/ns)
1	72	8.515	16.91	
2	55	6.797	16.18	
3	54	6.485	16.65	
4	56	6.828	16.40	
5	64	7.032	18.23	16.81
6	64	7.578	16.89	
7	76	8.516	17.85	
8	54	6.953	15.53	
9	53	6.406	16.65	

表 6.8　　　　　　　　　　　　　　冰 层 介 电 常 数

传播速度/(cm/ns)	16.91	16.18	16.65	16.40	18.23	16.89	17.85	15.53	16.65	平均
介电常数	3.13	3.42	3.24	3.31	2.72	3.17	2.82	3.72	3.24	3.197

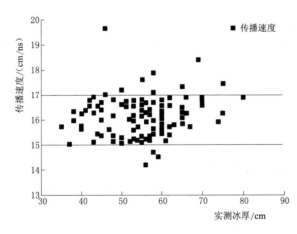

图 6.24　电磁波传播速度分布

在 2020 年冬季试验所测量的 154 个测点中，去除部分误差较大的点，选取 120 个测点来进行分析，选取的测点冰厚误差小于 10%，具有代表性，如图 6.24 所示，120 个测点中超过 90% 的传播速度为 15～17cm/ns。黄河水质比较复杂，水体中泥沙颗粒可能与其中的盐分离子、有机质、微生物甚至水体污染物等多种物质混杂在一起最后冻结成冰，因此，黄河冰与纯冰具有一定差异性，雷达波在冰层中传播速度除了受到冰层介电特性、冰体结构以及冰内气泡及冰温等因素影响外，还受到冰层界面平整程度的影响。由于冰层上下界面比较复杂，参差不齐，雷达电磁波波束开角内的冰水界面各个小单元的反射信号相位是随机变化的，反射也会有偏差，尤其立封区界面不平整度更高，冰层以下会出现冰水混合物及层冰层水现象。这些因素均会对电磁波的反射造成影响，使其在一定区域内不是固定值，即使冰层厚度相同，受到水质、界面平整度等因素影响程度也不同。如实测冰厚为 60cm，而雷达传播速度为 15.5～16.5cm/ns，差别不大，说明介电常数差异不大，黄河冰层总体比较符合所标定的冰层纯度，外部因素只会影响电磁波传播速度，范围的大小以及范围临界值与水质、界面平整度等因素的关系还需进一步讨论。2019 年冬季试验中的平均传播速度为 16.81cm/ns，实际多数传播速度在 16～17cm/ns，李志军等（2009）指出雷达波在粒状冰中的传播速度为 17.02cm/ns，在柱状冰中的传播速度为 16.98cm/ns，张宝森等（2017）也指出冻结期雷达波在黄河冰内的平均传播速度为 16.3cm/ns，以上研究得出的传播速度并不固定却也相差不大，说明雷达电磁波在冰层中的传播速度并不固定，2020 年试验中雷达波传播速度范围比 2019 年大，是因为本次试验测量区域扩大，测点数增加，雷达波受不良因素影响概率增大，故此次计算雷达波传播速度范围扩大符合实际情况，后续试验中随着测点数的增加，受各种因素影响几率加大，相信电磁波的传播速度范围也会扩大。

6.4.8 黄河冰层雷达图谱分析

探地雷达应用的最关键之处就是对雷达图谱的解译，因为只有准确的解译有效信息，才能准确判定探测介质内的情况。反射的电磁波被接收天线所接收，因介质不同而出现电性差异，导致反射电磁波不同，主要表现在波形特征、回波时间等，所以根据雷达图像的波形、回波时间等参数可以解译探测介质内目标体的空间位置等特征信息，如电性界面的形态、埋深和构造等。原始数据经过简单处理以后可以获取多种有效信息；一方面可提取冰厚数据，获得冰厚信息；另一方面可获得雷达图谱，可反映冰层内部情况，如冰层内部是否平整，是否有异常结构。通过分析这些信息进而了解冰层内部性状。2019 年和 2020 年通过无人机搭载探地雷达对黄河什四份子弯道进行探测，图像解译过程中，发现各种异常雷达图谱。

图 6.25（a）冰层中回波形态为多条双曲线相互交叉重叠，无规律分布，符合破碎带的回波特征，河道水位发生变化时，冰层将发生变形，上游冰盘堆积过程中发生撞击，冰层内部也会发生挤压或断裂，在冰层内会形成一些破碎带或裂缝，这些破碎带或裂缝中可能会充入空气、水或者泥沙，介质不均匀，电性差异很大，电磁波穿过时会发生反射、折射，雷达回波与均匀冰层有明显差异，具体表现为反射波形态为无规则的双曲线褶皱状，反射面振幅明显加强且变化剧烈，在碎冰处产生绕射和散射，能量分布不均匀，衰减较快，规律性较差，同相轴不连续，分辨率较低，显然这些结构加速了电磁波的弱化。从图 6.25（b）可以看到图谱中交叉叠加的双曲线褶皱从空气-冰界面一直向下延伸到冰-水界面，由此可知可能是由于冰层的挤压导致冰层整体断裂而形成的冰体整体破碎，即破碎体从空气-冰界面一直延伸到冰-水界面。图 6.25（c）为浅层裂缝的雷达图谱，无人机摄像头捕捉到的影像也有显示，回波信号为与空气-冰界面相接的双曲线，双曲线顶端对应裂缝顶端位置，由于垂直裂缝四周都有棱角，多次散射波能量较强，裂缝底端的位置不容易确定。经过对全断面雷达图谱解译发现凹岸侧冰层下多异常结构，这也符合凹岸侧立封冰层为上游冰盘撞击形成过程的特征。

图 6.26（a）中冰水界面的回波是一条平直的直线，说明其冰层下表面比较平整，冰水交界处无更多的接触面，电磁波在穿过冰-水界面时未受到各种散射绕射。对比图 6.26（b），后者整体破碎带回波与前者截然不同，雷达图像的波形特征表现较为复杂，一条条开口向下的双曲线相互交叉，双曲线顶端几乎连为一体，很明显这种冰水界面为连续的上凸下凹的波浪形或犬牙形，说明此冰面以下流速较大，对于冰层冲刷严重，或者潜入冰层以下的冰盘下泄过程中对冰层进行了一定的刮擦。立封区域下的冰-水界面与平封区域不同，平封区域的冰水界面回波形式规律性较强，波形均匀平整，无杂乱反射波，能量团分

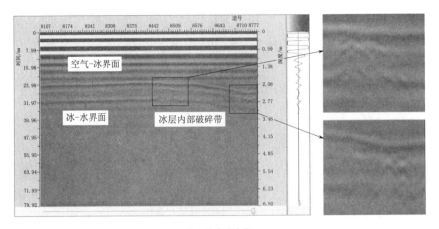

（a）冰内破碎带

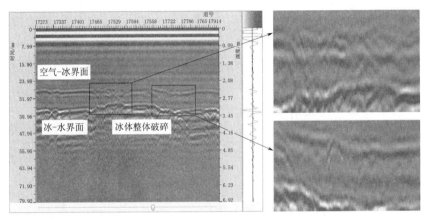

（b）整体破碎带

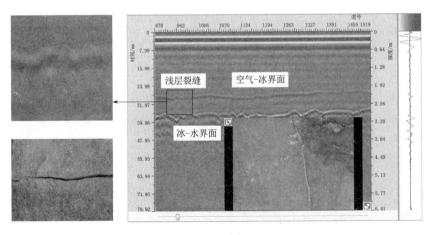

（c）浅层裂缝

图 6.25　冰层内部异常结构实测雷达图谱

布均匀，自动增益梯度相对较小，在立封区冰-水界面波形特征表现复杂，电磁波能量衰减快，波形杂乱，能量团分布不均匀，自动增益梯度大，多为曲界面，如图 6.26（c）。这与平封区多为自然冻结使得两界面较为平整有关，立封区由冰盘堆积而成，冰盘上插下爬使得两界面极不平整，界面凹凸不平，电磁波到达界面，接触面较多，起伏大且较为尖锐，电磁波会发生绕射现象，因此雷达回波比较复杂。另外冰-水界面以下冰花会对电磁波吸收及散射，立封区域多在凹岸一侧，凹岸侧形成堆冰以后，上游冰花在适当情况下下潜到冰盖以下。根据现场打孔得知，在立封冰盖下存在大量冰花，最深处达 5m 以上，冰花聚集在冰层以下，形成冰水混合物的状态，严重时河道被冰花和细碎冰阻塞，形成冰塞。电磁波在冰花聚集区内产生绕射和散射，使得能量团减弱，波形杂乱。电磁波在穿过冰花聚集区时可能会产生一定规律的多次反射，不过这种反射不会太明显。当冰花聚集区域连续分布且冰花冻结成冰程度较高时，电磁波穿过时的反射波连续性会较好，波形会相对统一。图 6.26（d）为清沟断面回波，两个界面变为一个界面的部分为清沟水面，由于只有空气-水界面，所以回波面层只有一层，两侧可明显观察到冰厚情况。

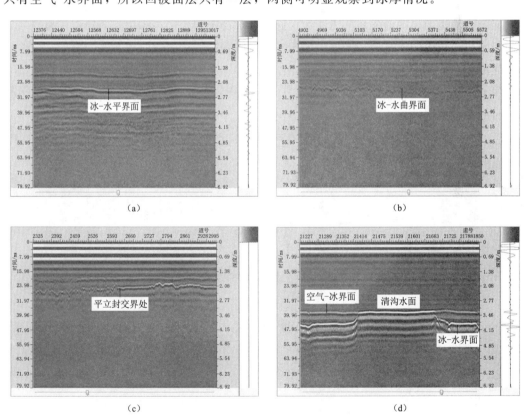

图 6.26 稳封期冰水界面实测雷达图谱

开河期由于冰层消融，冰层承载力下降，无法进行冰上试验，所以开河期冰厚的测量以及冰层内部信息的获取一直是难点，开河期冰情的监测仅仅依靠目测法或者相机的拍摄，不能获取冰盖立面信息（冰厚），但开河期的冰厚信息及冰层内部变化情况能够真实反映冰层消融走向，故该信息极其重要。无人机载雷达的运用基本解决了这个难题。2019

年 3 中旬，基于无人机载雷达技术，对黄河什四份子弯道开河期的冰层进行了探测，测量具体时间为 3 月 15 日，此时距离 2019 年完全开河还有 10 天左右。对冰厚数据进行提取，同时解译开河期冰层雷达图谱。

对图谱进行增益调节和 FIR 滤波处理后，发现开河期冰层雷达图谱（图 6.27）基本有四种类型，分别是平整冰层、复杂冰层、清沟断面及冰层完全消融。图 6.27（a）显示冰层已经基本消融殆尽，冰层内部在图谱上几乎完全消失，已经完全观察不到冰层内部情况，空气-冰界面与冰-水界面回波已经近乎合拢，但还存在一定冰厚，上下冰层回波比较清晰，几乎无杂波，说明此处冰层内部冰-水界面较为平整，在消融过程中并未有过多外力影响，多为自然融化。图 6.27（b）则比较复杂，整个冰层充满着各种曲线波，有反射波也有各种杂波，各种双曲线交叉连接。一方面说明此冰层内部已经完全破碎，冰层内部可能充斥着水，由上游碎冰的撞击或者水流的冲刷导致；另一方面说明冰-水界面不平整，已经变成锯齿状或波浪状，此时的冰层并不坚硬，同样可能是由于水流的冲刷或者上游融断的冰块潜入冰下刮擦所致，进一步说明了此冰层下水流流速较大。图 6.27（c）为未完全消融的清沟断面，图谱显示的是清沟水面与一部分消融殆尽的冰层，两侧两界面中间还有一段距离，说明两侧冰层还未完全消融，波形平整，再过一段时间，冰层消失，雷达图谱就变成了一条直线，如图 6.27（d）所示，该图谱反映的是冰层完全融化的情况，此时，图谱中只有一条空气-水界面，无人机上的摄像头清晰地拍下了水面图像，这种现象的出现标志着断面冰层完全消融。

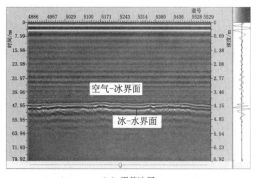

（a）平整冰层

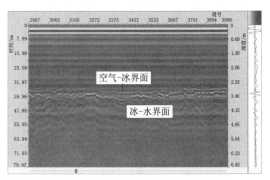

（b）复杂冰层

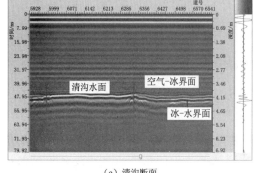

（c）清沟断面

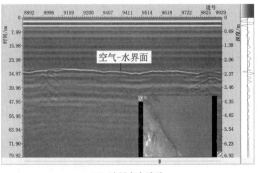

（d）冰层完全消融

图 6.27　开河期冰层雷达图谱

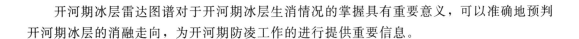

开河期冰层雷达图谱对于开河期冰层生消情况的掌握具有重要意义，可以准确地预判开河期冰层的消融走向，为开河期防凌工作的进行提供重要信息。

6.5　本章小结

本章主要对水塘静水冰和黄河动水冰进行了试验研究，以南湖水塘为静水冰试验对象，研究完整冬季水塘静水冰情变化及其与外部气温水力特性的响应关系，并应用数学模型进行模拟。以黄河什四份子弯道为动水冰试验基地，利用无人机载雷达对弯道冰层进行探测，解译并分析了冰厚及冰层雷达图谱。主要得到以下几点认识：

（1）静水冰盖的生消主要受气温影响，冰盖不稳定变化期和消融后期冰厚受时间段气温影响明显，日内变化较大，冰盖的稳定增长期冰厚主要受累积日均负气温影响，日内时间段气温对其影响较小。在冰盖增长期，日内不同时段的冰盖增长斜率不同，日内时段气温越高，冰盖增长斜率越低。

（2）在静水冰盖生长过程中，水体垂直方向上呈逆温分布，气温对水体的分层结构有所影响，表层水温受气温变化影响较大，深层受其影响相对较小，融冰期随着气温升高，水体升温呈先慢后快的趋势。冰面温度受时段气温影响明显，随气温波动同步变化。

（3）以热力学理论为基础，建立了静水水温和冰厚变化的模型方程，确定了导热系数，垂向热扩散系数的取值。根据实测值和模拟值对比，冰盖生长和消融模型、水温模型在模拟实验冰厚和水温变化过程中，具有较高的精度。

（4）利用无人机搭载探地雷达对黄河冰层进行探测的方法可行，冰厚测量效果对于立封冰面一般，在平封冰面适用度更高，总体效果较好。什四份子弯道冰厚分布不均匀，2019年冰厚多为50～90cm，2020年冰厚多为50～75cm；纵向冰厚沿程逐渐减小，弯顶处冰厚最小，横向冰厚凹岸侧大于凸岸侧，清沟断面冰厚一般呈小-大-小趋势，靠近水面位置冰厚最小，开河期冰厚多在13cm左右，凹岸侧大于凹岸侧。

（5）电磁波在实际冰层中的传播速度和回波特征与冰层介电特性、异常体的形状和介电特性密切相关。经分析电磁波在黄河冰层中的传播速度并不固定，在什四份子弯道冰层中传播速度多为15～17cm/ns。弯道冰层介电特性与纯冰有差异，介电常数不固定，但多在3.2上下浮动。

（6）实测冰层雷达图谱能真实反映冰层内部信息，弯道冰层内部具有多种异常结构及多形态的冰－水界面，凹岸立封区冰层内部异常体较多，冰-水界面不平整，反射波形态变化大。凸岸平封区域冰层内部比较密实，冰-水界面相对平整，反射波比较有规律。开河期冰层雷达图谱基本分四种，分别是平整冰层、复杂冰层、清沟断面及冰层完全消融。

参　考　文　献

［1］　丁法龙，茅泽育．寒区水塘冰盖生长和消融分析［J/OL］．水利学报：1－10［2021－04－15］．https：//doi.org/10.13243/j.cnki.slxb.20200729.

［2］ 马福昌，秦建敏，王才．感应式数字水位传感器及其系统［J］．水利学报，2001，（增刊）：35 - 37.

［3］ SODHI D S. Nonsimultaneous crushing during edge indentation of freshwater ice sheets［J］. Cold Regions Science and Technology，1998，27（3）：179 - 195.

［4］ WORBY A P，GRIFFIN PW，LYTLE V I，et al. On the use of electromagnetic induction sounding to determine winter and spring sea ice thickness in the Antarctic［J］. Cold Regions Science and Technology，1999，29（1）：49 - 58.

［5］ 秦建敏，沈冰．利用水的导电特性对冰层厚度进行数字化自动检测的研究［J］．冰川冻土，2003（S2）：281 - 284.

［6］ 王军，储成流，付辉，等．基于人工神经网络模拟弯槽段水内冰冰塞厚度分布［J］．水力发电学报，2007（2）：104 - 107.

［7］ 王涛，杨开林，郭永鑫，等．神经网络理论在黄河宁蒙河段冰情预报中的应用［J］．水利学报，2005（10）：1204 - 1208.

［8］ 陈守煜，冀鸿兰，张道军．系统非线性组合预测方法及在黄河凌汛预测中应用［J］．大连理工大学学报，2006（6）：901 - 904.

［9］ 刘辉，冀鸿兰，牟献友，等．基于无人机载雷达技术的黄河冰厚监测试验［J］．南水北调与水利科技（中英文），2020，18（3）：217 - 224.

［10］ 冀鸿兰，石慧强，牟献友，等．水塘静水冰生消原型研究与数值模拟［J］．水利学报，2016，47（11）：1352 - 1362.

［11］ 雷瑞波，李志军，张占海，等．东南极中山站附近湖冰与固定冰热力学过程比较［J］．极地研究，2011，23（4）：289 - 298.

［12］ 练继建，赵新．静动水冰厚生长消融全过程的辐射冰冻度—日法预测研究［J］．水利学报，2011，42（11）：1261 - 1267.

［13］ 李志军，杨宇，彭旭明，等．黑龙江红旗泡水库冰生长过程现场观测数据的剖析［J］．西安理工大学学报，2009，25（3）：270 - 274.

［14］ 茅泽育，吴剑疆，佘云童．河冰生消演变及其运动规律的研究进展［J］．水力发电学报，2002（S1）：153 - 161.

［15］ 沈洪道．河冰研究［M］．郑州：黄河水利出版社，2010.

［16］ 蔡琳．中国江河冰凌［M］．郑州：黄河水利出版社，2008.

［17］ 石慧强，冀鸿兰．水塘静水冰生消过程及冰盖演变的原型试验［J］．水利水电科技进展，2016，36（4）：25 - 30，88.

［18］ 滕晖，邓云，黄奉斌，等．水库静水结冰过程及冰盖热力变化的模拟试验研究［J］．水科学进展，2011，22（5）：720 - 726.

［19］ 张学成，可素娟，潘启民，等．黄河冰盖厚度演变数学模型［J］．冰川冻土，2002（2）：203 - 205.

［20］ 郝红升，邓云，李嘉，等．冰盖生长和消融的实验研究与数值模拟［J］．水动力学研究与进展 A 辑，2009，24（3）：374 - 380.

［21］ 罗红春，冀鸿兰，郜国明，等．黄河什四份子弯道冰期水流及冰塞特征研究［J］．水利学报，2020，51（9）：1089 - 1100.

［22］ 赵水霞，李畅游，李超，等．黄河什四份子弯道河冰生消及冰塞形成过程分析［J］．水利学报，2017，48（3）：351 - 358.

［23］ 杨硕．试论无人机航测在矿山测量中的应用［J］．山东工业技术，2019，（15）：73.

［24］ 罗红春，冀鸿兰，郜国明，等．机载雷达在黄河稳封期冰厚测量中的应用［J］．水利水电科技进展，2020，40（3）：44 - 49，54.

［25］ SL 59—2015，河流冰情观测规范［S］.

［26］ LI Z J，JIA Q，ZHANG B S，et al. Influences of gas bubble and ice density on Ice thickness measurement by gPR［J］. Applied Geophysics，2010，7（7）：105 – 113.

［27］ 王伟楠，徐飞鹏，周博，等 . 引黄滴灌水源中泥沙表面附生生物膜的分形特征［J］. 排灌机械工程学报，2014，32（10）：914 – 920.

［28］ 崔华义，郭纪捷 . 相关技术在冰水界面测量中的应用［J］. 海洋技术，2004，23（1）：35 – 37.

［29］ 张宝森，张防修，刘滋洋，等 . 黄河河道冰层雷达波特征图谱的现场实验研究［J］. 南水北调与水利科技，2017，15（1）：121 – 125.

［30］ 武震，张世强，刘时银，等 . 祁连山老虎沟 12 号冰川冰内结构特征分析［J］. 地球科学进展，2011，26（6）：631 – 641.

［31］ 王惠濂 . 探地雷达概论——暨专辑序与跋［J］. 地球科学，1993，（3）：249 – 256，368.

第7章
冰封期河道冰水动力学行为特征

北方河流冰冻期常历时 4 个月之久，整个冰期的河流具有特殊的冰情现象，其中，封冻期河冰演变过程包括成冰、流凌、初封、稳封、融冰、开河过程，冰花的迁移贯穿在整个封冻期，是河冰变化过程中不可或缺的一部分。冰在水体中随水流流动称为流凌，可分为封冻前结冰流凌和开河期解冻流凌，前者以冰花为主，后者以碎冰为主。流凌的输移演变改变了河道边界条件和水力特征，河道堆冰容易形成冰塞冰坝，在弯道险工处尤为明显，冰塞冰坝引起过流断面减小，壅高上游水位，易形成凌汛险情。

冰盖的存在改变了河道水流结构，引起水流垂线流速重分布，这一特性已受到国内外河冰工作者广泛关注。对冰下水流流速垂线分布的研究，较统一的认识可归纳为：稳封期固定冰盖条件下，受冰盖糙率及床面糙率综合增阻影响，水流流速减小；冰盖下最大流速位置较明流时下移，且随冰盖糙率改变而改变；冰下水流垂线流速不再服从明流时单一的指数或对数分布，而体现为冰盖和床面附近的流速符合对数分布规律。研究表明，冰下水流流速事关输水工程冰期的输水能力与输水效率，因此，对冰下水流特征的研究非常重要。

黄河弯道众多，其中，内蒙古什四份子弯道既是典型的急变弯，同时又是内蒙古河段冰期高频的首封河段，由于其上宽下窄的河道形态，极易卡冰壅水，几乎每年都会出现冰塞。冰塞通过改变水流分布进而引起河床演变，河床冲淤又会引起弯道冰情变化。为此，研究选取该代表性河段为分析对象，通过冰情原型观测和数值模拟，分析弯道冰下水流特征及冰塞形成过程。研究有助于进一步拓宽对冰下水流结构、冰塞形成过程及冰水耦合机理的认识，成果也有助于黄河防凌。

7.1 基于分形理论的冰下水流流速垂线分布研究

7.1.1 分形理论基础

目前，对封冻河道水流运动特性的研究，常采用 Einstein 提出的阻力划分原则，以最大流速线为界，沿水深方向将水流分成两层等效明流流动层（冰盖区和床面区），并假定分层水流相互独立，分别只受冰底和床面糙率影响，分层水流流速均服从对数分布。

由于在工程应用中，水流流速分布多是基于方程求解得到的近似分布，对冰下水流，较为常见的是基于 k-ε 模型进行冰下水流流速分布研究，但分析过程相对复杂。

因此，从标度指数出发，寻找流速分布规律，作为水流流速研究的突破口，分形理论即为典型。

黄才安等（2013）基于分形理论，对明渠水流流速及含沙量垂线分布的自相似性进行了研究，表明分形理论能推出明渠水流垂线流速分布和含沙量分布公式。由 Einstein 的阻力划分原则及假定，冰盖下水流流速垂线分布可视为两层等效明流对数分布，类似于倪志辉提出的潮流中Ⅱ型垂线流速分布中的"C"形分布，研究结果表明，该Ⅱ型流速垂线分布同样存在变维分形现象。因此，对于冰盖下的水流垂线流速分布研究，不妨尝试在明渠研究的基础上，利用分形理论进行延伸，完善不同工况下水流垂线流速分布的研究成果。

分形原意是"不规则的，支离破碎的"，但体现了自然界某一类对象的局部与局部/整体在形态和信息上具有自相似性的基本属性。自相似性可描述为标度不变性，即某一分形对象，其空间尺度 r（或时间尺度 t）乘以 λ 后，其结构特征不变，只是在原来的基础上进行放大或缩小。标度不变性满足下式：

$$f(\lambda r) = \lambda^{\alpha} f(r) \tag{7.1}$$

式中：λ 为比例系数；α 为标度指数；$f(r)$ 为某一物理量；$f(\lambda r)$ 为 $f(r)$ 乘以 λ 倍后对应的值。

式（7.1）也称为标度律。对尺度的选择可以是空间也可以是时间，当空间尺度 r 表征为长度时，标度指数 α 与分形维数 D 满足：$\alpha + D = 1$。其中，分形维数 D 是描述分形集几何特征的定量参数，可用来反映垂线流速分布的均匀程度，D 值越大，垂线流速分布越均匀。然而，对于同一河道断面的不同位置处，D 值也可能不同。

分形标度律说明，尽管分形现象是复杂的，但是具有标度不变性。天然河道中的水流结构虽然复杂，但是对于明渠时的某一固定水深，沿水深方向整体水流垂线流速分布可看作是由对应某一水深处流速值的组合形式。垂线流速的分布特点体现了分形中局部与整体的自相似性，因此，该特点为分形理论在流速垂线分布的应用上奠定了基础。综上，运用自相似分形标度律的基础，重点在于空间尺度 r（或时间尺度 t）及物理量 $f(r)$ 的遴选，且所选目标须具备自相似分形的特点。依托前人在明流条件下的工作基础，尝试基于分形理论研究冰下水流流速垂线分布，作为明渠水流研究成果的一个拓展。

7.1.2 畅流期水流流速垂线分布

依据黄才安的研究结果，明渠水流的流速垂线分布如图 7.1（a）所示。显然，明渠条件下的水流流速分布具备分形特征，即通过放大图形 $OABO$ 一定倍数（λ）后得到的图形类似于 $OCDO$，此时空间尺度 r 为长度 y，对应物理量为流速 u。因此，有：$f(r) = u(y)$，$\lambda r = h = (h/y)y = \lambda y$，其中 $\lambda = h/y$。由分形标度律可得

$$u(\lambda y) = \lambda^{\alpha} u(y) \tag{7.2}$$

$$u_m = \lambda^{\alpha} u = \left(\frac{h}{y}\right)^{\alpha} u \tag{7.3}$$

$$u = \left(\frac{y}{h}\right)^{\alpha} u_m \tag{7.4}$$

式（7.4）即为明渠条件下水流流速垂线分布的指数形式，此时标度指数 $\alpha = m$，

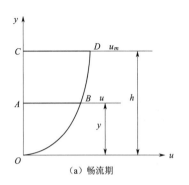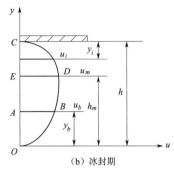

图 7.1　畅流期和冰封期水流流速垂线分布

表示流速分布指数，说明基于分形理论能推得明渠水流的流速垂线分布公式。关于明渠水流垂线流速分布的研究已屡见不鲜，但总体而言，流速分布型式仍为常见的对数或指数型。

7.1.3　冰封期水流流速垂线分布

冰下水流垂线流速分布如图 7.1（b）所示，一些学者的研究结果将其归结为抛物线分布或双幂律分布。采用 Einstein 的划分方法，以最大流速线作为分界线，将冰-床双边界条件下的整个水流分成冰盖区（CEDC）和河床区（OEDO），则两个分区水流的流速垂线分布近似呈指数或对数分布。

（1）在河床区（$0 \leqslant y \leqslant h_m$），由于冰盖区与河床区互不影响，水流垂线流速分布服从明渠水流的指数或对数分布。以指数分布为例，$\lambda r = h_m = (h_m/y_b)y_b = \lambda y_b$，其中 $\lambda = h_m/y_b$。流速分布即为

$$u_b = \left(\frac{y_b}{h_m}\right)^{\alpha_b} u_m \qquad (7.5)$$

$$y_b = y; \quad \alpha_b = m_b$$

式中：u_b 为距离河床 y_b 处的流速；h_m 为最大流速点位置距离河床的高度；y 为距离床面的高度；α_b 为河床区指数型流速分布的指数。

（2）在冰盖区（$h_m \leqslant y \leqslant h$），以指数分布为例，则冰盖区流速分布与河床区流速分布镜像，即：

$$u_i = \left(\frac{y_i}{h - h_m}\right)^{\alpha_i} u_m \qquad (7.6)$$

$$y_i = h - y; \quad \alpha_i = m_i$$

式中：u_i 为距离冰盖 y_i 处的流速；α_i 为冰盖区指数型流速分布的指数。

以上分析结果表明，冰下分区水流流速垂线分布与明渠水流的流速垂线分布一致。

通过差异选取空间尺度，采用不同的比例系数和标度指数，基于明渠条件下不同学者的流速分布研究成果，可得到冰盖下不同形式的河床区和冰盖区流速垂线分布公式（表 7.1、表 7.2）。研究结果表明，利用分形理论能得到明渠水流的流速垂线分布公式，同时也能拓展到冰盖水流的研究中。

表 7.1 由分形理论得到的各种形式冰盖下河床区的流速垂线分布公式

类别	r	$f(r)$	λ	α	流速垂线分布公式
指数公式	y_b	u_b	$\dfrac{h_m}{y_b}$	m_b	$u_b = \left(\dfrac{y_b}{h_m}\right)^{m_b} u_m$
Prandtl	y_b	e^{u_b}	$\dfrac{h_m}{y_b}$	$\dfrac{u_{*b}}{\kappa}$	$\dfrac{u_b - u_m}{u_{*b}} = \dfrac{1}{\kappa}\ln\left(\dfrac{y_b}{h_m}\right)$
Bazin	$h_m - h_b$	$u_m - u_b$	$\dfrac{h_m}{h_m - y_b}$	2	$\dfrac{u_b - u_m}{u_{*b}} = m_b\left(\dfrac{h_m - y_b}{h_m}\right)^2$
Zagustin	$\dfrac{1-(1-y_b/h_m)^{1.5}}{1+(1-y_b/h_m)^{1.5}}$	e^{u_b}	$\dfrac{1-(1-y_b/h_m)^{1.5}}{1+(1-y_b/h_m)^{1.5}}$	$\dfrac{2u_{*b}}{\kappa}$	$\dfrac{u_b - u_m}{u_{*b}} = -\dfrac{2}{\kappa}\operatorname{arcth}\left(1-\dfrac{y_b}{h_m}\right)^{1.5}$
Goncharov	$\ln\left(\dfrac{y_b+c}{c}\right)$	u_b	$\ln\left(\dfrac{y_b+c}{c}\right)\Big/\ln\left(\dfrac{h_m+c}{c}\right)$	1	$\dfrac{u_b}{u_m} = \ln\left(\dfrac{y_b+c}{c}\right)\Big/\ln\left(\dfrac{h_m+c}{c}\right)$
Karman	$\sqrt{1-\dfrac{y_b}{h_m}}+\ln\left(1-\sqrt{1-\dfrac{y_b}{h_m}}\right)$	e^{u_b}	e^{-r_b}	$\dfrac{u_{*b}}{\kappa}$	$\dfrac{u_b - u_m}{u_{*b}} = \dfrac{1}{\kappa}\left[\sqrt{1-\dfrac{y_b}{h_m}}+\ln\left(1-\sqrt{1-\dfrac{y_b}{h_m}}\right)\right]$

表 7.2 由分形理论得到的各种形式冰盖下冰盖区的流速垂线分布公式

类别	r	$f(r)$	λ	α	流速垂线分布公式
指数公式	y_i	u_i	$\dfrac{h-h_m}{y_i}$	m_i	$u_i = \left(\dfrac{y_i}{h-h_m}\right)^{m_i} u_m$
Prandtl	y_i	e^{u_i}	$\dfrac{h-h_m}{y_i}$	$\dfrac{u_{*i}}{\kappa}$	$\dfrac{u_i - u_m}{u_{*i}} = \dfrac{1}{\kappa}\ln\left(\dfrac{y_i}{h-h_m}\right)$
Bazin	$h-h_m-y_i$	u_m-u_i	$\dfrac{h-h_m}{h-h_m-y_i}$	2	$\dfrac{u_i - u_m}{u_{*i}} = m_i\left(\dfrac{h-h_m-y_i}{h-h_m}\right)^2$
Zagustin	$\dfrac{1-[(1-y_i/(h-h_m))]^{1.5}}{1+[(1-y_i/(h-h_m))]^{1.5}}$	e^{u_i}	$\dfrac{1-[(1-y_i/(h-h_m))]^{1.5}}{1+[(1-y_i/(h-h_m))]^{1.5}}$	$\dfrac{2u_{*i}}{\kappa}$	$\dfrac{u_i - u_m}{u_{*i}} = -\dfrac{2}{\kappa}\operatorname{arcth}\left(1-\dfrac{y_i}{h-h_m}\right)^{1.5}$
Goncharov	$\ln\left(\dfrac{y_i+c}{c}\right)$	u_i	$\ln\left(\dfrac{y_i+c}{c}\right)\Big/\ln\left(\dfrac{h-h_m+c}{c}\right)$	1	$\dfrac{u_b}{u_m} = \ln\left(\dfrac{y_i+c}{c}\right)\Big/\ln\left(\dfrac{h-h_m+c}{c}\right)$
Karman	$\sqrt{1-\dfrac{y_i}{h-h_m}}+\ln\left(1-\sqrt{1-\dfrac{y_i}{h-h_m}}\right)$	e^{u_i}	e^{-r_i}	$\dfrac{u_{*i}}{\kappa}$	$\dfrac{u_i - u_m}{u_{*i}} = \dfrac{1}{\kappa}\left[\sqrt{1-\dfrac{y_i}{h-h_m}}+\ln\left(1-\sqrt{1-\dfrac{y_i}{h-h_m}}\right)\right]$

在研究水流流速垂线分布时，多采用基于 Prandtl 假设的对数分布公式。对冰盖水流，由于双对数流速分布公式形式简单，具有一定的理论基础且准确性较高，因此应用广泛。双对数流速分布公式（此处进行了统一）简记为

$$u_x = \frac{u_{*x}}{\kappa} \ln\left(\frac{30}{K_x} y_x\right) \tag{7.7}$$

式中：河床区 $x = b$；冰盖区 $x = i$；K_x 为当量粗糙高度；u_{*x} 为摩阻流速；κ 为卡门常数。

以河床区为例，由式（7.7）知，$u_b = \frac{u_{*b}}{\kappa} \ln\left(\frac{30}{K_b} y_b\right)$，流速最大时，$u_m = \frac{u_{*b}}{\kappa} \ln\left(\frac{30}{K_b} y_m\right)$。

由表 7.1 基于分形理论得出的结果可知，河床区水流流速分布的对数形式为：$\frac{u_b - u_m}{u_{*b}} = \frac{1}{\kappa} \ln\left(\frac{y_b}{h_m}\right)$，则：

$$u_b = u_m + \frac{u_{*b}}{\kappa} \ln\left(\frac{K_b}{30 h_m}\right) + \frac{u_{*b}}{\kappa} \ln\left(\frac{30}{K_b} y_b\right) \tag{7.8}$$

由最大流速关系可得，$u_m + \frac{u_{*b}}{\kappa} \ln\left(\frac{K_b}{30 h_m}\right) = 0$。因此，$u_b = \frac{u_{*b}}{\kappa} \ln\left(\frac{30}{K_b} y_b\right)$，结果与式（7.7）一致。

利用分形理论可推得冰下分区水流的流速对数分布公式，然而分区水流具有一定的人为性，不能直接描述冰下水流流速分布的全部信息。因此，基于 Odggard 对明渠水流的研究成果，Tsai 提出了冰下水流流速的双幂律分布公式，即：

$$u = m_0 \left(\frac{y}{h}\right)^{m_1} \left(\frac{h-y}{h}\right)^{m_2} \tag{7.9}$$

式中：y 为距离床面的高度；h 为水深；m_1 为与流量阻力项有关的参数；m_2 为与河床和冰盖阻力特性有关的参数。式（7.9）的推导，正是由 Tsai 等（1994 年）通过式（7.5）与式（7.6）合并而成的。

以上分析结果表明，从分形理论出发，通过适当整合转化，能推出不同形式的冰下水流流速分布公式。

7.1.4 冰下水流流速双对数分布应用

分析冰下水流结构，利用双对数分布公式进行流速拟合。由式（7.7）可得：

$$u_x = \frac{u_{*x}}{\kappa} \ln\frac{30}{K_x} + \frac{u_{*x}}{\kappa} \ln y_x = A + B \ln y_x \tag{7.10}$$

式中：A 为某一常数，B 为斜率。

以声学多普勒流速剖面仪（ADCP）实测流速起止点为参考点，对上下盲区进行线性内插（流速近似线性增大）。选取 1 断面中两条典型垂线，按照式（7.10）进行拟合，结果如图 7.2（图中横坐标涉及的参数 y 为相对水深）所示。结果表明，ADCP 实测冰盖区与河床区的流速均具有分形特征，用双对数分布公式对流速分布的表达效果较好，但在流动核心区，点群偏离拟合直线且分布较为集中，表明核心区流速并不服从对数分布，与茅泽育等人的研究结果一致。因此，针对不同需求，利用冰下水流流速垂线分布公式时需考虑其适用性。

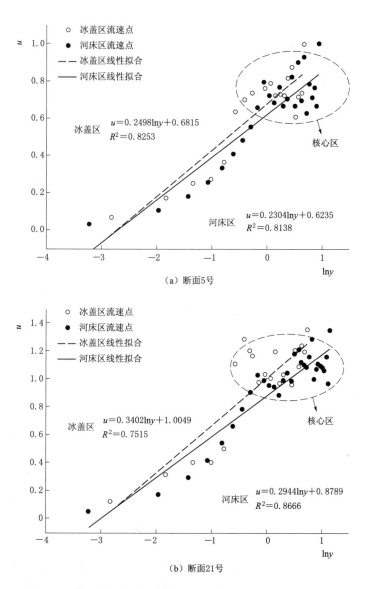

图 7.2 什四份子弯道 1 断面 5 号和 21 号孔流速双对数分布

7.2 黄河什四份子弯道冰期水流及冰塞特征

7.2.1 研究区概况及原型试验

1. 研究区概况

研究区域为黄河什四份子弯道,如图 7.3 所示。冰封期,什四份子弯道凹岸处冲积岸冰及凸岸静态岸冰的生长,极大地束窄了河面宽度,降低了水流的输冰能力,使其成为初始卡冰位置;而在弯道卡口处,断面束窄降低了冰下过流能力,改变水流流速分布,弯道水流固有的三维特性驱使冰下水流结构进一步复杂化；同时，弯道从入弯段至弯顶处呈现上宽下窄的形态，为冰塞的形成创造了有利的地形条件。

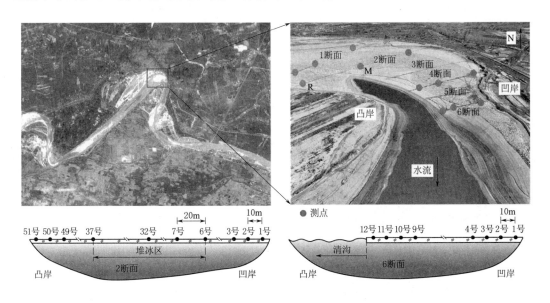

图 7.3　什四份子弯道及断面测点分布

2. 原型观测

于 2020 年稳封期（1 月 13—20 日）在什四份子弯道开展原型观测试验，依据《河流冰期观测规范》（SL 59—2015）进行冰水情观测。由弯道进口至弯顶共布设 6 个大断面，顺水流方向断面编号逐渐增大（图 7.3），其中 1、2 断面为完整断面，下游 4 个断面因清沟影响并未获得整个断面的数据。各断面间平均间隔 200m，上游 1、2、3 断面的断面间距较大，下游 4、5、6 断面的断面间距则较小。每个断面上每隔 10m 用铁钎打一冰孔，主槽堆积冰部分则按 20～40m 一个，共计 154 个冰孔，其中 1 断面 24 个、2 断面 51 个、3 断面 31 个、4 断面 23 个、5 断面 13 个、6 断面 12 个。每孔利用测深锤测量水深并用 RTK 记录冰面高程，最终获得大断面的高程地形剖面。每个断面上的冰孔中，采用 AD-CP 技术进行测流，通过下放 ADCP 至冰盖底部测量流速及水深。由于河道存在大量冰花，冰花主要分布在主槽内，通过水流输运，逐渐堆积增厚，当遇到冰花层时，借助冰花多浮在冰底且冰花层具有一定的厚度的性质。同时，ADCP 需要穿过冰花才能获取水流流速，故可通过 ADCP 下潜的深度减去冰厚从而计算出冰花厚度，当冰花较厚时，孔隙率很小，采用测深锤辅测；冰厚则通过 L 形量冰尺（可勾住冰盖底部）测量，进而可掌握冰盖底部的位置，同时记录的水深为冰下有效水深，沿河宽方向测量可获得断面冰花分布。因流速存在脉动，但一定时间内的流速均值会趋于一个稳定值，因此单孔测流采用延时取样，历时 60s，瞬时流速平均后得到时均流速。6 个断面共计有效测流 104 孔，每孔流速测量的垂向间距为 10cm，最高点距离冰盖/冰花底部 20cm，最低点距离河床 50cm 左右。对每个断面的冰孔进行编号，起始编号均从弯道凹（左）岸一侧开始，至凸（右）岸逐渐增大。

7.2.2 冰下水流流速垂线分布

1. 流速垂线分布

为对比完整断面与含清沟断面的水流特征，选取 1 断面、2 断面、4 断面、6 断面（以下简称 sec.1、sec.2、sec.4、sec.6）中的代表性孔位进行水动力分析，选取原则为凹岸附近、中轴线附近、凸岸附近各一个，其中，孔号小的代表凹岸附近（L）、孔号较大的代表中轴线附近（M）、孔号大的代表凸岸附近（R）；对于含清沟的断面则由临近清沟的孔位代表凸岸附近的流速点。沿水深方向将流速无量纲化为 u/U，其中 u 为测点时均流速，U 为垂线水深的平均流速；水深无量纲化为 z/h，其中 z 为某测点距离水面的深度，h 为有效水深；各断面典型孔位的流速垂线分布如图 7.4 所示。

由流速曲线分布形态可见，冰下水流流速分布与双对数分布较为融合。入弯的完整断面 sec.1 与 sec.2 水深较下游断面浅，其冰下水流流速分布具有一致性，L 侧最大流速点位于 1/2 水深以下，R 侧位于 1/2 水深以上；含清沟的断面 sec.4 与 sec.6 水深流速分布则没有 sec.1 与 sec.2 的平滑，sec.4 的 M 侧流速分布存在拐点，sec.6 的 L 侧与 M 侧流速分布有震荡现象，且这几个点位均有较厚的冰塞存在（表 7.3，冰塞是扰流的一个因素，但流速总体与 sec.1、sec.2 具有相同的分布特征。从平均流速上看，除 sec.6 外，河道凹岸附近水流流速比凸岸附近小，主要是因为冰塞形成于凹岸主槽并沿程堆积致使凹岸侧水流阻力增大、流速降低的缘故，且受冰塞影响，凹岸主流被压迫并逐渐向凸岸逼近，进一步增加了凸岸附近水流的流速；此外，流速分布也是湿周摩阻和上下游河势综合作用的结果。对于 sec.6 而言，由于断面已不在冰塞范围内，因此其凹岸主流区的流速仍然较大。自 sec.1 至 sec.6，水流平均流速沿程呈降低趋势，且流速在 sec.1 的 R 侧（20 号孔）达到了最大值 0.45m/s，而在 sec.4 的 L 侧（1 号孔）达到最小值 0.14m/s，这种流速分布与弯顶上游的冰塞及回流区有关。由于 sec.4 和 sec.6 均不完整，对清沟处的流速尚不能准确判定，但通过清沟附近临近点（sec.4 的 22 号、sec.6 的 12 号，距离清沟 5~8m）的水流流速可知，清沟处的流速应在 0.3m/s 以上，较多数冰下水流流速大。

对冰盖下的水流，目前使用广泛的仍然为双对数分布律。为此，基于 Einstein 假定，以最大流速点为界，将冰下水流分为冰盖区域河床区，分别利用对数分布公式进行流速拟合，以判定冰下分区水流是否服从对数分布律。对数流速分布公式为

$$u = \frac{u_*}{\kappa}\ln\frac{30}{K} + \frac{u_*}{\kappa}\ln y \tag{7.11}$$

上式可化简为

$$u = A\ln y + B \tag{7.12}$$

其中，A、B 分别为系数和常数。

分析流速分布形式，根据统计结果，最大流速点部分位于 1/2 水深及以下位置，而位于 1/2 水深以上的点则多处于完整断面的平封冰盖区域。选取典型垂线进行拟合，结果见表 7.3。对数分布拟合结果比较令人满意，流速分布拟合精度较高（R^2 范围为 0.53~0.99），且 sec.1 与 sec.2 代表点的流速分布与理论曲线更接近，而受扰流影响的 sec.4 与 sec.6 流速分布效果稍逊色于 sec.1 与 sec.2，整体上，冰下水流流速垂线分布基本服从双对数分布规律。

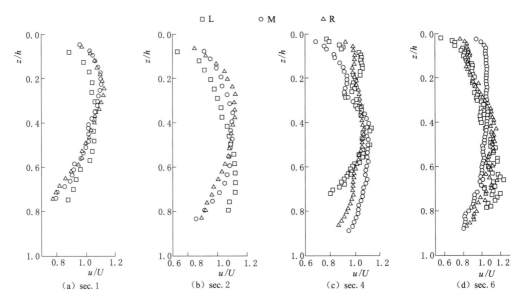

图 7.4　各断面典型孔流速垂线分布

表 7.3　　　　　　　　　　　　　　各断面典型孔水动力特征值

项目		sec. 1			sec. 2			sec. 4			sec. 6		
孔号		4 号	12 号	20 号	2 号	32 号	51 号	1 号	15 号	22 号	2 号	9 号	12 号
有效水深/m		1.70	3.59	2.80	2.37	2.50	2.88	7.92	5.15	5.07	8.42	7.23	7.80
冰花厚/cm		0	0	0	0	13	0	0	90	41	74	78	0
冰厚/cm		60	46	60	45	40	38	45	70	50	42	44	42
流速/(m/s)		0.22	0.44	0.45	0.27	0.26	0.43	0.14	0.19	0.22	0.29	0.23	0.27
冰盖区	A	0.03	0.04	0.05	0.05	0.04	0.07	0.05	0.03	0.01	0.05	0.01	0.04
	B	0.24	0.50	0.51	0.28	0.28	0.47	0.12	0.17	0.22	0.25	0.24	0.25
	R^2	0.92	0.95	0.99	0.97	0.98	0.87	0.71	0.92	0.84	0.93	0.66	0.80
河床区	A	0.05	0.13	0.15	0.05	0.06	0.09	0.23	0.02	0.03	0.09	0.04	0.08
	B	0.22	0.36	0.37	0.31	0.27	0.42	−0.17	0.19	0.20	0.25	0.19	0.22
	R^2	0.93	0.98	0.99	0.94	0.91	0.98	0.64	0.93	0.97	0.53	0.93	0.87

　　测流时还发现了一个特殊现象，在弯顶周围的 3 个断面均有所体现。凹岸主槽附近的几条垂线，水深中部均存在 ADCP 探测不到的流速剖面或者流速幅值间断性很强的剖面，且该区域均存在回波强度异常增加的现象，因此并没有获取完整的流速剖面图。图 7.5 给出了 sec. 4 的 5 号孔与 sec. 6 的 4 号孔的流速与回波强度垂线分布，可见，流速剖面缺省部分正好对应回波强度突增的部分。经分析与实际测量（横式采样器取水时同时取到了冰花）发现，这部分区域之所以测不到流速，是因为水流中存在流动的冰花层，从流速缺省的深度范围可知，冰花层厚约 50cm，但密度不大（否则不能探测出下层的流速）。流冰花在水流垂向间呈稀疏分布，纵向形成了一条冰花输移带，横向宽度则与主槽宽度有关，回波强度激增正好也验证了水流中存在粒径大的悬浮颗粒物的事实。进一步通过断面数据，

流动冰花从 sec.4 开始形成一直延伸向下游,sec.4 上游却没有,说明冰塞形成于 sec.4 的上游断面。由于冰盖阻断了水流与空气的热交换,因此,冰花主要由上游清沟区域生成并通过弯道环流输移至凹岸主流区。在流速剖面中还发现,流动冰花存在于水深中部而不在顶部,原因是中部流速最大,冰花来不及浮至表面即被带到下游,输移至下游某个流速缓慢的区域再次堆积。不同于冰塞聚集区密实的冰花层,观测的流动冰花较为稀疏,这与冰花在输运过程中被水流掺混分散有关。

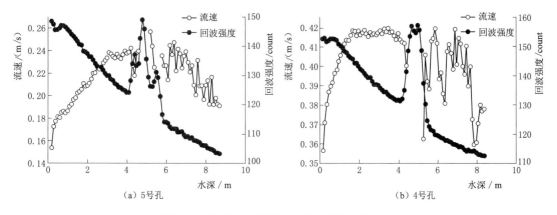

图 7.5 典型孔水流流速与回波强度垂线分布

2. 垂线平均流速径向分布

由于 sec.1~sec.3 区域为冰花严重堆积区,冰花层厚度大,ADCP 不易施测,故冰塞区的流速未能测取。选取 sec.1、sec.2、sec.4、sec.6 这 4 个断面的垂线平均流速进行径向流速分布分析,如图 7.6 所示。对于冰塞严重堆积的断面,以 sec.2 为例,冰塞在凹岸侧主槽堆积后,动力区阻力增大,主槽近岸区域水流流速降低(平均 0.16m/s),同时,过流面积减小,冰封期的水流受冰塞挤压影响,主流逐渐向凸岸逼近,故凸岸侧水流流速较大(平均 0.48m/s)。这实际也是水流能耗的自我调整过程,在行进过程中,为减小自身能耗,水流会绕开有明显阻力的冰塞区域,因此水流集中于无冰塞的凸岸河槽一侧。

sec.4~sec.6 区域的冰花堆积程度较轻,冰花层厚度沿程降低,同时断面清沟(亮子)长度也逐渐增大。上游冰塞对弯顶附近的水流影响较小,弯顶主槽附近流速逐渐恢复(平均 0.35m/s),沿河宽方向,水流流速均保持较大的水平,整体变幅不大,但在靠近清沟处,水流流速明显增加。一方面,清沟内的水流流速本身比冰盖下水流流速大,且靠近清沟处的冰盖厚度较薄,冰盖阻力较小;另一方面,清沟内的水流与靠近清沟附近的冰盖水流存在一定的动量交换,因此,冰盖越靠近清沟,冰下水流流速越大,增幅也越明显,这实质上也是局部冰盖促进冰下水流向明流区集中的结果。可见,清沟的流速比冰下流速大,动力条件是其不封冻的主要原因,加之受上游冰塞及冰盖卡冰的影响,冰花难以被携带至下游,输冰量的降低也是形成清沟的原因之一。

7.2.3 冰下水流湍动能分布

湍动能(TKE)是指通过湍流涡流从平均流中获得的能量,与水流的各项紊动强度

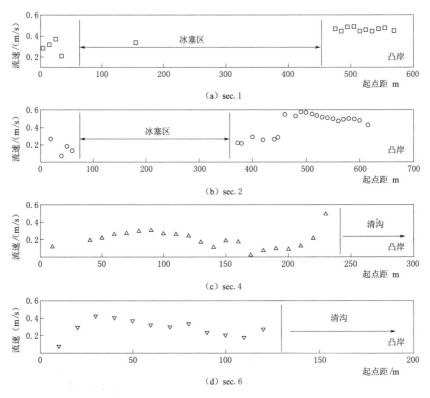

图 7.6　垂线平均流速径向分布

有关，因此也是水流紊动强弱的度量，故湍动能计算公式如下：

$$TKE = \frac{1}{2}(RMS_u^2 + RMS_v^2 + RMS_w^2) \tag{7.13}$$

式中：RMS_u、RMS_v、RMS_w 分别为纵向、横向及垂向紊动强度，其值为各向脉动流速的均方根，以 RMS_u 为例：

$$RMS_u = \left[\frac{1}{n}\sum_{i=1}^{n}(u_i - \overline{u})^2\right]^{\frac{1}{2}}$$

纵向脉动流速　　　　　　　　　　$u' = u_i - \overline{u}$

式中：u_i 为纵向瞬时流速分量；$\overline{u}$ 为纵向时均流速分量；n 为测流历时内的取样点数。

各断面的湍动能分布如图 7.7 所示。对于 sec.1 与 sec.2，由于其水流流速分布与理论曲线更为符合，因此湍动能分布也具有较为明显的规律，各代表点的水流湍动能沿水深基本呈减小—增加—减小的趋势，这种曲线形态与前人室内研究得出的 S 形分布具有相似性。由于冰盖的形成，冰下近底区流速与床面近底区类似，变幅明显，且在同等条件下，冰盖下水流湍动能较明流大，即增大水面以下一部分区域的水流湍动能，因此冰下水流湍动能沿垂线形成了此种 S 形结构：湍动能径向分布上，R 侧最大、M 侧次之、L 侧最小。对于 sec.4 与 sec.6，湍动能分布则具有较强的震荡性，整体无明显规律，sec.4 位于回流区、sec.6 则含有冰花带，扰流影响增强了湍动能分布的混乱程度，但部分点位的湍动能分布也有"S"形的发展趋势：湍动能径向分布上，R 侧最大，其余位置较小。沿程分布上，L侧，湍动能沿程增大；M侧湍动能，sec.2最大，sec.6最小，即呈先增后减的趋势；R侧，湍动能呈增加—减小—增加的趋势，且sec.4最小，sec.6最大。4个断面的水流湍动能大小与流速大小在径向和纵向分布上具有较好的一致性。

分析结果表明，入弯时（sec.1），冰下主流转移至凸岸，因此凸岸水流具有较大的湍动能，受冰塞影响的凹岸水流，流速降低，紊动强度减小；与sec.1类似，sec.2也为完整断面，二者凹岸水流均处于冰塞区，凹岸水流湍动能明显小于凸岸；进入sec.4时，因断面正处于弯顶前的回流区内，水流流速明显降低，水流湍动能最小；到达弯顶sec.6后，由于弯顶及其下游已没有明显的冰塞存在，主槽内的水流仍具有较大的流速，水流湍动能恢复且得到充分发展，此时，凹岸主槽水流具有最大湍动能。可见，对于河道径向未完全覆盖的冰塞，其主要通过削弱附近的水流动力进而降低水流湍动能。从图7.7中还可发现，各沿水深方向的分布曲线中，有较为明显的转折点，分别位于$z/h=0.3$与$z/h=0.7$附近，说明冰下水流近水面及近底附近有较大的流速变幅。水流湍动能的分布规律与双对数流速分布律相契合，冰底及床面的流速近似为0，在一定高度范围内迅速增加，低速区与高速区相互掺混，因此存在较大的湍动能梯度。

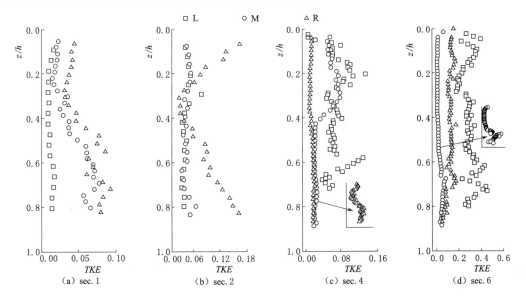

图7.7 各断面典型孔湍动能垂线分布［单位：$\text{kg}/(\text{m} \cdot \text{s}^2)$］

7.2.4 冰下水流雷诺应力分布

由于弯曲河道各部分各时刻的流速不同，紊流脉动造成上下层质点相互掺混，引起动量交换，即引起雷诺应力。雷诺应力也是引起环流的重要原因之一，由于弯道环流影响，雷诺应力有正有负。分别对各断面各点的雷诺应力进行计算，因垂向雷诺应力很小，主要取水平面及垂直面上的雷诺应力分析。以水平面为例，雷诺应力计算公式如下：

$$\tau = -\overline{\rho u' v'} \tag{7.14}$$

7.2.4.1　纵向雷诺应力分布

如图 7.8 所示，sec.1～sec.6 的纵向雷诺应力沿水深分布均不显著，但在 $z/h=0.3$ 与 $z/h=0.7$ 附近多存在极值，且在 $z/h=0.7$ 附近更为明显，表明近底处的流速脉动强烈。纵向雷诺应力大小（绝对值）径向分布上，sec.1 在 M 侧最大、L 侧最小；sec.2 在 R 侧最大、L 侧最小；sec.4 在 L 侧最大、R 侧最小；sec.6 在 R 侧最大、M 侧最小。纵向分布上，L 侧，纵向雷诺应力沿程增加；M 侧，纵向雷诺应力先减后增，且 sec.1 最大、sec.4 最小；R 侧，纵向雷诺应力呈增加-减小-增加的趋势，且 sec.6 最大、sec.4 最小。4 个断面的纵向雷诺应力大小与流速大小在径向与纵向分布上比较一致。

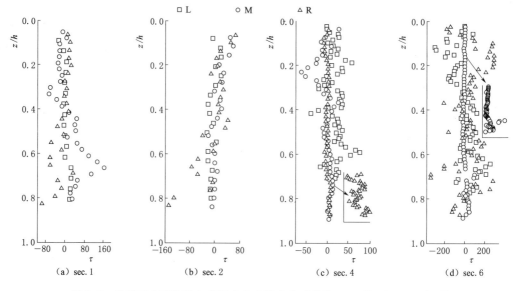

图 7.8　各断面典型孔纵向雷诺应力垂线分布 ［单位：$10^{-5}\text{kg}/(\text{m}\cdot\text{s}^2)$］

7.2.4.2　横向雷诺应力分布

如图 7.9 所示，与纵向雷诺应力分布一样，横向雷诺应力在垂线上无明显规律，但在 $z/h=0.3$ 与 $z/h=0.7$ 附近存在极值，且在 $z/h=0.7$ 附近更为明显。径向分布上，sec.1 在 R 侧最大、M 侧最小；sec.2 在 R 侧最大、L 侧最小；sec.4 在 L 侧最大、R 侧最小；sec.6 在 L 侧最大、M 侧最小。纵向分布上，L 侧，横向雷诺应力沿程增加；M 侧，横向雷诺应力先增后减，且 sec.4 最大、sec.1 最小；R 侧，横向雷诺应力呈增加—减小—增加的趋势，且 sec.6 最大、sec.4 最小。同样，4 个断面的横向雷诺应力大小与流速大小在径向与纵向分布上比较一致。

以上的分析结果中，雷诺应力整体在量级上无明显差别，纵向雷诺应力较横向大，且各垂线的雷诺应力在近底处普遍存在极值点，正是因为床面附近的流速变幅大，水流动量交换强烈，因此造成了明显的水流脉动，在近底附近的雷诺应力也更大，说明近底附近的动量交换强于冰下水面。同时，各个点的横、纵雷诺应力分布都有一定的震荡变化，就曲线形态而言，雷诺应力分布无明显规律可循。由于天然河道水流没有实验室水流相对理想的条件，加上弯道冰塞和回流的影响，因此试验得出的雷诺应力分布，包括流速分布与湍动能分布等，精度会明显降低，部分实测结果规律不明显，只是理想条件下的一种近似。

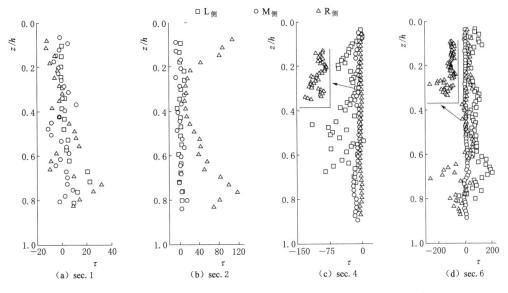

图 7.9　各断面典型孔横向雷诺应力垂线分布　[单位：10^{-5} kg/(m·s²)]

7.2.5　弯道冰塞特征及形成机理

冰塞的形成与气温、河道形态及水力条件有关，弯道处的冰塞，持续低温保证了河道足够的产冰量，河道形态则决定了其容易形成，因此，冰塞堆积与演变的过程主要与水力条件（主要是水流流速）相关。水流流速决定了冰花运动的动力条件，也可将其表征为输冰能力，输冰能力大，冰花不易在河道滞留堆积，反之则容易形成冰塞。由此可见，冰塞形成的动力过程实质上可由冰花的力学过程来描述。

冰花受力分析：由冰水理论分析可知，冰盖前缘流冰花主要受三个力作用：水流的曳引力 $0.5C_l\rho AV_i^2$、重力 $\rho_i(1-e)gA_it_i\sin\theta$、浮力 $\rho(1-e)gA_it_i'\sin\theta$，冰花沿水流方向的受力可表示为

$$\sum F_x = \frac{1}{2}C_l\rho A_iV_i^2 + \rho_i(1-e)gA_it_i\sin\theta - \rho(1-e)gA_it_i'\sin\theta \quad (7.15)$$

式中：C_l 为系数；A_i 为冰块表面积；t_i 为冰块厚；t_i' 为水浸冰厚；e 为空隙率；ρ、ρ_i 分别为水和冰的密度；V_i 为冰盖前缘水流速度；θ 为河床倾角。

由式（7.15）可知，从力学角度出发，冰花能够下潜的前提条件是 $\sum F_x > 0$，且 $\sum F_x$ 数值越大，下潜的冰花量越多，由于 $\sum F_x$ 与边盖前缘流速的平方呈正比关系，说明水流流速（或者弗劳德数 Fr）越大，冰花下潜的概率越大，河道输冰能力越强，也就越不容易形成冰塞，反之则容易形成冰塞；什四份子河段冰盖前缘的水流流速约 0.6m/s，平均水深 3m，$Fr=0.11$，与王军等（2016）室内研究得出的冰花下潜临界 $Fr=0.12\sim0.13$ 以及 Sui 等（2002）在河曲实测得到的临界 $Fr=0.09$ 相近。弯道特殊的地形有力地促进了冰凌在弯顶前的卡堵，冰盖逐渐由弯顶向上游发展，冰盖前缘水流流速大于下游水流流速，冰花容易下潜并向下游输移。

对于冰盖下的冰花而言，其受力较冰盖前缘冰花多一项，即冰花内部间的黏滞力 $f_i(1-e)(\rho-\rho_i)gA_it_i$，短距离河道比降很小，因此可忽略重力及浮力沿水流方向的分力，则冰下冰花沿水流方向的受力可分为两部分：

$$\sum F_{xi} = \frac{1}{2}C_l\rho A_i V_i^2 - f_i(1-e)(\rho-\rho_i)gA_it_i \tag{7.16}$$

式中：f_i 为冰花与冰盖的摩擦系数。

由式（7.16）知，从力学角度看，冰下冰花能否继续输移至下游决定于其受力的正负。当 $\sum F_{xi}<0$ 时，冰花运动主要受制于黏滞力，冰花不会发生移动，进而不能被水流带往下游，促成了河道冰塞形成的前提；反之，当 $\sum F_{xi}>0$ 时，水流曳引力占优，冰花具备运动的条件，不容易形成冰塞。冰下冰花受力同样与冰下水流流速的平方呈正比，因此，冰下水流流速越大，水流挟冰能力越大，冰花运动的概率越大，越不容易形成冰塞；反之冰花大量止动，在一定条件下容易堆积形成冰塞。

什四份子弯道冰塞形成过程：什四份子弯道各断面弯道冰厚、水深、冰花厚分布如图 7.10 所示，其中图 7.10（a）～（f）分别代表 sec.1～sec.6。弯道畅流期的主槽位于凹岸一侧已是普遍被认可的事实，什四份子弯道也一样，明流时凹岸主槽流速大，因此易形成"凹冲凸淤"的现象；封冻初期，冰凌阻力不足以改变主流方向，弯顶前，河道主流仍偏向凹岸，流冰花被主流牵引优先汇聚于主槽内；由于弯顶断面束窄形成明显的卡口，上游来冰最初在此卡冰封河，下游缺乏充足的冰凌补给，因此，此时弯顶下游一段距离基本处于畅流状态（仅有部分因热力条件生成的岸冰），随着气温持续降低，热力因素促进冰盖进一步生长，畅流区域逐渐缩短变窄；通过前文对流速的分析结果可知，弯顶及下游的水流流速较大，且越靠近清沟流速越大，因此水流动力条件占优，河道不足以通过热力条件发展为完全封冻，最终在较大的流速条件下形成清沟。弯顶上游形成稳定冰盖后，冰盖前缘还具备一定的水流动力，水流动能超过冰花下潜所需的临界能量，同时超过了水流临界 Fr，冰花下潜并沿主槽向下游输运，故大量流冰聚集在凹岸主槽内。由于什四份子弯道平面形态的特殊性，弯顶工程布局凸出并形成节点工程，造成弯道形成呈上宽下窄的形态，因此在弯顶上游会形成部分回流区（该区域最先形成一部分平封冰盖），流速降低，观测数据为 0.14m/s，水流曳引力明显减小。随着冰花的浓度和厚度增加，冰花运动进一步削弱或停止，导致冰花内部阻力增加，此时，冰花间的黏滞力起主要作用，水流曳引力不足以达到冰花移动的力学条件，入弯至弯顶前，凹岸主槽流速逐渐降低，上游流动的冰花向下游运动促进止动的冰花进一步压缩，聚集的冰花容易在弯顶上游滞留从而形成初始冰塞。随着上游冰花量的增加，冰花沿凹岸主槽堆积并向上游发展，逐渐削减上游水流动力，直到冰盖前缘水流流速接近冰花下潜的临界流速，输冰能力与来冰量逐渐平衡，最终形成稳定的平衡冰塞。冰塞的平衡状态是相对的，冰塞厚度及长度随外界条件的变化而变化，超过临界条件时［Urroz（1992）的研究为临界 $Fr=0.16$］，冰塞开始不稳定且可能会发生溃决。

实测数据显示，冰花大量堆积在入弯段至弯顶前，最大冰塞厚度达到 6.1m（sec.2），冰塞厚度自 sec.2 开始，沿程逐渐减小，且多分布于凹岸主河槽中。由于冰盖与冰塞的阻冰效应，上游来冰不能被水流输运至下游，下游来冰量显著减少。冰塞的存在明显降低了主流的过流能力，因此，水流被迫挤压并向凸岸河槽逼近，促使凸岸水流逐渐发展为主流，流速大幅增加。流速对冰盖的负向动力制约作用强于负气温对冰盖的正向热力驱动作用，故弯顶前，清沟靠近凸岸主流区域且不易封冻，过弯顶后，清沟仍然保持在河道中部流速较大的区域，其径向位置与左右侧水流流速的大小有关，左侧流速大，则抑制冰盖生长，清沟发展偏向左侧。可以预见，在冰塞影响下，入弯至弯顶段，凸岸河槽将会在冰封期发生冲刷，弯道横向比降降低。此外，在冰塞聚集区，冰塞的横向分布与河床地形的分布形态存在较好的一致性（图7.10）。整个封冻期，由于冰塞较为稳定，冰塞的存在会一直影响河道形态，因此，冰封期弯道的河床演变过程将更为独特。

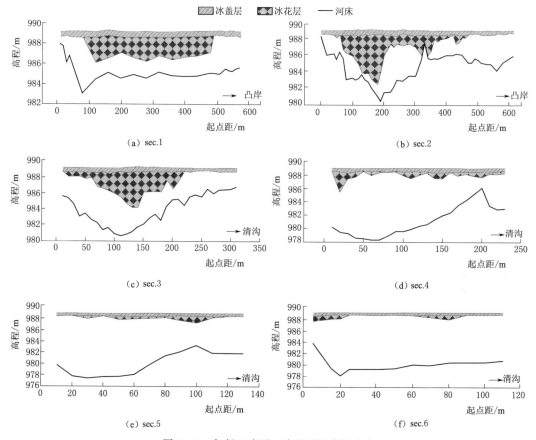

图 7.10　各断面冰厚、冰花厚及水深分布

本次试验也进行了冰厚观测。入弯至弯顶段，冰厚沿程略有下降，变化不大，sec.6 平均冰厚约为 45cm，sec.5 平均冰厚约 51cm，其余断面平均冰厚约 55cm，以 sec.2 的冰厚为最大。对于固定断面，凹岸主河槽冰厚最大，凸岸偏小，但凹凸岸两侧平均冰厚相差不大。最大冰厚出现在 sec.2 的 10 号孔，达 90cm。广义上，冰塞也是另一种冰盖，绘制最大冰厚（含冰花）纵向分布图，如图 7.11 所示。可见，sec.2 具有最大冰厚且处于河道主槽，因此可认为冰塞趾部位于 sec.2 附近，sec.6 冰厚最小但已偏离主槽，故冰塞体主要聚集在 sec.2 上游且基本沿主槽向上游发展。因 sec.2 附近的冰塞趾部限制了上游流冰继续向下游输移，故下游的冰厚逐渐减小，下游的冰花主要

由上游清沟产生并通过弯道环流向凹岸河槽输移。对冰厚的测量均未考虑冰上堆积的部分，实际上，主流部分的冰体形态为堆积冰，上游来冰量增加后，进一步加强了冰体间的紧冰作用，流动的冰块将动能转化为冰块间相互碰撞挤压的机械能，大量冰块在冰上堆积，实测堆积冰厚度最大可达1m以上。什四份子弯道的冰体形态具有明显的分界线，堆冰区也是冰塞区，且堆冰宽度与冰塞厚度呈正相关，与实测数据分析的结果基本一致。在野外，通过观察堆积冰的分布也可以感知河道主槽的位置及冰塞的分布情况；冰期利用低空无人机拍摄河冰类型分布，通过冰体形态分析河流冰情也是一种值得借鉴的经验性较强的辅助手段。

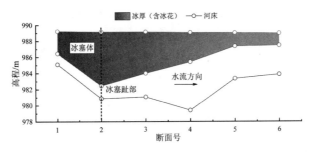

图 7.11　最大冰厚（含冰花）纵向分布

7.3　弯道河冰运动及冰水动力学模拟

7.3.1　弯道模型建立

什四份子弯道为典型急变弯河道，弯曲度较大，历年是卡冰堆积并形成冰凌险情的险工河段。以弯道弯曲度为基础，并参考周建银（2015）被广为引用的水槽模型，建立单一弯道模型，其曲率半径与水槽模型一致，对入口、出口直道段及水槽高度进行适当延长加高，以满足拉格朗日粒子的充分输移。分别建立弯曲度不同的单弯模型，其中水槽弯曲段中心线半径长是 8.53m，弯曲度分别为 60°、90°、150°、180°，中心线曲率比 $R/B=3.645$，弯道底坡为平底坡。两个连接直道段长度为 15m，宽度 2.34m，高度为 1.2m，初始水深设为 0.8m，模型尺寸如图 7.12 所示。

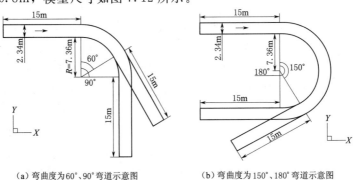

(a) 弯曲度为60°、90°弯道示意图　　　(b) 弯曲度为150°、180°弯道示意图

图 7.12　各弯道模型平面示意图

上游均采用流量进口，设置流量 $q=1.872\mathrm{m^3/s}$，进口水位高 $0.8\mathrm{m}$，水流弗汝德数 $Fr=0.357$，平均速度 $v_{\mathrm{av}}=1\mathrm{m/s}$，雷诺数为 470422.7。下游采用压力出口，水位控制在 $0.65\mathrm{m}$，流体经过区域采用壁边界，顶边界为大气压。采用结构化矩形网格，最小网格尺寸为 $0.12\mathrm{m}\times0.12\mathrm{m}$，计算时间 $200\mathrm{s}$。参考野外实测数据，流凌前期冰花尺寸在 5cm 左右，拉格朗日粒子模型设置为相同尺寸的固体粒子直径 $0.05\mathrm{m}$，密度 $917\mathrm{kg/m^3}$，与弯道边界接触后的恢复系数为 0.5，阻力系数乘数设为 1，意味计算域采用球体粒子充填。水槽糙率设为 0.015，静摩擦系数为 0.5。粒子设为随水流运动，经过验算确定粒子源生成粒子速率为 200 个/s。粒子和流体相互作用采用双向动量耦合，并采用控制变量法将无冰颗粒的清水流作为对照试验。

7.3.2 弯道流凌运动及分布

流凌在不同弯道分布情况如图 7.13 所示。弯曲度不同的各弯道，在达到稳定状态后，流凌在进口段及进入弯道初期（进口断面）的分布情况与直道分布相似。过弯道时，流凌前缘沿水流主轴线不断向前发展，随着粒子的集聚逐渐向凹岸聚集，呈现凹岸多、凸岸少的特点，并沿凹岸输出弯道。出弯后流凌沿水流中心线左右摆动，随下游控制水位的影响，逐渐向两岸集聚。

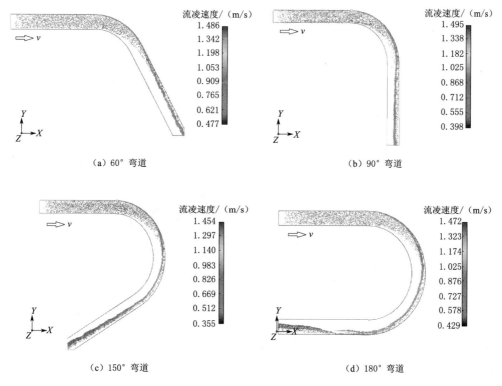

（a）60°弯道　　　　　　　　　　（b）90°弯道

（c）150°弯道　　　　　　　　　　（d）180°弯道

图 7.13　弯曲度不同弯道河冰分布及速度分布

另外，各弯道流凌沿凹岸逐渐增多扩散，流凌分布多呈现楔形分布，这与李淑祎（2017）等在实验中的结论基本一致。因模拟无法对粒间相互作用力进行描述，该分布主要是受流凌与槽间作用及弯道环流的影响所致。各弯道速度较大流凌近凸岸，且随着弯曲度的增大，其范围逐渐缩小，高流速流凌数量沿弯道断面依次递减。流凌在凹岸的聚集，也解释了冰塞易集中停滞在弯道处，尤其在凹岸及回水区低流速区这一特点。

7.3.3　弯道水流特征

7.3.3.1　弯道水流流速

不同弯道冰水流和清水流表面流速等值线图如图 7.14 所示。对于清水流，各弯道均在入口凸岸产生高流速区，出口凸岸产生低速区，这与 Shukry(1950) 弯道水槽实验规律基本一致。随着弯曲度的增大，主流越早偏向凸岸，弯道出口断面主流区向凹岸偏移程度随着弯曲度的增大不断加大。

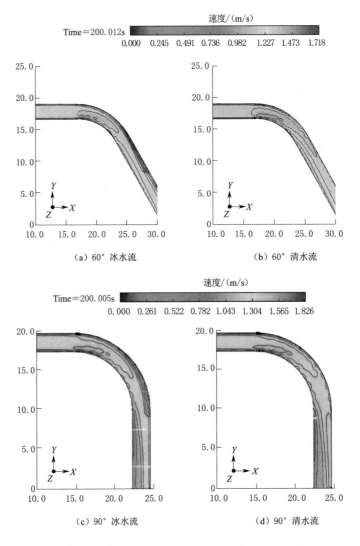

图 7.14（一）　各弯道表面流速等值线分布

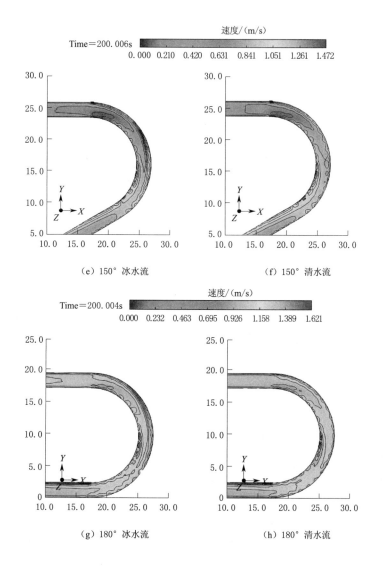

图 7.14（二） 各弯道表面流速等值线分布

　　冰水流表面流速基本规律与清水流基本一致，主要不同在凹岸流态及主流区的改变。流凌在凹岸形成长条状低流速区，且沿水流该区域逐渐变宽。由上述冰凌运移规律可知，此处为流凌聚集处，聚集的流凌对凹岸流态产生了很大影响。随着弯曲度的加大，低流速区发展越广泛，冰花堆积越多。冰水流的主流亦因凹岸冰花的堵塞，向凸岸偏移程度变大，缩小主流过流面积。随上游流凌的不断堆积发展，此处极易形成冰塞体，并逐渐向上游递进，为河段险工部位。综上可见，由于流凌与水槽作用及弯道环流的存在，冰水流流速发展不充分，导致冰水流与清水流流速等值线的总体差异。

　　对各弯道冰水流及清水流流速进行定量分析，依据弯曲度的不同，对进口、弯顶、出口 3 个典型断面沿凹岸到凸岸水面速度分布进行分析。

　　图 7.15（a）60°弯道，冰水流及清水流表面速度最大值均为 $v_顶 > v_进 > v_出$，出口断

面冰水流速度最小值小于清水流；图 7.15（b）为 90°弯道，冰水流及清水流表面速度最大值均为 $v_\text{进} > v_\text{顶} > v_\text{出}$，进口断面两类流动相似，出口断面冰水流速度最小值小于清水流，两类流动凹岸向凸岸流速变化剧烈；图 7.15（c）为 150°弯道，冰水流及清水流表面速度最大值 $v_\text{进} > v_\text{顶} > v_\text{出}$，进口及出口断面两类流动速度相似，弯顶断面凹岸速度差异大，冰水流的速度更小；图 7.15（d）为 180°弯道，进口及出口断面两类流动表面流速分布基本一致，速度最大值 $v_\text{进} > v_\text{出} > v_\text{顶}$，凹岸向凸岸方向弯顶断面冰水流速度最小值小于清水流。综上可知，两类流动进口断面速度基本相等，弯顶及出口断面速度变化强烈。各弯道最大进口速度均大于出口速度，主要是凹岸流速发生变化。60°和 90°弯道冰水流和清水流进口与弯顶断面水面速度基本一致，主要体现在出口断面的不同，150°和 180°弯道冰水流与清水流进口与出口断面速度基本一致，主要体现在弯顶断面速度的不同。这是由于随弯曲度增大，凹岸低流速区离凸岸高流速区越远，低流速集中区延后。随着弯曲度增大，在弯顶断面，冰水流沿凹岸到水流中心速度差呈增大趋势，即冰水流在急弯河段弯顶部位，其低流速区范围更广泛。

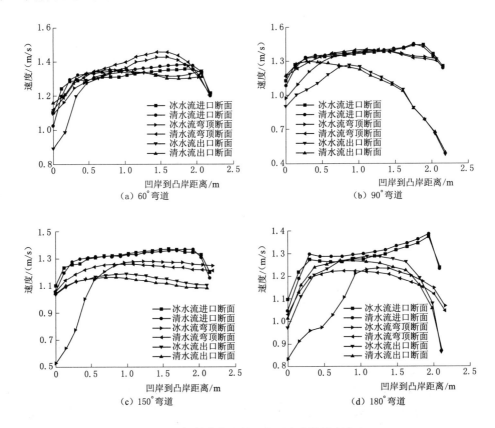

图 7.15　各弯道典型断面水面速度沿槽宽分布

由表 7.4 可知，除 180°弯道外，随着弯曲度的增大，冰水流与清水流弯顶断面凹岸速度最小值的差值呈增大趋势，而出口断面凹岸速度最小值的差值呈减少趋势，说明弯曲度对典型断面流速的影响逐渐由出口转向弯顶断面。

表 7.4			弯顶断面及出口断面凹岸流速变化			
弯曲度/(°)	弯顶断面凹岸速度最小值/(m/s)		速度差/(m/s)	出口断面凹岸速度最小值/(m/s)		速度差/(m/s)
	冰水流	清水流		冰水流	清水流	
60	1.1	1.12	0.02	0.88	1.17	0.29
90	0.97	1.17	0.20	0.9	1.17	0.27
150	0.53	1.06	0.53	1.04	1.04	0
180	0.83	1.03	0.20	0.97	1.01	0.04

7.3.3.2　横向环流

　　为分析流凌条件下水流垂向分布特征，对流凌发展充分且速度变化大的180°弯道的典型断面进行分析，并与相同条件下清水流对比。不考虑纵向流速速度矢量，180°各断面冰水流和清水流横向环流分布如图 7.16 所示。可以发现，在进口及出口断面，两类流动横向环流速度矢量基本相似，其中进口断面横向环流呈现自凹岸向凸岸变化的特征，而出口断面产生相似的反对称环流，冰水流凹岸下有小环流。对弯顶断面分析可知，有流凌覆

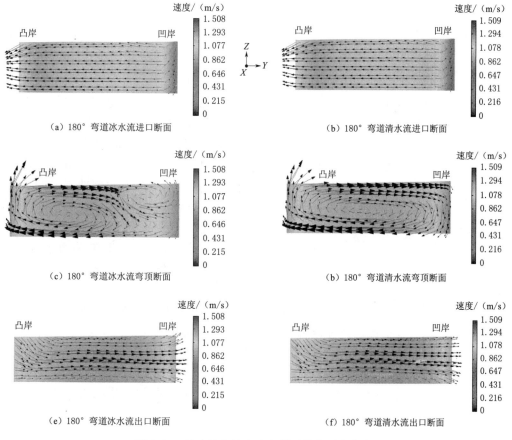

（a）180°弯道冰水流进口断面　　　　　　　（b）180°弯道清水流进口断面

（c）180°弯道冰水流弯顶断面　　　　　　　（b）180°弯道清水流弯顶断面

（e）180°弯道冰水流出口断面　　　　　　　（f）180°弯道清水流出口断面

图 7.16　冰水流与清水流各断面横向环流分布

盖的条件下，凹岸形成愈加强烈的冰下环流，与靠近凸岸的大环流是反对称关系，环流强度也小于后者。冰水流位于凸岸底部的大环流明显小于清水流，是由于积聚的流凌影响水流过流能力，在一定程度上影响凸岸的大环流的发展演化。

7.3.3.3　水位

为研究流凌对弯道水位的影响，对弯顶断面横向水位进行分析。由于离心力的存在而使自由水面的平衡状态遭到破坏，进入弯段即有从凸岸到凹岸倾斜的横比降 J_r，水深横向变化如图 7.17 所示，各弯道凹岸到凸岸水位都有降低趋势，水面超高依次为 0.03m（60°）、0.04m（90°）、0.06m

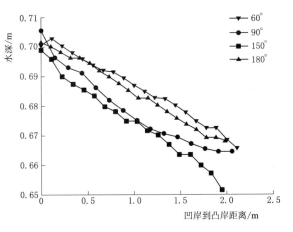

图 7.17　各弯道弯顶断面的水深变化

（150°）、0.03m（180°），说明弯曲度对宽浅明渠水深和水面超高有一定影响，但不明显。

7.4　畅流期及稳封期弯道水流模拟

7.4.1　畅流期弯道水流三维数值模拟

在畅流期和稳封期对该弯道进行了 RTK 散点测量，稳封期对弯顶断面冰孔取样和测流点位进行定位，测量冰厚和水深，处理后获取弯顶冬季河底地形；畅流期对测点进行定位以及加密点地形测量，在船身架设 RTK 移动站，并量取甲板至 ADCP 的距离，记录实时水深，处理后可获取河道地形数据。因 2019 年初对该河道边界地形数据进行了实测，几乎没有发生较大变化，河道边界采用 2019 年冬季实测数据。结合畅流期实测的加密河道断面地形和冰封期弯顶河道地形，导入 surfer 软件插值处理，得到什四份子弯道地。

将导入 surfer 软件生成的地形数据导出，保存为 .dat 文件，利用 Topo2STL 程序将其转化为 .stl 文件。这类文件可导入 FLOW-3D，并在软件中按照步骤设置参数。

7.4.1.1　建模及参数设置

将所建实体模型导入 FLOW-3D 软件中，采用结构化矩形网格对模型进行划分。模拟区域较大，为保证模拟的准确性，将网格尺寸划分为 2m×2m×2m，总体网格数为 5756256 个，经过 FAVOR 技术处理后的区域实体模型如图 7.18 所示。物理模型激活重力、紊流模型及密度变化模型，计算区域设定重力加速度为 -9.81m/s²，采用 RNG $k-\varepsilon$ 紊流模型，同时对数值运算步长及压力迭代机制等进行参数控制，其中初始时间步长为 0.01s，最小时间步长 10^{-7} s，采用 GMERS 压力求解算法，满足收敛性条件。

畅流期，模拟需要导入地形数据，设置模拟区域的底高程 970.00m 为设置参考面，

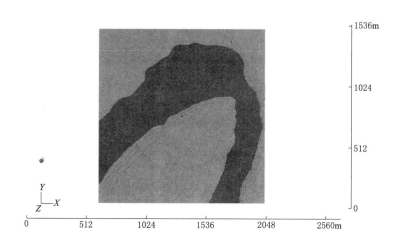

图 7.18　FAVOR 处理后的河道地形

壁面及地面均为固壁边界，水位流量数据参考头道拐水文站 11 月日均数据。上游进口边界为流量水位 Q-H 边界，平均流量为 922.355m³/s，上游水位为 17.321m，下游为水位边界，控制水位为 17.0m，初始水位设置为 17.35m，计算区域上方为一个标准大气压，计算时间为 10800s。参考畅流期实测 Ⅰ～Ⅳ 断面的位置，将模拟区域的各断面分区域垂线平均流速提取出来，并与实测数据对比验证模拟效果，模拟的取样断面分区域位置见表 7.5。

表 7.5　　　　　　　　FLOW-3D 模拟中畅流期分区域断面位置

断面位置		凹　岸　区		中　间　河　道		凸　岸　区	
		x	y	x	y	x	y
Ⅰ	起点	503044.92	4462395.68	503128.19	4462250.28	503214.25	4462097.15
	终点	503127.72	4462251.79	503210.98	4462105.39	503295.72	4461953.48
Ⅱ	起点	503413.20	4462585.38	503481.33	4462365.78	503510.93	4462250.13
	终点	503484.09	4462376.11	503513.68	4462222.59	503552.23	4462084.90
Ⅲ	起点	503917.81	4462209.72	503875.18	4462171.70	503839.43	4462136.87
	终点	503876.95	4462173.42	503829.66	4462135.80	503766.97	4462092.74
Ⅳ	起点	504028.86	4461897.97	503947.22	4461847.49	503854.96	4461807.79
	终点	503952.30	4461850.88	503859.27	4461813.24	503788.05	4461746.49

7.4.1.2　水流条件分析

图 7.19 给出了不同时刻的水流平均流速变化图，从图中可以看出，在 100s 上游来水引起初始流速改变，在 300s 左右到达弯顶部位，在 600s 左右流经整个计算区域，之后随上游流量的改变而不断变化，在 2000s 左右计算区域流态基本不变，维持稳定，并在后续的发展中因流量的不断调整及数值收敛，流态大致稳定不变，呈现 10800s 的特定水流形态。从流速的发展可以看出，主流区在入弯前集中在凸岸部位，到弯顶集中在凹岸侧，水

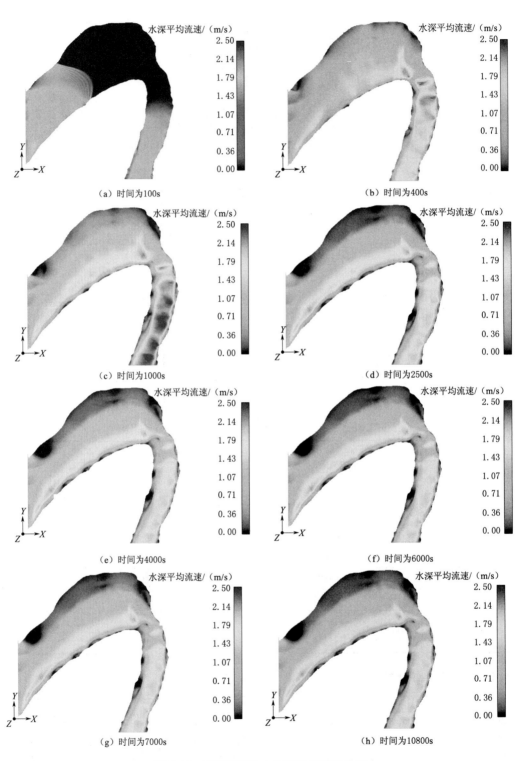

图 7.19　不同时刻的水流平均流速变化图

流发生折转，出弯后水流依然集中在凹岸侧，并一直向下游发展，其中在入弯过程中凹岸侧产生流速较小区，实测发现此处大区域为回流区，并在弯道凸岸侧存在流速较小区域，实测勘测发现此处为淤积区。畅流期模拟大致反映了弯道流态的变化，与实测流速分析得出的结论一致，说明模拟可满足对弯道水流基本规律的分析。

7.4.1.3 弯顶水流矢量图分析

对入弯后弯顶水流矢量图进行分析，如图 7.20 所示，在 800s 之前，上游来水沿河道向前推进，在弯顶部位未形成水流的平面环流现象；在 1000s 左右，弯顶水流初步呈现平面环流，即上游到弯顶部位凹岸侧回流区水流逆时针环流和弯顶凸岸的顺时针环流。随着水流的不断发展，紊流逐渐呈现其紊乱性和无规律性，在上游凹岸回流区水流流速较小且呈往复运动，一直持续到 10800s，在 2000s 左右，凹岸回流区靠近弯顶部位逐渐呈现逆时针的环流，其形态逐渐突出，与凸岸的顺时针环流大致沿主流呈对称形态。随时间发展，可以看到两岸的平面环流位置沿水流逐渐往下游移动，最终环流凸岸位置在近弯顶前端处，呈逆时针分布；凹岸位置在弯顶后端处，呈顺时针分布，与踏勘过程中观测到的回流现象基本一致。

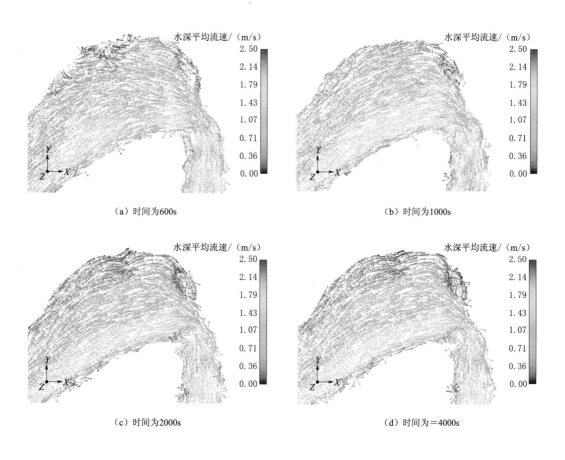

（a）时间为600s　　　　　　　　　　　　（b）时间为1000s

（c）时间为2000s　　　　　　　　　　　　（d）时间为=4000s

图 7.20（一）　不同时刻弯顶水流矢量图

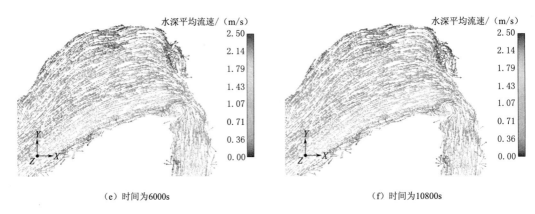

（e）时间为6000s　　　　　　　　　　　　　（f）时间为10800s

图 7.20（二）　　不同时刻弯顶水流矢量图

7.4.1.4　畅流期弯道流速验证

为定量验证模拟对野外实测水流流速的描述，参考畅流期实测Ⅰ～Ⅳ断面凹岸、中间河道、凸岸区域的起始坐标位置，将模拟各区域的各断面垂线平均流速提取出来，并与实测数据对比验证模拟效果，见表 7.6。

表 7.6　　　　　　　　　　畅流期各断面 FLOW－3D 模拟值与实测值对比

断面位置		实测值	FLOW－3D 模拟值	相对误差
Ⅰ断面	凹岸区	0.72	0.86	19.44％
	中间河道	1.19	1.40	17.65％
	凸岸区	1.46	1.60	9.59％
	总断面	1.01	0.87	13.86％
Ⅱ断面	凹岸区	0.91	0.97	6.59％
	中间河道	1.23	1.29	4.88％
	凸岸区	1.40	1.35	3.57％
	总断面	1.13	0.76	32.74％
Ⅲ断面	凹岸区	1.52	1.22	19.74％
	中间河道	1.30	1.24	4.62％
	凸岸区	0.36	0.42	16.67％
	总断面	0.78	0.76	2.56％
Ⅳ断面	凹岸区	1.38	1.15	16.67％
	中间河道	1.74	1.56	10.34％
	凸岸区	1.24	1.02	17.74％
	总断面	1.29	1.21	6.20％

上述分析可知，FLOW－3D 在模拟Ⅰ、Ⅲ、Ⅳ断面时相对误差较小，而Ⅱ断面误差较大，Ⅱ断面总断面相对误差达到 32.74％，表明模拟在除Ⅱ断面之外，均获得良好的吻

合度。Ⅱ断面误差较大可能是由于该断面未能很好地反映实测地形，不过从总体来看，流速的模拟值大致能反映该流量条件下的实测均值。

7.4.2 RIVER-2D简介

RIVER-2D软件是模拟河流水动力学与生境变迁的二维软件，2002年由加拿大阿尔伯塔大学开发。软件主要有四个模块，包括RIVER-BED、RIVER-ICE、RIVER-MESH和RIVER-2D运行分析模块，其中，RIVER-BED用来编辑分析河床地形特征，RIVER-ICE可编辑冰盖的厚度及粗糙程度，RIVER-MESH用于划分三角形网格，进而生成一个.cdg的文件，可导入RIVER-2D运行模块，设置研究区边界条件、模拟收敛方法及参数进行水动力学模拟。本章运行所有四个模块对畅流期和冰封期什四份子河段的水力特性进行研究。

7.4.3 畅流期弯道水流二维数值模拟

7.4.3.1 边界条件及参数设置

采用二维软件RIVER-2D对畅流期什四份子弯道的水力特性进行模拟，并与实测数据对比验证模拟精度，确定河道糙率系数，后续对冰封期糙率进行参数控制，利用复合糙率对冰封期河道调整，可以减少冰封期流速模拟误差。

畅流期取河段平均实测水深$H=3.2m$，将其作为该河道水力半径，即$R=3.2m$。参考吴持恭（2008）《水力学》，以"河段不够顺直，上下游附近弯曲，有挑水坝，水流不通畅""土质边坡，且一岸坍塌严重，长有稀疏杂草及灌木"为依据，粗糙系数n值为$0.030\sim0.034$。经过计算，该河段有效粗糙高度k_s系数为$0.218\sim0.401$，根据研究河段的实测河道资料，对研究河段的粗糙高度k_s系数取值为0.302。经过三角化插值的什四份子河段地形图如图7.21（a）所示。

畅流期和冰封期网格经三角剖分和平滑处理后的网格质量QI为0.2085，满足允许值为$0.15\sim0.5$，总体网格25m，节点数4853，并在特征线附近加密布置，加密网格尺寸为20m，网格化的河道如图7.21（b）所示。

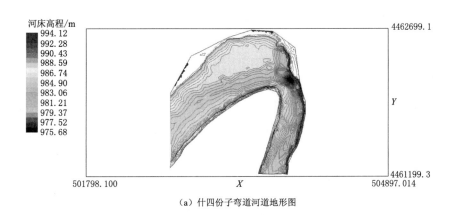

（a）什四份子弯道河道地形图

图7.21（一） RIVER-2D处理的地形图及网格

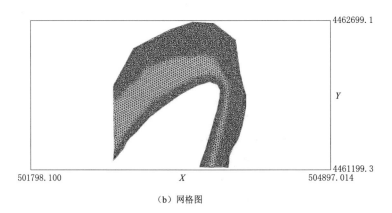

（b）网格图

图 7.21（二）　RIVER-2D 处理的地形图及网格

　　RIVER-2D 一般上游使用流量边界、下游使用水位边界，水位流量曲线或单位深度-流量曲线边界。采用上游流量、下游水位边界，水位流量值参考 2019 年 11 月实测头道拐水文站月均数据，即 $\overline{Q} = 922.355\,\text{m}^3/\text{s}$，$\overline{H} = 987.321\,\text{m}$。参考畅流期实测 I ～ IV 断面凹岸、中间河道、凸岸区域的起始坐标位置，将模拟区域的各断面分区域垂线平均流速提取出来，并与实测数据对比验证模拟效果，取样坐标位置见表 7.7。

表 7.7　　　　　　　　　　　　　RIVER-2D 畅流期模拟断面位置

断面位置		凹　岸　区		中　间　河　道		凸　岸　区	
		x	y	x	y	x	y
I 断面	起点	503047.555	4462348.578	503113.002	4462244.793	503206.754	4462129.637
	终点	503119.141	4462272.318	503189.213	4462143.438	503279.124	4462015.578
II 断面	起点	503501.000	4462495.706	503437.039	4462380.375	503535.566	4462243.947
	终点	503529.203	4462413.867	503437.039	4462260.009	503562.442	4462090.791
III 断面	起点	503887.532	4462243.968	503860.495	4462187.075	503782.526	4462177.918
	终点	503860.495	4462187.075	503782.526	4462177.918	503736.444	4462121.512
IV 断面	起点	504030.750	4461857.563	503965.715	4461759.129	503888.607	4461723.823
	终点	503965.715	4461759.129	503888.607	4461723.823	503771.744	4461673.891

7.4.3.2　结果及分析

　　畅流期流量水位下运行 10830s 后的河道流速等值线如图 7.22 所示，提取上述特征断面的流速值，并与实测值进行对比。

　　表 7.8 表现出了 RIVER-2D 各断面区域模拟值和实测值的相对误差，模拟所表现出的流速大致趋势与实测值相似，对比 FLOW-3D 对畅流期流速的模拟，可认为 RIVER-2D 对畅流期流速的模拟相对误差大于三维数值模拟，但总体断面流速与实测值差距并不是很大，故仍具有一定的适用性。

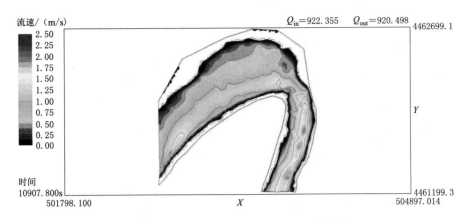

图 7.22 RIVER－2D 模拟畅流期流速等值线

表 7.8 **RIVER－2D 畅流期模拟值和实测值对比**

断面位置		实测值	RIVER－2D 模拟值	相对误差/%
Ⅰ断面	凹岸区	0.72	0.81	12.50
	中间河道	1.19	1.10	7.56
	凸岸区	1.46	1.20	17.81
	总断面	1.01	0.77	23.76
Ⅱ断面	凹岸区	0.91	1.04	14.29
	中间河道	1.23	0.89	27.64
	凸岸区	1.40	1.22	12.86
	总断面	1.13	0.77	31.86
Ⅲ断面	凹岸区	1.52	1.22	19.74
	中间河道	1.30	1.52	16.92
	凸岸区	0.36	0.28	22.22
	总断面	0.78	0.88	12.82
Ⅳ断面	凹岸区	1.38	1.66	20.29
	中间河道	1.74	1.80	3.45
	凸岸区	1.24	0.94	24.19
	总断面	1.29	1.09	15.50

7.4.4 冰封期冰下弯道水流模拟

7.4.4.1 边界条件及参数设置

冰封期的边界条件及网格划分与畅流期前序操作一致，不同在于对冰盖区域的编辑及进出口边界条件的设定。冰盖的范围参考野外实测冰盖位置，将实测断面冰厚导入 RIV-ER－ICE 文件，上游冰盖区取厚度均值 0.5m，冰盖糙率计算公式见式（7.17）。

$$n_i = n_{i,e} + (n_{i,i} - n_{i,e}) e^{-kt}$$

（7.17）

203

　　根据河段冰花堆积冰盖厚度及冰类型，$n_{i,i}$ 取值 0.03，$n_{i,e}$ 取值为 0.02~0.03，计算时取值 0.025，衰减常数 k 取值 0.01/d，t 取值 30d，计算可得冰盖糙率 $n_i = 0.0287$。在有冰盖存在的条件下，水力半径一般取冰下水深的一半，经过公式计算 k_i 系数为0.01624。冰盖区域的形态及范围参考 2020 年稳封期冰情，如图 7.23 所示，冰的比重采

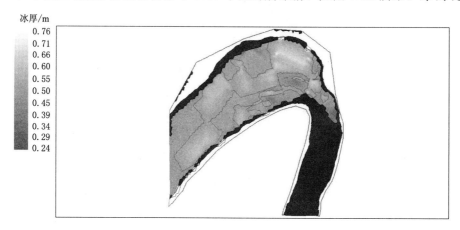

图 7.23　稳封期冰盖形态及范围

取默认值 0.92，冰盖越厚的地方呈现白色，越薄处呈现浅蓝色，明渠水体则为蓝色，并在两相干湿分界处，如冰与岸、冰与水之间设置特征线。

　　边界采用上游流量，下游水位边界，水位流量值参考 2020 年 1 月实测头道拐水文站月均数据，即 $\overline{Q} = 481.323\,\mathrm{m^3/s}$，$\overline{H} = 988.67\mathrm{m}$。参考 2020 年稳封期实测 Ⅳ~Ⅵ 的位置，坐标位置见表 7.9。将模拟区域的各断面各区域垂线平均流速提取出来，并与实测数据对比以验证模拟效果。

表 7.9　　　　　　　　　　　RIVER-2D 稳封期模拟中断面位置

断面位置		凹岸区		中间河道		凸岸区	
		x	y	x	y	x	y
Ⅰ断面	起点	503203.639	4462495.542	503245.180	4462329.565	503287.107	4462167.911
	终点	503245.180	4462329.565	503287.106	4462167.911	503332.646	4461975.242
Ⅱ断面	起点	503542.572	4462616.561	503500.973	4462429.926	503469.236	4462232.960
	终点	503500.974	4462429.926	503469.236	4462232.960	503444.449	4462051.125
Ⅲ断面	起点	503810.535	4462508.479	503753.004	4462421.089	503699.655	4462317.684
	终点	503753.004	4462421.089	503699.654	4462317.684	503638.661	4462194.578
Ⅳ断面	起点	503879.429	4462400.791	503834.167	4462322.507	503798.114	4462259.799
	终点	503834.167	4462322.507	503798.114	4462259.799	503745.543	4462166.995
Ⅵ断面	起点	503921.676	4462206.371	503896.178	4462176.460	503870.071	4462145.677
	终点	503896.178	4462176.460	503870.071	4462145.677	503842.455	4462100.952

7.4.4.2　结果及分析

　　冰下流速如图 7.24 所示。受冰期流量的影响及冰盖的约束作用，冰下流速最大值小

于畅流期最大流速。但从流速分布等值线图可知，流速最大值主要集中在上游凸岸处，弯顶部位凸岸处，反映了冰盖影响下的水流运动情况，下游无冰盖区的流速大致与水深对应，规律与实测基本一致。因流速较小，在弯顶部位流速矢量环流比畅流期的更不明显，几乎无环流，故在此不予展示。

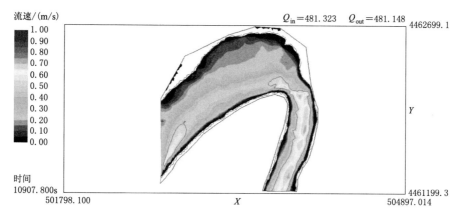

图 7.24　RIVER－2D 模拟冰封期流速

由表 7.10 不难看出，冰封期对该区域河道流速进行模拟过程中，模拟值与实测值相对误差较大，排除实测过程中的偶然误差外，可认为由于冰封期流量水位的变化不具有同步性，导致月均流量和水位不同步，同时稳封期冰盖的糙率系数还需要斟酌，需要不断组织野外试验对冰下糙率系数进行验证，这样可提高模拟精度。

表 7.10　　　　　　　　　　　　冰封期流速 RIVER－2D 模拟值与实测值对比

断面位置		实测值	RIVER－2D 模拟值	相对误差/％
Ⅰ断面	凹岸区	0.23	0.16	30.43
	中间河道	0.36	0.28	22.22
	凸岸区	0.45	0.36	20.00
	总断面	0.44	0.27	38.64
Ⅱ断面	凹岸区	0.19	0.14	26.32
	中间河道	0.28	0.23	17.86
	凸岸区	0.52	0.40	23.08
	总断面	0.42	0.26	38.10
Ⅲ断面	凹岸区	0.12	0.08	33.33
	中间河道	0.17	0.21	23.53
	凸岸区	0.35	0.43	22.86
	总断面	0.18	0.25	38.89

续表

断面位置		实测值	RIVER - 2D 模拟值	相对误差/%
Ⅳ断面	凹岸区	0.19	0.40	47.37
	中间河道	0.26	0.24	7.69
	凸岸区	0.47	0.43	8.51
	总断面	0.23	0.27	17.39
Ⅵ断面	凹岸区	0.28	0.15	46.43
	中间河道	0.37	0.39	5.41
	凸岸区	0.34	0.49	44.12
	总断面	0.30	0.36	20.00

7.5　本章小结

本章以黄河内蒙古什四份子弯道和头道拐水文站直河道为研究对象，基于分形理论对冰盖下水流流速的分布规律进行了研究，并对黄河什四份子弯道进行了冰封期冰情测验，分析了其冰下水流特征及冰塞形成过程。参考什四份子弯道野外实测数据。概化宽浅明渠急弯河道的形态，基于利用 VOF 方法、FAVOR 技术及 RNG k - ε 湍流模型的 FLOW - 3D 软件，在验证粒子输移和水动力学模型的基础上，结合两相动量耦合模型，对弯道流凌期冰花的迁移运动及冰水两相流的水力特性进行了系统的研究，对流凌空间分布、流速变化、水位变化进行了研究，并研究弯道几何特性弯曲度对水力特性的影响。最后，根据实测边界数据并率定参数，采用不同的模型平台，模拟稳封期冰盖对水流运动的影响、畅流期水流运动情况，与实测数据对比验证模拟精度，得出的主要结论如下：

（1）分形理论不仅可以应用于明渠水流，对冰盖下水流流速垂线分布同样适用，通过分形理论可推出冰盖条件下水流流速垂线分布公式；冰盖下的水流分布，无论是冰盖区还是河床区，其流速垂线分布均具有分形现象，能用双对数分布公式表达，然而，弯道水流垂线流速在水流核心区不服从对数分布。因此，对不同河型，使用流速分布公式时需考虑公式的适用性或引入其他因子项（如环流因子）。

（2）稳封期，最大流速点接近水深中央，冰盖糙率多小于河床糙率，但差值不大，体现为二者逐渐逼近于平衡态。冰盖区水流流速分布的分维值大于河床区，流速分布沿水深方向均匀化，但对弯道而言，弯顶处受冰花堆积与水流掺混影响，河床区水流流速分布的分维值不规律。

（3）对什四份子弯道冰封期测验发现，弯道冰下水流流速基本服从双对数分布规律，无冰塞及回流影响下，平封冰盖区域的流速分布更接近理论分布；弯顶卡冰封河及下游较大的流速条件共同促进了清沟的形成，弯顶上游，主流易位，凸岸河槽流速大于凹岸河槽

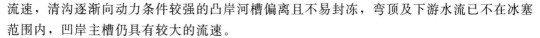

流速，清沟逐渐向动力条件较强的凸岸河槽偏离且不易封冻，弯顶及下游水流已不在冰塞范围内，凹岸主槽仍具有较大的流速。

（4）湍动能大小与流速大小在径向分布与纵向分布上具有较好的一致性，冰盖增强了近冰底附近的水流紊动，湍动能沿水深方向近似呈 S 形分布，在近底区变幅较大；弯道水流纵向雷诺应力大于横向雷诺应力；雷诺应力大小与流速大小在径向和纵向分布上具有较好的一致性；垂线上，雷诺应力尚无统一的规律可循，但在近底处存在较大的动量交换，雷诺应力变幅较大。

（5）受弯顶上游的回流区及河势等因素影响，水流动力不足以带走滞留的冰花，冰塞趾部很可能形成于弯内 sec.2 并逐渐向上游发展，达到力学平衡条件时，形成稳定冰塞；冰塞整体堆积于凹岸主槽。

（6）在弯道河冰运动模拟中，过弯道时，流凌前缘沿水流主轴线不断向前发展，逐渐向凹岸聚集，弯道处流凌多呈现楔形分布。随弯曲度的增大，弯顶断面离凸岸高流速区越远，低流速集中区较为延后，冰水流沿凹岸到水流中心速度差呈增大趋势，流凌的存在增大凹岸表层水流横向环流，在一定程度上影响凸岸底部大环流的发展。弯顶断面水位冰水流比清水流高，随弯曲度的增大两者差值变小。

（7）RIVER2D 与 FLOW‑3D 两类软件模拟效果大致反映了畅流期弯道流态的变化，反映了弯道主流线变化的一般规律，但 FLOW‑3D 模拟畅流期流速的误差小于 RIVER‑2D，精度较高。RIVER‑2D 模拟稳封期流速相对误差较大，在 3、4 断面凹岸区相对误差达 40％左右，具有一定参考价值。

参 考 文 献

［1］ SHEN H T，HARDEN T O. The effects of ice cover on vertical transfer streamwise channels ［J］. Water Resources Bulletin. 1978，14（6）：1112‑1131.

［2］ WALKER J F，WANG D. Measurement of flow under ice covers in North America ［J］. Journal of Hydraulic Engineering，ASCE，1997，123（11）：1037‑1040.

［3］ MAJEWSKI W. Flow in open channels under the influence of ice cover ［J］. Acta Geophysica. 2007，55（1）：11‑22.

［4］ HANJALIC K，LAUNDER B E. Fully developed asymmetric flow in a plane channel ［J］. Journal of Fluid Mechanics，1972，51：301‑335.

［5］ 杨开林. 明渠冰盖下流动的综合糙率 ［J］. 水利学报，2014，45（11）：1310‑1317.

［6］ 王恺祯，王军，隋觉义. 黄河宁蒙河段冰期洪水波运动过程中的变形分析 ［J］. 水利学报，2018，49（7）：869‑876.

［7］ 陈建国，曾庆华，王兆印. 冰盖流的水流结构 ［J］. 水利学报，1993（2）：75‑81.

［8］ 付辉，郭新蕾，杨开林，等. 南水北调中线工程典型倒虹吸进口上游垂向流速分布 ［J］. 水科学进展，2017，28（6）：922‑929.

［9］ 郭新蕾，杨开林，付辉，等. 南水北调中线工程冬季输水冰情的数值模拟 ［J］. 水利学报，2011，42（11）：1268‑1276.

［10］ 杨开林. 河渠冰水力学、冰情观测与预报研究进展 ［J］. 水利学报，2018，49（1）：81‑91.

［11］ 茅泽育，罗昇，赵升伟，等. 冰盖下水流垂线流速分布规律研究 ［J］. 水科学进展，2006（2）：

209 - 215.

[12] 王军，付辉，伊明昆，等 . 冰盖下水流速度分布的二维数值模拟分析 [J]. 冰川冻土，2009，31 (4)：705 - 710.

[13] 王志兴，李成振，陈刚 . 冰盖下水流流速垂向分布规律研究 [J]. 沈阳农业大学学报，2009，40 (4)：465 - 470.

[14] 倪志辉 . 长江黄河垂线流速分布的分形研究 [J]. 人民长江，2008，(18)：17 - 19＋100.

[15] 黄才安，周济人，赵晓冬，等 . 基于分形理论的流速及含沙量垂线分布规律研究 [J]. 水利学报，2013，44 (9)：1044 - 1049.

[16] 惠遇甲 . 长江黄河垂线流速和含沙量分布规律 [J]. 水利学报，1996，(2)：11 - 17.

[17] 刘春晶，李丹勋，王兴奎 . 明渠均匀流的摩阻流速及流速分布 [J]. 水利学报，2005 (8)：950 - 955.

[18] 张罗号 . 基于涡量-动量传递理论的天然河流流速与含沙量垂线分布公式 [J]. 水利学报，2014，45 (5)：566 - 573.

[19] 郜国明，马子普，李书霞，等 . 冰盖对层流垂线流速分布的影响研究 [J]. 人民黄河，2018，40 (7)：15 - 17.

[20] TSAI W F, ETTEMA R. Modified Eddy Viscosity Model in Fully Developed Asymmetric Channel Rows [J]. Journal of Engineering Mechanics, ASCE, 1994, 120 (4)：720 - 732.

[21] ODGGARD A J. River - meander model. I：Development [J]. Journal of Hydraulic Engineering, ASCE, 1989, 115 (11)：1433 - 1450.

[22] TSAI W F, ETTEMA R. Ice cover influence on transverse bed slopes in a curved alluvial channel [J]. Journal of Hydraulic Research, 1994, 32 (4)：561 - 581.

[23] 中华人民共和国水利部 . 河流冰情观测规范：SL 59—2015 [S]. 北京：中国水利水电出版社，2015.

[24] 郜国明，张宝森，张防修，等 . ADCP 技术在黄河河道冰下流速监测中的应用 [J]. 人民黄河，2018，40 (6)：38 - 42，48.

[25] EINSTEIN H A. Method of calculating the hydraulic radius in a cross section with different roughness [J]. Appen. II of the paper "Formulas for the transportation of bed load". Transactions, ASCE, 1942, 107.

[26] 刘月琴，万艳春 . 弯道水流紊动强度 [J]. 华南理工大学学报（自然科学版），2003 (12)：89 - 93.

[27] ROBERT A, TRAN T. Mean and turbulent flow fields in a simulated ice - covered channel with a gravel bed：some laboratory observations [J]. Earth Surface Processes and Landforms, 2012, 37 (9)：951 - 956.

[28] BENNETT S J, BEST J L. Mean flow and turbulence structure over fixed, two - dimensional dunes：Implications for sediment transport and bedform stability [J]. Sedimentology, 2006, 42 (3)：491 - 513.

[29] 王虹，王连接，邵学军，等 . 连续弯道水流紊动特性试验研究 [J]. 力学学报，2013，45 (4)：525 - 533.

[30] 可素娟，吕光圻，任志远 . 黄河巴彦高勒河段冰塞机理研究 [J]. 水利学报，2000 (7)：66 - 69.

[31] PARISET R, HAUSSER H. Formation and evolution of ice covers on rivers [J]. Transactions, Engineering Institute of Canada, 1961, 5 (1)：41 - 49.

[32] 王军，章宝平，陈胖胖，等 . 封冻期冰塞堆积演变的试验研究 [J]. 水利学报，2016，47 (5)：693 - 699.

[33] SUI J, KARNEY B W, SUN Z, et al. Field investigation of frazil jam evolution：a case study [J].

Journal of Hydraulic Engineering，2002，128（8）：781－787.

［34］ URROZ G E，ETTEMA R. Bend ice jams：laboratory observations［J］. Canadian Journal of Civil Engineering，1992，19（5）：855－864.

［35］ URROZ G E，ETTEMA R. Small－scale experiments on ice jam initiation in a curved channel［J］. Canadian Journal of Civil Engineering，1994，21（5）：719－727.

［36］ HIRT W. PARTICLE－FLUID COUPLING［R］. Santa Fe：Flow Science Inc，Technical Note，FSI－99－TN50，1999.

［37］ BARKHUDAROV M，DITTER J. Particle transport and diffusion［R］. Santa Fe：Flow Science Inc，Technical Note，FSI－94－TN39，1994.

［38］ SHUKRY A. Flow around bends in an open flume［J］. Transactions of the American Society of Civil Engineers，1950，115（1）：751－779.

［39］ 周建银. 弯曲河道水流结构及河道演变模拟方法的改进和应用［D］. 北京：清华大学，2015.

［40］ 李淑祎，陈胖胖，汪涛，等. 弯槽冰塞水位试验研究［J］. 人民黄河，2017，39（11）：89－94.

［41］ 马淼，李国栋，张巧玲，等. 弯道弯曲度对水流结构的影响［J］. 应用基础与工程科学学报，2016，24（6）：1193－1202.

［42］ 张红武，吕昕. 弯道水力学［M］. 北京：水利电力出版社，1993：47－51.

［43］ STEFFLER P，BLACKBURN J. RIVER－2D：Two－dimensional depth averaged model for river hydrodynamics and fish habitat－Introduction to depth averaged modeling and user's manual［R］. University of Alberta，2002.

［44］ 吴持恭. 水力学［M］.4 版. 北京：高等教育出版社，2008.

第8章

黄河什四份子河段堤岸土体特性及本构模型

河岸崩塌过程除了受近岸水流作用影响之外，还与河岸土体组成及特性密切相关。就土体组成及特性而言，影响河岸崩塌的因素除了土体的基本性质（密度、含水率、孔隙率等），还包括土体的抗冲（起动切应力和冲刷系数）、抗剪（黏聚力和内摩擦角）等力学特性。黄河内蒙古段河段是典型的季节性冻土区，冬季寒冷而漫长，堤岸土体会经历一个漫长的冻融循环过程，冻融循环作用会使堤岸土体间的颗粒结构、力学性质以及强度特性等发生较大改变。同时，伴随着气温降低及河冰的形成，河道产生壅水效应，加剧了河流对岸坡的冲刷，而在冰期两种耦合的作用下往往会加速堤岸边坡的破坏，从而触发河岸崩塌形成险情。崩滑体落入河道内，会增加河流含沙量，加剧河道的冲淤演化，严重的甚至会在凌汛期冲淹河道旁的田地，威胁堤外人民的生命和财产安全。

因此，为了明确冻融循环作用对堤岸土体组成及特性的影响，本章对黄河堤岸土体进行多次冻融循环试验，分析了冻融作用下试样含水量与基质吸力的关系、试样收缩特性的变化规律；研究了冻融循环作用对土体抗剪强度参数以及结构特性的影响规律及损伤机理，为分析季冻区堤岸的崩塌机理模式，河道演变及堤岸的保护和治理提供理论支撑。

8.1 堤岸土层采样与地质概况

8.1.1 堤岸土体现场取样

试验土样取自黄河头道拐水文站上游断面官牛犋堤岸凹岸处（40°16′12″N，111°18′00″E），该河段为典型的弯曲河段，河道凹岸处堤岸受水流冲刷作用强烈，崩岸现象明显，且该处堤岸无人工护岸工程，适合研究自然状态下黄河堤岸的崩岸机理。在距河道 5m 位置处开挖 1.8m 基坑，采集直径 10cm 高 20cm 的堤岸原状土柱及大量散状土体。

8.1.2 堤岸土体水文地质概况

黄河内蒙古段堤岸土体多为黄河上游黄土高原水土流失，经河道冲刷携带汇入黄河，在下游滩地落淤而成，堤岸土层整体可归属为第四季松散河流堆积物。对黄河邬二圪梁及官牛犋等不同堤岸处实地勘探表明：河道堤岸属混合土河岸，存在明显的垂向分层现象，上层土多由低液限粉土组成（30～47cm），中层土为粉土夹薄层黏土（47～104cm），中下层土为夹淤泥质粉土（103～140cm），最下层则为饱和粉砂土（140～181cm）。

8.2 黄河堤岸土体基本物理特性

8.2.1 堤岸土体基本物理性质分析

1. 堤岸各层土体含水率分析

在实验室测定用环刀取回的原状土样的含水率及天然湿密度，同时，对每层所取散状土样取三份，利用烘干法测定土样天然含水率，取平均值得到堤岸土样的天然含水率为 $w = 31.72\%$。

2. 堤岸各土层最大干密度、最优含水率分析

共制备 9 个试样，向 9 份试样中加入不等量的水搅拌均匀，密封 2d 使含水率分布均匀。试验采用击实法，测定 9 份土样的干密度与含水率值，并绘制击实后土样的干密度与含水率的关系曲线，得到黄河堤岸土体的最大干密度为 1.62g/cm³，最优含水率为 18.2%。

3. 土粒比重试验

采用比重瓶法测量堤岸土体比重，试验结果见表 8.1。

表 8.1 堤岸土体比重试验表

温度/℃	水比重	比重瓶质量/g	瓶＋干土质量/g	干土质量/g	瓶＋土＋水质量/g	煮沸冷却后质量/g	瓶被充满质量/g	瓶＋水质量/g	比重	平均比重
17	0.9996	23.87	37.12	13.25	87.67	61.34	134.53	125.08	2.701	2.693
	0.9996	23.87	38.85	14.98	85.93	61.18	134.52		2.685	

4. 土体液塑限

取通过 0.5mm 筛的代表性重塑土样三份，分别加入不等量的水拌匀，然后放入密封袋内闷样处理 2d 使水分分布均匀，制备成低于和高于最优含水率以及介于二者中间状态不同稠度的均匀土膏。利用液塑限联合测定仪进行测量，圆锥下沉深度分别为 3.4mm、8.5mm、15.8mm，得到塑液限 $W_P = 30.7\%$，塑限 $W_L = 21.4\%$，塑性指数 $I_P = 9.3$，液性指数 $I_L = 0.11$。

5. 土样颗粒级配

将制好的重塑土样用铝盒称取 40g 放入粒径仪中自动测定土样粒径，所得土样颗粒粒径级配曲线如图 8.1 所示，可知：黄河堤岸土体粒径小于 2mm 的颗粒含量为 99.85%，粒径小于 0.075mm 的颗粒含量为 84.41%，粒径小于 0.005mm 的颗粒含量约为 11.63%。

由图 8.1 可知，土体不均匀系数 C_u 及曲率系数 C_c 为

$$C_u = \frac{d_{60}}{d_{10}} = \frac{42.12}{4.065} = 10.36 \tag{8.1}$$

$$C_c = \frac{(d_{30})^2}{d_{10} \times d_{;60}} = \frac{19.25^2}{4.065 \times 42.12} = 2.164 \tag{8.2}$$

式中：d_{10} 为有效粒径，土体中小于该粒径的土颗粒含量占总质量的 10%；d_{60} 为限制粒径，土体中小于该粒径的土颗粒含量占总质量的 60%；d_{30} 为土体中小于该粒径的土颗粒含量占总质量的 30%。

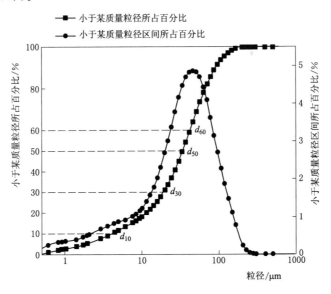

图 8.1　官牛犋堤岸土体粒径分布

6. 堤岸土体的土水特征曲线

土水特性曲线在土力学中用来描述基质吸力与含水量之间的函数关系。通过环刀法取堤岸土层距地表不同深度的土体，放入饱和容器内饱和 24h，然后放入加压锅内逐级增加基质吸力，每次加压 24h 后需将式样取出测量其质量，再放入加压锅内施加下一级压力。当施加完最后一级压力后，取出土样烘干，计算含水率，并绘制堤岸不同深度土层重塑土的土水特性曲线图，如图 8.2 所示。

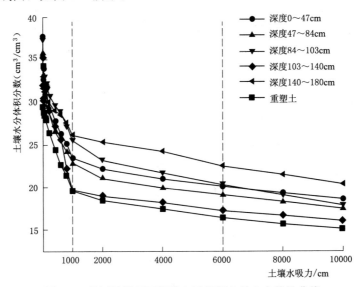

图 8.2　黄河堤岸不同深度土层重塑土的土水特性曲线

随着土壤水吸力的增大，土体含水量逐渐降低。曲线整体呈 L 形，且具有两个拐点：土壤水吸力 1000kPa/cm 及 6000kPa/cm 处，相应地将曲线分成三个区域，即边界效应区、过渡区和残余区。在边界效应区，基质吸力的增大对土的含水量影响最为明显，土样的含水量下降速率也最快，因为粉土粒间孔隙较大，而当非饱和土处于饱和状态时，此时的土壤水吸力造成土体的孔隙水流失达到最大；随着基质吸力逐渐增大，曲线开始进入过渡区，在这个区域内含水量随着吸力增大而缓慢下降，孔隙中持续排水，这两个区域的变化过程对非饱和土的力学与水力特性都有很重要的影响；第三阶段含水量继续降低并趋于平稳，孔隙中将出现气连通状态，随着土壤水吸力的增加，含水量无明显变化，此阶段则为残余区。

综上此试验黄河堤岸粉土的物理性质指标见表 8.2。

表 8.2　　　　　　　　　　　　土样基本物理性质指标

密度 /(g/cm³)	最大干密度 /(g/cm³)	最优含水率 /%	比重	液限 /%	塑限 /%	塑性指数 I_P	液性指数 I_L
1.82	1.62	18.2	2.69	30.7	21.4	9.3	0.11

根据颗粒分析仪所得结果及《土的分类标准》（GBJ 145—90）中的规定可知：细粒土颗粒含量大于或等于50%的土为细粒土，细粒土应根据塑性图分类，同时根据土壤的液限值和塑限值，可以确定土样为粉土，再根据试验式样的液限值小于40%可以确定土样为低液限粉土。由于黄河堤岸土体粗颗粒当中细砾和砂粒含量相差不大，不能区分谁占优势，因此，土样只能被判定为含有粗颗粒的低液限粉土。

依据塑性指数分类标准，可以判断土样为低液限非饱和粉质土，且当不均匀系数 C_u 小于 5 时，土体的颗粒级配曲线越陡，而当 C_u 大于 10 时，颗粒级配曲线越平缓，土的粒径大小分布范围越广，级配良好。根据土体粒径分配曲线，计算得出土体曲率系数 C_c 等于 2.164，不均匀系数 C_u 等于 10.362，因此土体为级配良好的粉土。

8.2.2　冻融期堤岸土体温湿度变化特征

1. 土体温度变化特征

2019—2020 年冬季土体温度变化如图 8.3 所示，整个冻融期土体温度随时间变化呈先下降后上升的趋势，在冻结初期和冻结稳定期土体温度逐渐下降至最低温度，其中表层土体受气温、覆雪及其他因素影响波动较大，80cm 以下土层温度下降波动小，下一层土体温度较上一层分别高出 2℃、3℃ 和 1℃，说明土体温度沿深度方向并非呈线性变化。融化期土体温度整体逐渐升高，表层 40cm 土体温度上升幅度与速率明显高于下面土层，呈直线性上升。沿深度方向，冻结初期和冻结稳定期土体温度随深度增加而升高，融化期土体温度受上升速率影响，越靠近表层土体温度越高。

图 8.4 给出了冻融期各土层土体温度最小值，从图中可以看出土体深度越深，最低温度越高，其中 120cm 土层温度最小值为 0℃ 左右，说明 2019—2020 年冬季冻土层深度为 120cm，120cm 以下土层为非冻土层。同时，土体温度最小值沿深度方向在时间上有滞后性，滞后时间近 1.5 个月。

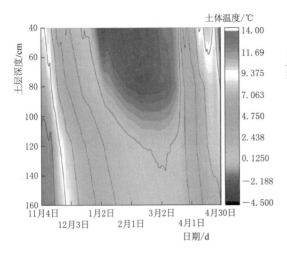

图 8.3　2019—2020 年冬季土体温度变化

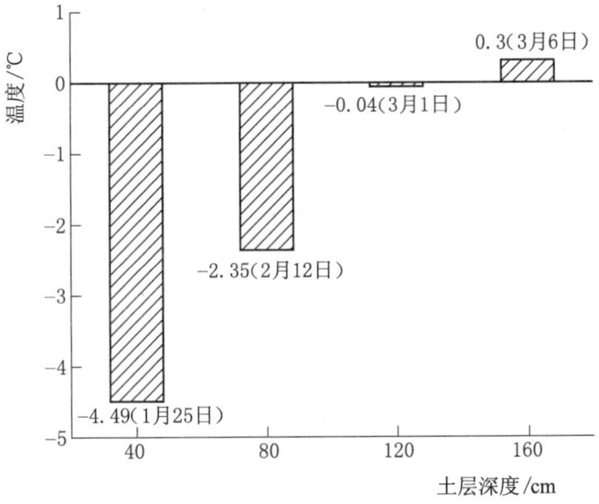

图 8.4　2019—2020 年冬季各土层最低温度

2. 土体湿度变化特征

冻融期土体湿度日均值变化如图 8.5 所示，冻土层（40cm、80cm 和 120cm）土体湿度随时间的变化趋势基本一致，但冻结初期湿度波动剧烈，呈先下降后上升的变化趋势，2019 年 11 月 12 日寒流过境并伴有 5 级大风，导致土体湿度发生骤降，沿深度方向下降幅度分别为 35.6%、16.9% 和 28.6%；冻结稳定期土体湿度波动幅度较冻结初期小，整体缓慢上升；融化期土体湿度基本保持稳定。在深度方向，由于温度下降，冻土深度的加深，土体水分向冻结锋面运移以及受土体颗粒粒径、密度等因素影响，表层冻土土体湿度明显小于 80cm 以下的土层深度，湿度呈现 80cm>120>40cm 的分布规律，保持 10% 左右的湿度差。160cm 深土体为非冻土层，与冻土层土体湿度变化差异明显，在冻结初期和冻结稳定期土体湿度呈下降趋势，受寒流影响在 2019 年 11 月 12 日骤降，下降幅度达 73.7%；融化期呈上升趋势并在融化期初 2020 年 2 月 5 日出现垂直性骤升，上升幅度达 50.7%。

3. 不同冻融时期土体温湿度日变化特征

为了进一步研究不同冻融时期土体温度与湿度日变化，选取 2019 年 11 月 20—24 日、2019 年 12 月 31 日—2020 年 1 月 4 日和 2020 年 3 月 10—14 日分别代表冻结初期、冻结稳定期和融化期，对

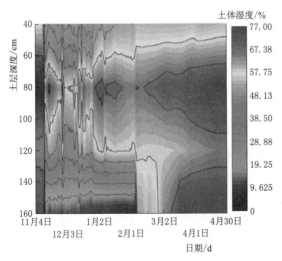

图 8.5　2019—2020 年冬季土体湿度变化过程

以上时段的土体温度与湿度逐日变化特征进行分析，如图 8.6 所示。

冻结初期土体温度以日为周期波动，表现出升温过程迅速，降温过程缓慢的特征，其中表层土体受气温，覆雪及其他因素影响波动较大，80cm 以下土体温度波动较小，说明

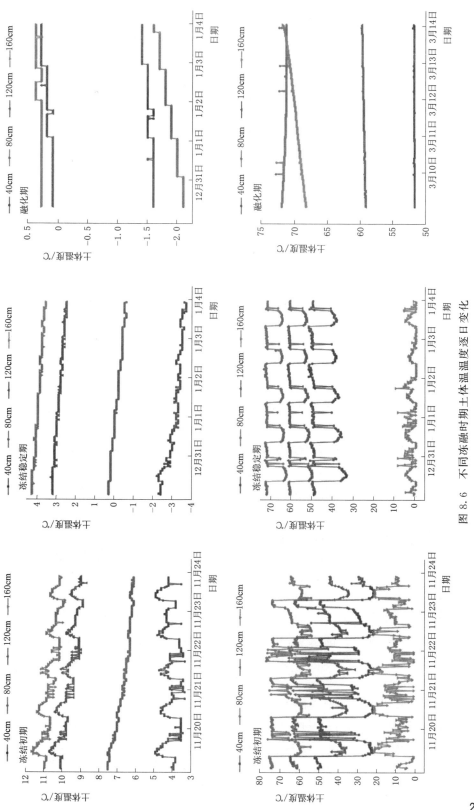

图 8.6 不同冻融时期土体温度逐日变化

深度越深土体受气温变化的影响越小。冻结稳定期土体日温度变化整体呈线性下降趋势，并且 40cm 处土体温度变化率明显大于其他土层。融化期土体温度阶梯型上升，受地表气温的回升和非冻土层热流的双重影响，冻土层上下限同时融化，并且上限温度升高速率大于下限，所以表层和深层温度高，而 80cm 土层温度最低。

冻结初期冻土层（40cm、80cm、120cm）土体湿度以日为周期呈正弦型波动，受气温等因素影响表现出明显的骤变性，8：00 左右随气温上升，地面蒸腾作用加强，土体湿度迅速降低，从上往下各土层下降幅度分别达 30%、15% 和 30%，18：00 左右随着气温降低土体湿度又迅速升高，说明冻结初期冻土层土体湿度与气温呈负相关关系；非冻土层160cm 深土体湿度变化与冻土层明显不同且变化相反，即在 8：00 左右湿度上升，18：00左右湿度下降，湿度波动幅度达 20%。冻结稳定期土体湿度日变化特征与冻结初期变化特征相同，只是变化幅度有所减小。融化期冻土层土体湿度日变化幅度较小，土体湿度保持稳定，非冻土层土体湿度呈直线型缓慢增长趋势。

8.3　冻融循环下黄河堤岸土体力学性质分析

8.3.1　不同冻融次数下粉土应力-应变关系变化规律

如图 8.7~图 8.10 所示，当不同含水率下的堤岸粉土经历不同冻融循环次数后，在50kPa、100kPa、150kPa 及 200kPa 围压下进行三轴剪切试验，其偏应力（$\sigma_1 - \sigma_3$）与轴向应变 ε_1 的关系曲线类型整体为应变硬化型及应变稳定型（15% 含水率堤岸粉土在围压50kPa 下，经历不同冻融循环次数后的应力-应变曲线则存在明显的应变软化特征）。当土样经历第 1 次冻融循环后，同未循环试样相比，其应力-应变曲线下降幅度最大，而当进行 5 次冻融循环后土体应力-应变曲线间差值开始变小，经历 9~11 次冻融循环后，土体的应力-应变曲线变化趋于稳定。对于未循环试样，其应力-应变曲线总是呈应变硬化型，但在围压为 200kPa 的条件下，当土体轴向应变达 12% 后，土体的应力-应变曲线会呈现出一定的弱软化特征，并且随着冻融次数的增加，这种软化程度表现得愈加明显。且当经过多次冻融循环后，试样的破坏强度也会随着冻融次数的增加而逐渐降低，应力-应变曲线也会随之出现明显的拐点。在低围压下，对于经历 9 次冻融循环的土样，其内部的黏粒会因冻融而聚集并产生冻胀力，使得其应力-应变曲线有所上升，而冻融循环 11 次后土体内重新聚集的黏粒又会被破坏，其应力-应变曲线也只呈稳定型变化。

15% 含水率堤岸粉土在围压 50kPa 及 100kPa 下，经历不同冻融循环次数后的应力-应变曲线均存在应变软化特征，且围压越低土样的软化特征更明显。这是因为冻融循环主要影响土体孔隙间含水量的变化，其本质上是一种强风化作用。试验表明，当土体经历多次冻融循环后其含水率会明显地降低。而当土样含水率为 15% 时，已低于土样的塑限，随着冻融次数的增加，其含水率降低的同时三轴试验土柱的脆性更加明显，同时当 9 次冻融循环后土样出现了冻胀现象，这表明土体内部颗粒间的空隙变得更大。当土体在承受持续的垂向压力时，首先由土体内部的大颗粒承受该压力，此时土样的应力-应变关系曲线也呈递增趋势；当土样孔隙间的大颗粒受压至破碎时，土柱表现出脆性变化，试样的应力-

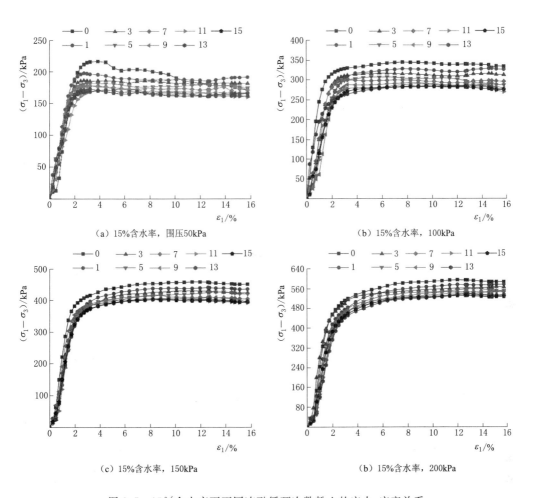

（a）15%含水率，围压50kPa

（b）15%含水率，100kPa

（c）15%含水率，150kPa

（b）15%含水率，200kPa

图8.7　15％含水率下不同冻融循环次数粉土的应力-应变关系

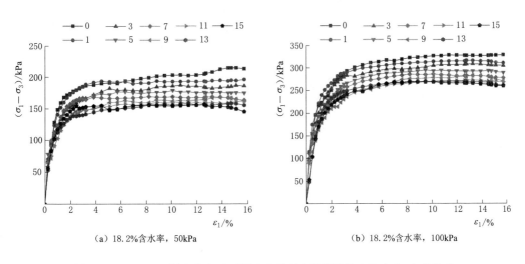

（a）18.2%含水率，50kPa

（b）18.2%含水率，100kPa

图8.8（一）　18.2％含水率下不同冻融循环次数堤岸粉土的应力-应变关系

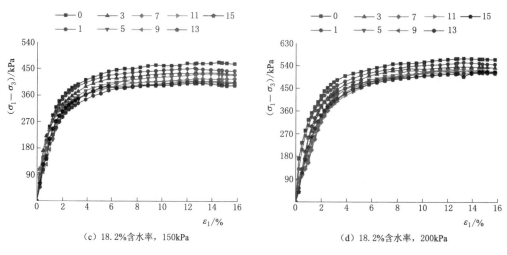

（c）18.2%含水率，150kPa   （d）18.2%含水率，200kPa

图 8.8（二） 18.2%含水率下不同冻融循环次数堤岸粉土的应力-应变关系

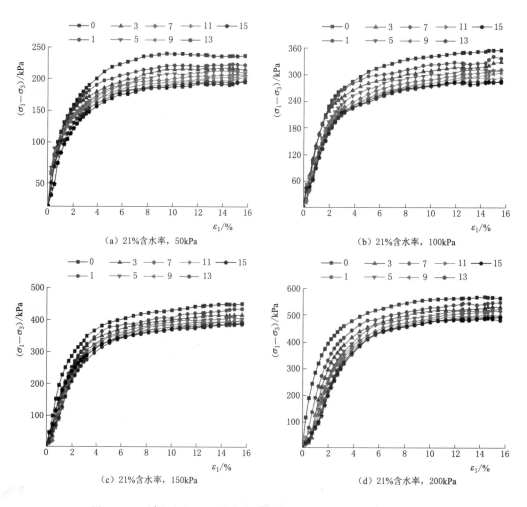

（a）21%含水率，50kPa   （b）21%含水率，100kPa

（c）21%含水率，150kPa   （d）21%含水率，200kPa

图 8.9 21%含水率下不同冻融循环次数堤岸粉土的应力-应变关系

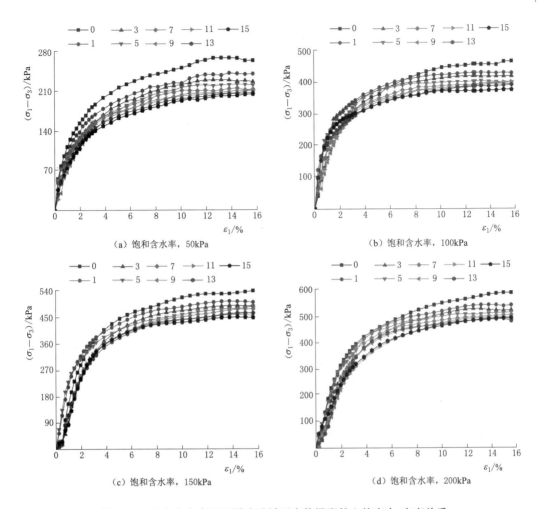

图 8.10 饱和含水率下不同冻融循环次数堤岸粉土的应力-应变关系

应变关系曲线表现出明显的峰值后软化的特征。尤其当土样处于低围压下时，固结效果并不明显，因此土样的应变软化现象也更突出，更符合自然状态下土体的受力情况。

比较不同含水率及不同围压下未冻融土样及在经历 1 次冻融循环后的应力-应变关系曲线可以发现，随着土样含水率的增加，试样应力值会降低，且饱和含水率的土样在冻融循环过程中受冻结的影响最大，土样的应力-应变关系曲线总是呈应变硬化型增长。当围压逐渐增大后，不同含水率试样的应力-应变关系曲线也由峰值后软化型及应变硬化型过渡为应变稳定型，这是由于随着逐渐增加周围压力，土样抵抗内部裂纹衍生的能力增加，并且能够抑制试样本身初始裂纹的发展，从而使得土体内部更加紧密，空隙更少；从土柱的结构性来看，围压的增加会使大土颗粒破碎，同时会约束土体颗粒间的滑动及翻越，使土体颗粒的粒径大小更趋于均匀化分布。因此在高围压下，黄河堤岸粉土的轴向变形会相对较小，其应力-应变曲线也呈平稳趋势发展；同时，土体孔隙间的含水量大小决定着多次冻融后黄河堤岸粉土的空隙率大小，从而对土样的应力-应变关系产生显著影响。

8.3.2　不同冻融循环次数与围压下极限破坏强度 $(\sigma_1-\sigma_3)_f$ 的变化规律

对于土体材料来说，当其外部所承受的应力达到一定的强度状态时，土体在其滑动变形面上会产生不稳定或者大变形，使其结构发生破坏，此时的破坏强度即为土体的极限破坏强度。当经历不同冻融次数后，土样的应力-应变关系曲线出现明显的峰值时，取峰值点处的应力作为破坏点的极限强度；而土样因冻融作用变硬化使其应力-应变关系曲线持续上升且无峰值点时，一般取轴向应变的 15% 时所对应的应力作为破坏点的极限强度。

由图 8.11 可知，随着冻融循环次数的增加，不同含水率及围压下的黄河堤岸粉土的极限破坏强度总体呈递减的趋势，且在 7 次冻融循环后，粉土的极限破坏强度曲线开始出现拐点，在第 9 次冻融循环后，曲线趋于稳定。这是由于 7 次冻融后的土样，其土柱内部的含水量已基本被消耗殆尽。9 次冻融循环后土柱含水量基本不再发生变化，因此曲线也呈递减直至平缓；而由于土柱成样前含水量的不同，孔隙水所占体积也不同，高含水率的土样随着冻融作用过程对孔隙水的消散，土样内部孔隙体积变大，因此极限破坏强度也与含水率呈反比变化，且根据曲线可以看出，21% 含水率的土样与饱和含水率土样的极限破坏强度曲线随着围压的增大趋于重合；在围压 50kPa 下，由于围压对土样的固结效果较

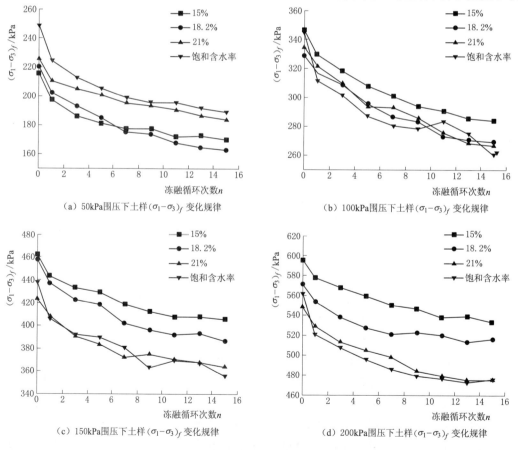

（a）50kPa围压下土样 $(\sigma_1-\sigma_3)_f$ 变化规律 　　　（b）100kPa围压下土样 $(\sigma_1-\sigma_3)_f$ 变化规律

（c）150kPa围压下土样 $(\sigma_1-\sigma_3)_f$ 变化规律 　　　（d）200kPa围压下土样 $(\sigma_1-\sigma_3)_f$ 变化规律

图 8.11　不同围压下堤岸粉土极限破坏强度变化规律

弱，在受到垂向压力时，高含水率土样的内部仍有一部分冰晶体在起着支撑作用，因此，此时的极限破坏强度：饱和含水率＞21％含水率＞18.2％含水率＞15％含水率，当围压逐渐增大后，围压对土样的固结作用更强，含水率 w 的增加对极限破坏强度 $(\sigma_1-\sigma_3)_f$ 的消减作用也更明显。

同一冻融循环次数在不同围压、不同含水率条件下的极限破坏强度关系曲线，如图8.12所示。在同一冻融循环次数下，粉土的极限强度是随着含水量的增大而降低；当土样在经历 11 次冻融循环后，21％含水率土样的极限强度曲线与饱和含水率的基本重合；在同一含水量范围内，黄河堤岸粉土的极限强度随着围压 σ_3 的增大而增加，且含水量越低，极限强度受围压影响越大。同时，含水量相同的一组试验点基本上可以连成一条直线，这条直线实际上是莫尔-库仑强度准则中抗剪强度与围压关系曲线的另一种表达形式。因此，可以认为所研究的黄河堤岸粉土在试验的含水量变化范围内上符合莫尔-库仑强度准则。随着围压与冻融循环次数的增加，极限破坏强度曲线的斜率逐步变缓。

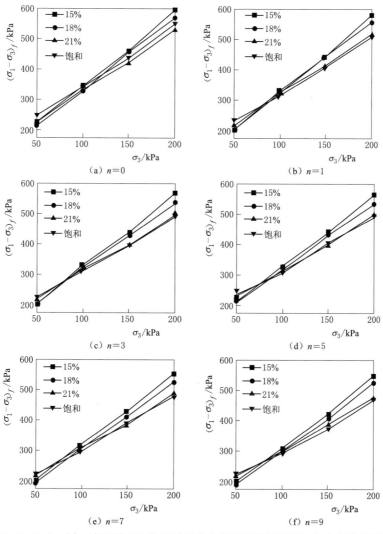

图 8.12（一） 同一冻融循环次数下堤岸粉土的极限破坏强度与含水率关系曲线

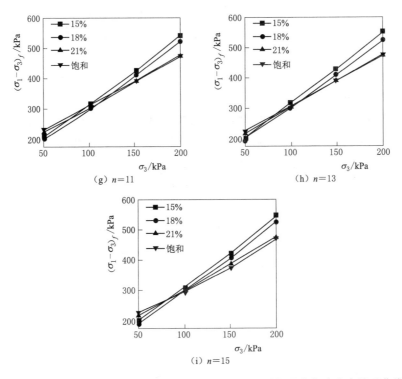

（g）$n=11$　　　　　　　　　　（h）$n=13$

（i）$n=15$

图 8.12（二）　同一冻融循环次数下堤岸粉土的极限破坏强度与含水率关系曲线

8.3.3　堤岸粉土抗剪强度指标分析

1. 抗剪强度指标的确定

土体的抗剪强度是指土体在滑动变形中，其抵抗剪切破坏的极限强度。根据摩尔-库伦准则，定义破坏面上的剪切应力 τ_f 是法向应力 σ_3 的函数，即：$\tau_f = f(\sigma)$，表达式为

$$\tau_f = c + \sigma \tan\varphi \tag{8.3}$$

根据三轴试验数据所得应力-应变关系曲线，对应变硬化型曲线选取轴向应变为 15%时的主应力差作为试样的破坏标准，而对应变稳定及软化型曲线则选取主应力差峰值点，为探究不同冻融循环次数对黄河堤岸粉土强度的演化规律，以剪应力 τ_f 为纵坐标、法向应力 σ_3 为横坐标，以 $(\sigma_1-\sigma_3)_f/2$ 为半径，$(\sigma_1+\sigma_3)_f/2$ 为圆心，在 $\tau_f-\sigma_3$ 平面上绘制未冻融及经不同冻融循环次数后的堤岸粉土的应力莫尔圆，以求得不同冻融循环次数下式样的黏聚力 c 及内摩擦角 φ。

2. 黏聚力 c 和内摩擦角 φ 与冻融循环次数 n 的关系

试样抗剪强度指标随冻融次数的变化规律，如图 8.13 所示。未经冻融循环的土样黏聚力值最大，随着冻融循环次数的增加粉土黏聚力呈降低趋势，并在第 9 次冻融循环后开始趋于稳定，同时，第 1 次冻融循环对试样的黏聚力影响最大，4 种不同含水率下黏聚力的降低幅度为 12.05%、16.63%、16.03%和 18.55%。由于粉土属于细粒土，当土体内部含水量较高时，土体内部大部分孔隙被水分所占用，并且当水分被冻结成冰后，体积会发生膨胀，而融化时冰晶体所占体积再度变小，使得土体原本的颗粒结构被破坏。在经历多次冻融后，粉土内部的孔隙含水量会在冻结和融化过程中蒸发而减少，土颗粒之间的空隙也会随之加大，因此试样的黏聚力一直呈降低的趋势，当土样在经历第 9 次冻融后，此时试样的强度大部分由内部颗粒结构之间来承担，且土体颗粒排布基本不再变化，因此黏聚力也开始趋于稳定。

由图 8.14 可以看出，冻融循环作用的影响程度对内摩擦角的变化并不是很大，试样角度变化为上下波动，整体呈减小趋势；而对于不同含水率，冻融作用对堤岸土体内摩擦角的损伤幅度在 1°～1.5°范围内。同时，在冻融循环过程中，内摩擦角均出现突然增大又下降的现象，这是因为在冻融循环过程中，黄河堤岸粉土产生了明显的冻胀现象，土体内部的微小颗粒发生聚集形成了体积更大的土颗粒，土体内部颗粒间的比表面积变小，造成大孔隙的出现，使得内摩擦角突增。值得注意的是，3 次冻融循环过程后土体内摩擦角降低最大，这是由于未冻融粉土内部颗粒表面附有大量毛细水，而经历冻融循环作用后水分消散，土体内部颗粒因自重而变紧密。同时可以得出，黄河堤岸粉土在多次冻融循环后抗剪强度的变化规律宏观上受黏聚力的变化影响较大，而受内摩擦角的影响较小。

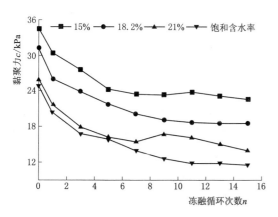 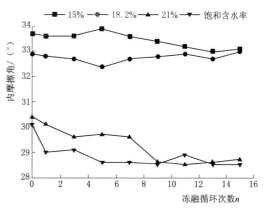

图 8.13 黏聚力与冻融循环次数 n 的关系 　　图 8.14 内摩擦角与冻融循环次数 n 的关系

3. 冻融循环过程中粉土黏聚力和内摩擦角与含水率的关系

由图 8.15 可得，在同一冻融循环过程中，含水率的升高同样对黏聚力起削弱作用，说明冻融循环过程中，黏聚力下降是冻融循环次数与含水率相互作用的。在 5 次冻融之前，堤岸粉土的黏聚力在 18.2% 含水率与 21% 含水率之间时下降程度较大，而经历 7 次冻融后，黏聚力的降低趋势变缓，且不同冻融循环次数之间下降幅度变小，但含水率的增大则会加大土颗粒间的孔隙，使得土粒间空间结构变大，从而使土的强度变小。同时也表明，冻融侵蚀作用在损坏着土体的内部结构，破坏粉土颗粒间的胶结作用。

由图 8.16 可以看出，粉土内摩擦角与黏聚力随含水率的变化相似。在相同冻融循环次数下，堤岸粉土的内摩擦角同样也随水率的增大而递减，且在 18.2% 含水率到 21% 含水率之间，内摩擦角下降幅度最大，约在 3°范围之内。这与粉土易吸湿，液限较低的土质特点有关，当超过试样 20% 的含水率时，土体已经接近其液限，土的内部孔隙也被水所充满，试样内部的小颗粒被水所浸润，导致土体内摩擦角的下降。这也说明了影响堤岸粉土内摩擦角的变化含水率占主导因素。因此，在堤岸防护与治理工作中，在冰雪融化期及河道水位对堤岸侧向补给较大时，应考虑堤岸稳定安全。

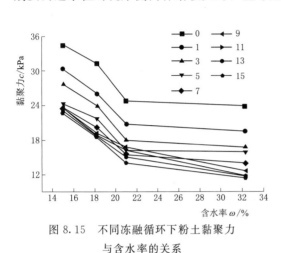

图 8.15　不同冻融循环下粉土黏聚力
与含水率的关系

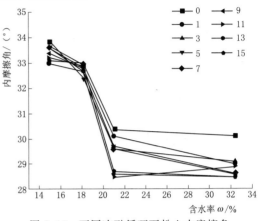

图 8.16　不同冻融循环下粉土内摩擦角
与含水率的关系

4. 冻融条件下堤岸土体的 c、φ 值劣化机理分析

从 Mohr-Coulomb 有效应力破坏准则分析可知，组成土体抗剪强度的两个主要指标为黏聚力 c 和内摩擦角 φ。黏聚力主要体现在土体颗粒间的连接作用力；而内摩擦角主要表现在土颗粒之间表面的滑动摩擦和咬合摩擦。在经过多次冻融循环之后，堤岸粉土的内摩擦角随冻融次数的增加呈先降低后又增大的趋势发展，变化幅度小，可认为内摩擦角的变化对抗剪强度的影响不是很大；结合式（8.3）可得出，对粉土抗剪强度的劣化起主导因素为黏聚力 c 值的变化。

当堤岸粉土含水率逐渐增大后，黏聚力发生变化，原因如下：当土体干密度、压实度、试样体积等条件为定值时，土体孔隙比不变。但随着土体内部含水量的增加，土体饱和程度增大，颗粒间的孔隙被水充满的程度越高，一些微小的孔隙因水的浸润作用而变大，孔隙间的水与土颗粒表面的薄膜水相结合的，造成摩阻力减弱，进而使得破坏面之间产生滑动；同时，由于水的冻胀、冻融作用使得土体的孔隙进一步扩大，使土体的力学效应产生明显降幅。严格意义上来看，冻融侵蚀过程实质上是一个对土的结构性损伤过程。

劣化值是指土体经历每个指定冻融循环过程后，经历冻融循坏后的黏聚力值与冻融循环前的黏聚力值的变化值。从表 8.3 中可知，在四种含水率下，黄河堤岸粉土在经过首次冻融之后其黏聚力 c 值的劣化百分数最大，每种含水率下的堤岸土体在经历首次冻融后劣化百分数均大于 30%，且在含水率为 18.2% 的情况下劣化百分数达到了 41%，而多次冻融循环后，劣化百分数要远低于第一次冻融后的值。由图 8.17 可知，随着冻融次数的增加劣化值越来越趋近于 0，在 11 次冻融循环过程后，土体的黏聚力变化幅度基本趋于稳定；这也充分说明了初次冻融对土体颗粒的重新排列及孔隙的重新分布影响最大。

表 8.3　　　　　　　　　不同冻融次数下堤岸粉土黏聚力劣化分析

冻融次数	15%		18.2%		21%		饱和含水率	
	劣化值/kPa	损伤比/%	劣化值/kPa	损伤比/%	劣化值/kPa	损伤比/%	劣化值/kPa	损伤比/%
0	0	0	0	0	0	0	0	0
1	−4.16	35.08	−5.19	41	−3.97	33.67	−4.43	33.18
3	−2.78	23.44	−2.15	16.95	−3.85	32.65	−3.68	27.57
5	−3.35	28.25	−2.11	16.65	−1.78	15.10	−0.84	6.29
7	−0.69	5.82	−1.64	12.92	−0.75	6.36	−1.97	14.76
9	−0.11	0.93	−1.00	7.98	1.33	−11.28	−1.4	10.49
11	0.39	−3.29	−0.44	3.46	−0.6	5.09	−0.77	5.77
13	−0.6	5.06	−0.14	1.08	−1.15	9.75	0	0
15	−0.56	4.72	0.004	−0.03	−1.02	8.65	−0.26	1.95

5. 冻融循环下粉土抗剪强度随含水率的变化

摩尔-库伦有效应力破坏准则［式（8.4）］在对饱和土体的研究中被广泛使用，但在式（8.4）中仅含有一个有效应力变量：

$$\tau_f = (\sigma_f - u_w)\tan\varphi' + c' \quad (8.4)$$

非饱和土的应力状态和抗剪强度应该由两个独立的应力状态变量来确定，即应力状态变量 $(\sigma - u_a)$ 和 $(u_a - u_w)$。Fredlund 在 1996 年基于双应力变量强度理论提出了非饱和土抗剪强度的表达式：

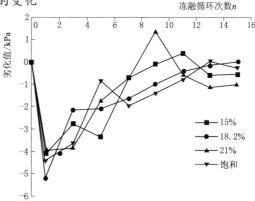

图 8.17　不同冻融次数下堤岸粉土黏聚力劣化曲线

$$\tau_f = c' + (\sigma_f - u_a)_f \tan\varphi' + (u_a - u_w)_f \tan\varphi^b \quad (8.5)$$

式中：$(\sigma_f - u_a)_f$ 为破坏时在破坏面上的净法向应力，kPa；$(u_a - u_w)_f$ 为破坏时在破坏面上基质吸力，kPa；u_a 为破坏时在破坏面上孔隙气压力，kPa；c' 为有效黏聚力，kPa；φ' 为有效内摩擦角，(°)；φ^b 为与吸力相关的摩擦角，(°)。

当土体的含水量逐渐增加接近饱和时，孔隙水压力 u_w 趋近于孔隙气压力 u_a，应力状态变量 $(u_a - u_w)$ 接近于 0，式（8.5）中的基质吸力项消失。因此，非饱和土的抗剪强度公式将转变为饱和土的抗剪强度公式。

基于不同冻融次数下黏聚力及内摩擦角的变化曲线得到了堤岸土体抗剪强度与围压的关系曲线。由图 8.18 可知，围压与土样的抗剪强度成正比关系，随着围压的增大，粉土的固结效果越好，使得土体颗粒空隙之间起"支架"作用的大颗粒被挤碎，颗粒更紧密，土体的承载能力更强；对于处于固态的土体，含水率越小，土颗粒间的黏结力较大，因而抵抗剪切破坏的强度也大。而随着含水率和土粒之间的薄膜水厚度的增加，颗粒间的黏结力被削弱，土体内部颗粒间的孔隙水起到"润滑"作用，因此土体在相同围压下抗剪强度是不断减小的。

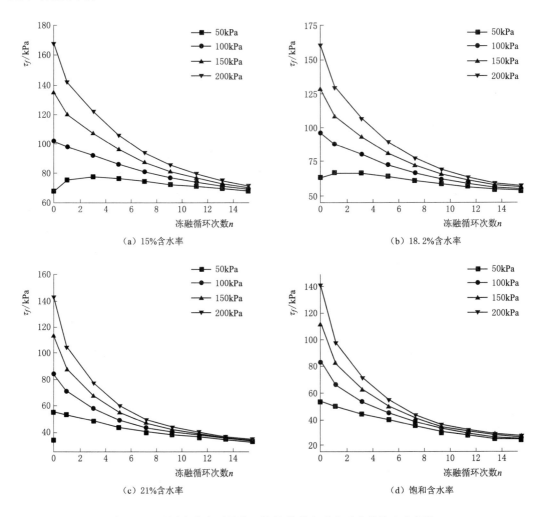

图 8.18　不同含水率下堤岸土体抗剪强度随冻融次数的变化规律

同时，土体的含水量越大，首次冻融循环对土体的抗剪强度影响程度也越大，并且在 50kPa 围压下，土体含水率小于等于最优含水率时，土体的抗剪强度在经历首次冻融后会升高，结合对土体微观结构的分析，这是由于冻融作用使一些小的土体颗粒黏聚成大颗粒，从而使土体抵抗剪切破坏的强度增大，这也表明堤岸土体抗剪强度的变化受冻融次数及含水率共同作用影响；随着冻融次数的增加，土颗粒间的孔隙水因冻结成冰晶体后又被融化而逐渐减少，抗剪强度 τ_f 呈逐渐减小并趋于稳定的趋势，且当含水率大于等于 21‰时，第 11 次冻融循环后四种围压下的抗剪强度逐渐趋于同一数值，此时土体的抗剪强度表现为土颗粒本身的强度，这与土体黏聚力随冻融次数的变化规律相似，表明黄河堤岸土体黏聚力在不同条件下的变化规律对其抗剪强度的变化起主导作用。

8.4　黄河堤岸粉土非线性应力-应变曲线的本构模型

8.4.1　堤岸土体应力-应变曲线类型

目前，土体的应力-应变关系曲线有三种主要类型：应变硬化型、应变稳定型和应变软化型，如图 8.19 所示，该曲线能很好地反映土体的变形及强度特性。对于黄河堤岸土体不同冻融次数下的应力-应变关系曲线，当土体低于最优含水率时曲线的软化特征明显，而大于等于最优含水率时，未冻融土体的应力-应变曲线呈应变硬化型，但在经历多次冻融后曲线逐渐发展为应变稳定型曲线。

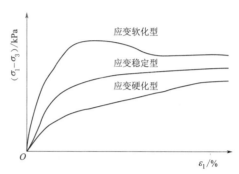

图 8.19　土体的应力-应变关系基本类型

依据野外开挖基坑采样后发现，黄河两侧的堤岸土体均一性较好，能很好地预测黄河堤岸土体的应力-应变曲线趋势。预测模型选用 Kondner 应力-应变关系双曲线方程及南水模型。同时，对 15% 含水率下堤岸土体本构模型的建立，需将南水模型与邓肯-张模型结合使用，以简化模型中参数的求解步骤，提高堤岸粉土改进南水模型的预测精度。

8.4.2　冻融循环下堤岸粉土归一化特性研究

1. Kondner 双曲线函数

为更好地描述应力-应变关系，Kondner 提出了应力应变的双曲线模型，使土应力-应变关系曲线能用一个统一的表达式进行表示：

$$\sigma_1 - \sigma_3 = \frac{\varepsilon_1}{a_i + b_i \varepsilon_1} \tag{8.6}$$

式中：a_i，b_i 为双曲线模型中的两个试验参数。由于对于土样所设定的冻融循环次数及含水率条件不同，当进行不同围压下三轴剪切试验后，所得到的 a_i，b_i 数值是不同的，将式（8.6）进得恒等变换，得

$$\frac{\varepsilon_1}{\sigma_1 - \sigma_3} = a + b\varepsilon_1 \tag{8.7}$$

由上式知，在 $\varepsilon_1/(\sigma_1 - \sigma_3) - \varepsilon_1$ 坐标系中，$\varepsilon_1/(\sigma_1 - \sigma_3)$ 与 ε_1 呈直线关系，且 $\varepsilon_1/(\sigma_1 - \sigma_3)$ 在轴上的截距为参数 a_i，直线斜率为参数 b_i。a_i 在数值上等于初始切线模量 E_i 的倒数，而 b_i 等于主应力差渐进值 $(\sigma_1 - \sigma_3)_{ult}$ 的倒数。

与常规土壤的三轴剪切试验不同，经冻融循环处理后的土体的模量会因冻融循环次数的不同而产生不同的变化。因此，将冻融后试样的初始切线模量与未循环试样的初始切线模量之比记为模量的损伤比，即 $K = E_i/E_0$。

黄河堤岸土体是颗粒级配均一性较强的土体，为能统一描述其应力-应变曲线特性，

使不同围压下的土体三轴应力-应变曲线可用某个归一化后的应力（或称无量纲参数）归一在同一曲线上，其中将用于归一化的应力定义为归一化因子。目前，对土体应力-应变归一化的方法主要是基于 Kondner 所提出的双曲线应力-应变关系原则。若选用 $(\sigma_1 - \sigma_3)_{\text{ult}}^3 / E_i^2$ 为归一化因子，代入式（8.7）有

$$X \frac{\varepsilon_1}{\sigma_1 - \sigma_3} = X a_i + X b_i \varepsilon_1 \tag{8.8}$$

由于冻融循环次数及含水率的不同，为得到不同围压下应变 ε_1 与应力 $(\sigma_1 - \sigma_3)$ 的归一化方程，令

$$M = X a_i \tag{8.9}$$

$$N = X b_i \tag{8.10}$$

式中：M、N 均为任意非负常数。

由于冻融循环过程中环境条件的特殊性，当同时考虑围压及冻融循环次数对土体力学性质的影响时，选用 $X = (\sigma_1 - \sigma_3)_{\text{ult}}^3 / E_i^2$ 为归一化因子，并将已知的 $a_i = 1 / (\sigma_1 - \sigma_3)_{\text{ult}}$，$b_i = 1/E_i$ 归一化因子代入式（8.9）及式（8.10），得

$$X a_i = a_i (\sigma_1 - \sigma_3)_{\text{ult}}^3 / E_i^2 = M \tag{8.11}$$

$$X b_i = b_i (\sigma_1 - \sigma_3)_{\text{ult}}^3 / E_i^2 = N \tag{8.12}$$

因此：

$$M E_i^2 = (\sigma_1 - \sigma_3)_{\text{ult}}^2 \tag{8.13}$$

$$N E_i^3 = (\sigma_1 - \sigma_3)_{\text{ult}}^3 \tag{8.14}$$

又因自然状态下的土样均有：$E_i \geqslant 0$，$(\sigma_1 - \sigma_3)_{\text{ult}} \geqslant 0$，因此在冻融循环条件下，土体的初始切线模量 E_i 与主应力差渐进值 $(\sigma_1 - \sigma_3)_{\text{ult}}$ 可用正比例函数表示。

2. 冻融堤岸粉土的归一化特性

基于前述三轴试验结果可知，在不同围压下，当试验土样含水率大于等于最优含水率时，所得的应力-应变曲线有明显的应变硬化及应变稳定现象。因此，为充分探讨含水率和冻融次数对应力-应变曲线归一化的影响，可根据已建立的归一化因子，基于 Kondner 双曲线对不同冻融循环次数的粉土应力-应变曲线进行归一，并绘制土样在不同围压下，最优含水率及饱和含水率的 $\varepsilon_1 / (\sigma_1 - \sigma_3) - \varepsilon_1$ 曲线，由式（8.7）进行曲线拟合，最优含水率（18.2%）拟合曲线如图 8.20 所示，可求得相应的最优含水率拟合参数。

由式（8.13）及式（8.14）可知，当初始切线模量 $E_i = 0$ 时，主应力差渐进值 $(\sigma_1 - \sigma_3)_{\text{ult}} = 0$。不同围压下的试样其初始切线模量 E_i 与主应力差渐进值 $(\sigma_1 - \sigma_3)_{\text{ult}}$ 所得曲线为正比例关系曲线图，如图 8.21 所示；对于未经循环处理的试样，可求得其 E_0 与围 σ_3 两者的关系，如图 8.22 所示。

不同围压下试样的 E_i 与 $(\sigma_1 - \sigma_3)_{\text{ult}}$ 的拟合曲线，相关系数 $R^2 = 0.9954$，表明二者相关程度高，其拟合曲线方程为

$$(\sigma_1 - \sigma_3)_{\text{ult}} = 0.0453 E_i \tag{8.15}$$

对于未经循环处理的试样，其关系曲线的拟合方程为，相关系数 $R^2 = 0.9846$，其拟合程度高：

$$E_0 = 57.417 \sigma_3 + 2023.2 \tag{8.16}$$

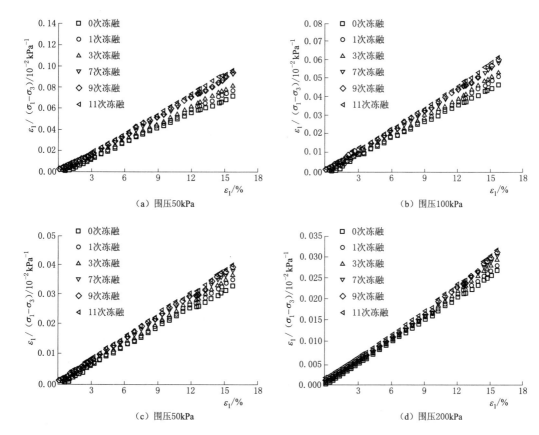

图 8.20   不同冻融循环次数下最优含水率粉土的应力-应变关系曲线

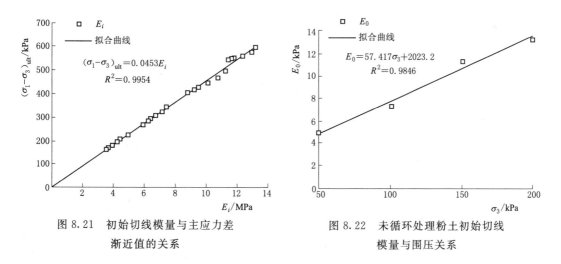

图 8.21   初始切线模量与主应力差
渐近值的关系

图 8.22   未循环处理粉土初始切线
模量与围压关系

3. 最优含水率下, 应力-应变曲线的归一化

根据前文的推导, 最优含水率下黄河堤岸粉土的初始切线模量 E_i 与主应力差渐进值 $(\sigma_1 - \sigma_3)_{ult}$ 为正比关系, 可进行应力-应变特性的归一化分析。以归一化因子 $(\sigma_1 - \sigma_3)_{ult}^3 / E_i^2$ 进行归一化, 并绘制 $[(\sigma_1 - \sigma_3)_{ult}^3 / E_i^2] \cdot \varepsilon_1 (\sigma_1 - \sigma_3)^{-1}$ 的关系曲线, 结果如图

8.23 所示。

可得不同冻融循环次数后堤岸粉土的归一化方程为

$$\frac{(\sigma_1-\sigma_3)^3_{ult}}{E_i^2}\cdot\frac{\varepsilon_1}{\sigma_1-\sigma_3}=2.6002\varepsilon_1+1.50395 \tag{8.17}$$

相关系数为 $R^2=0.9728$，线性相关较高，归一化程度好。

将式（8.15）、式（8.16）及 $K=E_i/E_0$ 代入上式可得

$$\sigma_1-\sigma_3=\frac{0.9296\times(0.57417\sigma_3+20.232)}{0.26002\varepsilon_1+0.150395}K\varepsilon_1 \tag{8.18}$$

式（8.18）为最优含水量下黄河堤岸粉土冻融循环次数为 0、1、3、7、9、11 次下的固结不排水剪切应力-应变关系曲线，以 $(\sigma_1-\sigma_3)_{ult}^3/E_i^2$ 为归一化因子求得的归一化方程。但由于不同冻融循环次数对式样初始切线模量存在较大影响，使根据式（8.18）对冻融循环次数为 1、5、9、13、15 次的堤岸粉土应力-应变关系曲线进行预测的效果并不是很理想，因此还需对模量损伤比 K 进行数值上的修正。

根据初始切线模量 E_0 与经过不同冻融次数后的切线模量 E_i 的数据，可求得不同恒定围压下，模量损伤比与冻融循环次数的关系，如图 8.24 所示。对所得曲线进行指数函数拟合，拟合结果见表 8.4。

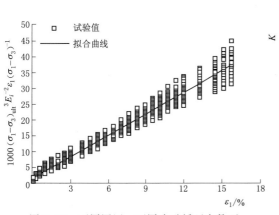

图 8.23 不同围压、不同冻融循环次数下堤岸粉土的归一化曲线

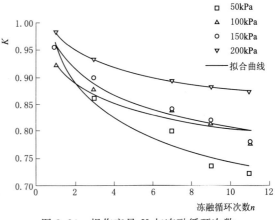

图 8.24 损伤变量 K 与冻融循环次数 n 的关系

表 8.4 　　　　　　　　　　　　 **A、B 拟 合 参 数 表**

σ_3	A	B	R^2
50	0.9642	0.113	0.9596
100	0.9303	0.064	0.9185
150	0.9664	0.079	0.9461
200	0.9842	0.05	0.9951

由表8.4可知，模量损伤比 K 与冻融循环次数 n 存在较强的指数关系，因此，可对模量损伤比 K 用式（8.19）进行表示：

$$K = An^B \qquad (n \neq 0, n \in N^+)$$

（8.19）

式中：A、B 均为拟合参数；n 为冻融循环次数。

对于未循环样其模量损伤比与 A、B 的值无关始终为1，并且，参数 A 随围压的增大而不断减小，参数 B 则随围压增大而呈先增加后稳定的趋势，建立参数 A、B 与围

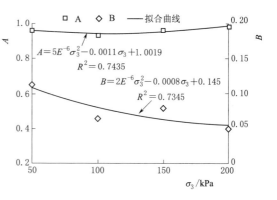

图 8.25 拟合参数 A 和 B 随围压 σ_3 的变化

压的关系曲线如图8.25所示，得其与围压的关系，可用多项式来表达，相关性较强。

$$A = 5E^{-6}\sigma_3^2 - 0.0011\sigma_3 + 1.0019$$

（8.20）

$$B = 2E^{-6}\sigma_3^2 - 0.0008\sigma_3 + 0.145$$

（8.21）

将式（8.20）、式（8.21）代入式（8.19）中，可得模量损伤比与冻融循环次数 n 及围压 σ_3 之间的关系式：

$$K = (5E^{-6}\sigma_3^2 - 0.0011\sigma_3 + 1.0019)n^{(2E^{-6}\sigma_3^2 - 0.0008\sigma_3 + 0.145)}$$

（8.22）

用式（8.18）及式（8.22）对冻融循环次数为1、5、9、13、15的应力-应变关系进行预测，结果如图8.26所示。可见，以 $(\sigma_1 - \sigma_3)_{ult}^3/E_i^2$ 为归一化因子可对最优含水率黄河堤岸粉土不同冻融循环次数下的应力-应变关系进行归一化分析，其相关程度较高，归一化效果好。同时，通过对模量损伤比在不同冻融次数后数值上的修正后，可使归一化方程对不同冻融循环次数，不同固结围压下的黄河堤岸粉土固结不排水应力-应变关系曲线起到预测的作用，且预测效果好。

4. 饱和含水率下堤岸粉土应力-应变关系曲线的归一化分析

对饱和含水率下黄河堤岸粉土的应力-应变关系仍使用该归一化因子进行归一特性分析，以探究同种归一化因子及条件下，对两种特征含水率下土样的应力-应变关系是否均适用。同理，根据饱和含水率下堤岸粉土的三轴应力-应变关系曲线，基于式（8.7）绘制不同冻融次数下堤岸粉土的 $\varepsilon_1/(\sigma_1 - \sigma_3) - \varepsilon_1$ 关系曲线，并依据曲线求得不同冻融次数下饱和含水率拟合参数值。

由不同冻融循环次数，饱和含水率下粉土三轴剪切数据可知，当初始切线模量 $E_i = 0$ 时，$(\sigma_1 - \sigma_3)_{ult}$ 也为 0。而对饱和含水量下，不同冻融次数、不同围压下的极限偏应力与初始切线模量的数据，可将二者进行线性分析，拟合直线如图8.27所示，直线通过原点，可用式（8.23）进行表示。对于其初始切线模量与围压之间的关系则可用式（8.24）来表示，拟合曲线如图8.28所示。

$$(\sigma_1 - \sigma_3)_{ulti} = 0.0712E_i$$

（8.23）

$$E_0 = 26.828\sigma_3 + 3070.5$$

（8.24）

式中：$(\sigma_1 - \sigma_3)_{ulti}$、$E_i$ 分别为不同冻融循环次数下的极限偏应力和初始切线模量值；i 为所经历冻融循环的次数。

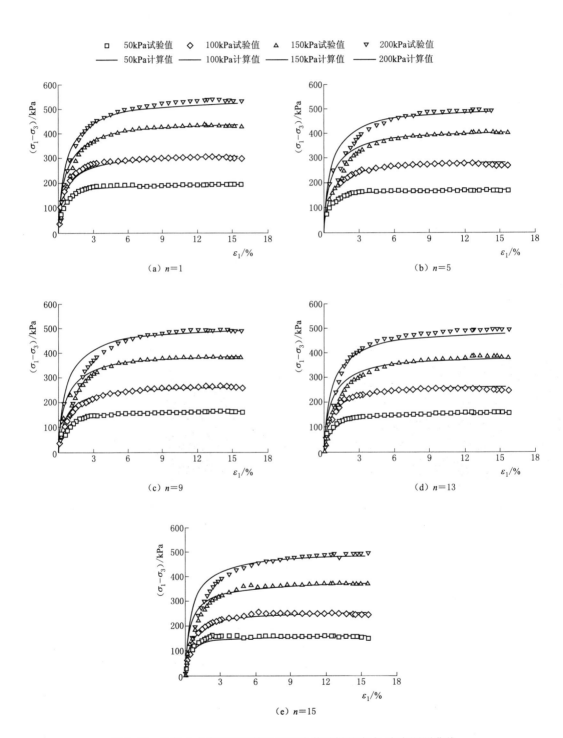

图 8.26　最优含水率下不同冻融循环次数试样的应力-应变预测曲线

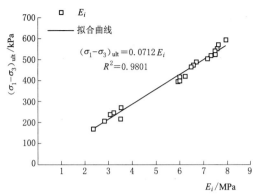

图 8.27 初始切线模量与主应力差
渐近值的关系

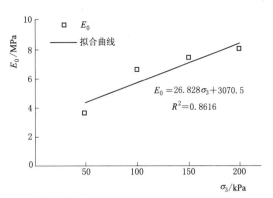

图 8.28 未循环处理粉土初始切线模量
与围压关系

将归一化因子 $(\sigma_1 - \sigma_3)_{\mathrm{ult}}^3 / E_i^2$ 代入应力-应变关系曲线，经整理可得归一化关系曲线（图 8.29）及黄河堤岸粉土饱和含水率下，不同冻融次数的归一化方程［式（8.24）］。

$$\sigma_1 - \sigma_3 = \frac{0.3609 \times (0.2683\sigma_3 + 30.705)}{0.664\varepsilon_1 + 0.4095} \cdot K\varepsilon_1$$

$$(8.25)$$

基于归一化方程，可对饱和含水率下，经历 1、5、9、13、15 次冻融循环的堤岸粉土三轴试验曲线进行预测，其计算值与试验值预测精度如图 8.30 所示。

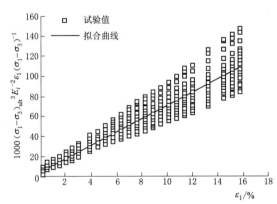

图 8.29 不同围压、不同冻融循环次数下堤岸
粉土的归一化曲线

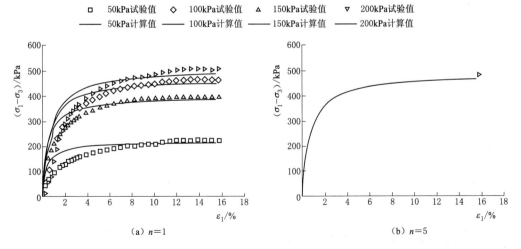

图 8.30（一） 饱和含水率下不同冻融循环次数试样的应力-应变预测曲线

233

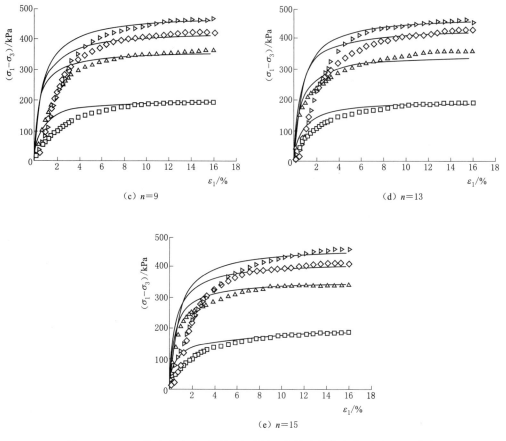

图 8.30（二）　饱和含水率下不同冻融循环次数试样的应力-应变预测曲线

由图 8.30 可知，对于最优含水率及饱和含水率下，经历不同冻融次数后的粉土，其三轴应力-应变关系曲线均可用同一归一化因子 $(\sigma_1-\sigma_3)_{\mathrm{ult}}^3/E_i^2$ 进行归一化性状分析，且所得归一化方程应力-应变关系计算值也与试验实测值较接近。

8.5　基于南水模型冻融粉土的本构关系的建立

8.5.1　应变软化型曲线模型及其参数

对于 15％含水率下，经历不同冻融循环次数后堤岸粉土的三轴应力-应变曲线可以看出，由于土样初始含水量较低，土样在低围压下（50kPa）存在明显的应变软化现象，即在应力峰值点后，土样的应力随应变的增加而降低并趋于恒定常数，此类曲线可归一化的程度低，关系曲线如图 8.31 所示。

南京水利科研院沈珠江曾通过建立南水模型来描述应变软化型应力-应变曲线，公式如下：

$$\sigma_1 - \sigma_3 = \frac{\varepsilon_a(a + c\varepsilon_a)}{a + b\varepsilon_a} \tag{8.26}$$

式中：ε_a 为三轴试验中试样产生的应变，a，b，c 为试验参数。

因此，为能描述图 8.31 中所示的应力-应变关系，故将曲线分为两种情况即：结构完整阶段及峰值后破损阶段，同时基于南水模型对曲线进行分析。设这种应力-应变关系曲的数学表达式为

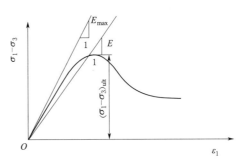

图 8.31　应变软化型应力-应变关系

$$\sigma_1 - \sigma_3 = E_{0i} K_i \frac{\varepsilon_1}{1 + a\varepsilon_1} \left(\frac{1 + a_2\varepsilon_1}{1 + a_3\varepsilon_1} \right)$$

$$(8.27)$$

对式（8.27）恒等变换得

$$\frac{\sigma_1 - \sigma_3}{\varepsilon_1} = E_{0i} K_i \frac{1}{1 + a\varepsilon_1} \left(\frac{1 + a_2\varepsilon_1}{1 + a_3\varepsilon_1} \right) \tag{8.28}$$

式中：E_{0i} 为不同冻融次数后所对应的初始割线模量；K_i 为不同冻融循环次数后，土体的模量损伤比，$K_i = E_i / E_0$；a_1，a_2，a_3，为试验修正参数。

令 $f(\varepsilon_1) = (1 + a_2\varepsilon_1) / (1 + a_3\varepsilon_1)$，此为应力-应变关系曲线的一个调整系数，由 $f(\varepsilon_1)$ 可知：

(1) 当 ε_1 趋近于 0 时，$f(\varepsilon_1)$；ε_1 而当趋近于 $+\infty$ 时，$f(\varepsilon_1) = a_2 / a_3$。

(2) 令 $a_2 < a_3$，$f(\varepsilon_1) < 1$，随着 ε_1 的增大，$f(\varepsilon_1)$ 呈递减趋势。

由割线模量 $E = (\sigma_1 - \sigma_3) / \varepsilon_1$，代入式（8.28），得：

$$E = E_{0i} K_i \frac{1}{1 + a_1\varepsilon_1} \left(\frac{1 + a_2\varepsilon_1}{1 + a_3\varepsilon_1} \right) \tag{8.29}$$

而土体的初始切线模量：

$$\overline{E} = \frac{d(\sigma_1 - \sigma_3)}{d\varepsilon_1} \tag{8.30}$$

代入式（8.30）可得：

$$\overline{E} = E_{0i} K_i \frac{1}{(1 + a_1\varepsilon_1)(1 + a_3\varepsilon_1)} \left[\frac{\varepsilon_1(a_2 - a_3)}{1 + a_3\varepsilon_1} + \frac{1 + a_2\varepsilon_1}{1 + a_1\varepsilon_1} \right] \tag{8.31}$$

因此，由式（8.31）可知，应力是随着应变的增加呈递减趋势，且当应变持续增加后，应力会逐渐趋近于一个常数，这样所定义的曲线类型符合应变软化的特征。其中，式（8.31）共有 4 个参数，即 E_{0i}、K_i、a_1、a_2、a_3 待确定。

8.5.2　模型参数确定

1. 模量损伤比 K_i

当土体经受不同冻融循环次数后，土的力学性质会发生弱化，其模量也会产生一定程度的损伤。同时，根据试验结果表明，模量的损伤与围压的效果相同，同样会对应力-应变关系曲线产生显著影响。现定义 E_0 为未冻融土的初始切线模量，E_i 为不同冻融循环次数后土的切线模量，i 为冻融循环次数，记模量损伤比 $K = E_i / E_0$。

2. 不同冻融循环次数后初始切线模量 E_{0i} 的确定

由图 8.31 可知，$E = (\sigma_1 - \sigma_3)/\varepsilon_1$，因此可将不同冻融次数、15% 含水率下粉土的三轴试验数据代入，计算出相应的 ε_1 值与 $1/E$ 值，并绘制 $1/E - \varepsilon_1$ 关系曲线，曲线与 $1/E$ 轴的截距即为 $1/E_{0i}$。

3. 参数 a_1、a_2、a_3 的确定

Kondner 曾提出土样的应力与应变是呈双曲线关系，之后，基于邓肯等人所建立的 Ducan - Chang 模型可计算土体的切线模量，表达式如下：

$$\sigma_1 - \sigma_3 = \frac{\varepsilon_1}{a + b\varepsilon_1} \tag{8.32}$$

式中：a、b 为试验参数。

由图 8.31 可知，当 $\varepsilon_1 = 0$ 时，$E = E_i$，则有

$$a = \frac{1}{E_i} \tag{8.33}$$

而当应变 ε_1 趋于无穷大时

$$b = \frac{1}{(\sigma_1 - \sigma_3)_{\text{ult}}} \tag{8.34}$$

定义应力破坏比 R_f 为

$$R_f = \frac{(\sigma_1 - \sigma_3)_f}{(\sigma_1 - \sigma_3)_{\text{ult}}} = \frac{\text{破坏强度}}{(\sigma_1 - \sigma_3) \text{极限渐进值}} \tag{8.35}$$

$$b = \frac{1}{(\sigma_1 - \sigma_3)_{\text{ult}}} = \frac{R_f}{(\sigma_1 - \sigma_3)_f} \tag{8.36}$$

而在邓肯-张模型中，由式（8.32）可得：

$$\overline{E} = \frac{a}{(a + b\varepsilon_1)^2} = \frac{\dfrac{1}{E_i}}{\left[\dfrac{1}{E_i} + \dfrac{\varepsilon_1 R_f}{(\sigma_1 - \sigma_3)_f}\right]^2} \tag{8.37}$$

将式（8.33）、式（8.36）代入式（8.32），并对式（8.32）进行恒等变换得：

$$\varepsilon_1 = \frac{(\sigma_1 - \sigma_3)a}{1 - b(\sigma_1 - \sigma_3)} = \frac{\sigma_1 - \sigma_3}{E_i\left[1 - \dfrac{R_f(\sigma_1 - \sigma_3)}{(\sigma_1 - \sigma_3)_f}\right]} \tag{8.38}$$

根据摩尔-库伦强度准则，围压与初始切线模量之间的关系可采用 Janbu 的经验关系得

$$E_i = K_0 \left(\frac{\sigma_3}{Pa}\right)^n \tag{8.39}$$

式中：K_0、n 均为无量纲试验参数，Pa 为一个标准大气压值（$Pa = 101.4\text{kPa}$）。

因此，可将式（8.38）及式（8.39）代入到式（8.37）：

$$\overline{E} = K_0 Pa \left(\frac{\sigma_3}{Pa}\right)^n \left[1 + \frac{R_f(\sigma_1 - \sigma_3)(1 - \sin\phi)}{2c\cos\phi + 2\sigma_3\sin\phi}\right]^2 \tag{8.40}$$

此时，可根据三轴试验数据求出峰值处的主应力差 $(\sigma_1 - \sigma_3)_{\max}$ 与对应的 $\varepsilon_{1\max}$，及 $E = (\sigma_1 - \sigma_3)/\varepsilon_1$ 代入式（8.29）可得

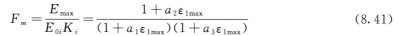

$$F_m = \frac{E_{max}}{E_{0i}K_i} = \frac{1 + a_2\varepsilon_{1max}}{(1 + a_1\varepsilon_{1max})(1 + a_3\varepsilon_{1max})} \tag{8.41}$$

改写式（8.41），可得

$$A_1 a_2 + A_2 a_3 = R_1 \tag{8.42}$$

式中：$A_1 = \varepsilon_{1max}$，$A_2 = -(1 + a_1\varepsilon_{1max})F_m\varepsilon_{1max}$，$R_1 = (1 + a_1\varepsilon_{1max})F_{max} - 1$。

同时，随机选取应力-应变曲线峰值后一点 n 点，其所对应的主应力差为 $(\sigma_1 - \sigma_3)_n$，应变为 ε_{1n}，同样代入式（8.29）可得

$$F_n = \frac{E_n}{E_{0i}K_i} = \frac{1 + a_2\varepsilon_{1n}}{(1 + a_1\varepsilon_{1n})(1 + a_3\varepsilon_{1n})} \tag{8.43}$$

式中：$F_n = E_n/E_{0i}K_i$，$E_n = (\sigma_1 - \sigma_3)_n/\varepsilon_n$。由式（8.43）可得

$$A_{1n} a_2 + A_{2n} a_3 = R_n \tag{8.44}$$

式中：$A_{1n} = \varepsilon_{1n}$，$A_{2n} = -(1 + a_1\varepsilon_{1n})F_n\varepsilon_{1n}$，$R_n = (1 + a_1\varepsilon_{1n})F_n - 1$。

因此，可由式（8.41）~式（8.44）联立求出 a_1，a_2，a_3，首先假定一个 a_1 值，根据式（8.42）及式（8.44）得出 a_2，a_3 的值，因为 E_{max}，E_{0i} 及 K_i 的值已知，将各个参数值代回式（8.40）中求出对应的 $\overline{E}'$ 值，将 $\overline{E}'$ 值与式（8.31）所得的 $\overline{E}'$ 做对比，如若二者相差较大，则重新假定 a_1 的大小，直至所得 $\overline{E}'$ 值与南水模型中的 $\overline{E}$ 值近似相等，则假定 a_1 值准确，从而计算得出相应的实际 a_2、a_3 值。实验参数值见表 8.5。

表 8.5　　　　　　　　　　　不同冻融循环次数下模型参数表

模型参数冻融次数 n	K_i	a_1	a_2	a_3	E_{0i}/kPa
0	1	1.5	1.55	8.28	357.14
1	0.9981	1.3	1.21	6.43	285.71
3	0.9778	0.8	1.42	10.69	243.90
5	0.9852	1.1	2.00	10.59	227.27
7	0.9711	0.9	1.79	10.86	212.77
9	0.9496	0.9	1.83	10.86	212.77
11	0.9574	1.05	1.9	10.17	208.33

8.5.3　模型的验证

基于 15%含水率、50kPa 围压下不同冻融循环后堤岸粉土的三轴试验数据，所得模型计算值与试验值拟合关系如图 8.32 所示。

根据 50kPa 围压下 15%含水率堤岸粉土应变-应变曲线拟合图可以看出，在 0~11 次冻融循环下，模型计算值与试验实测值基本拟合，但所求计算值要稍大于试验实测值，且峰值点之后的应力-应变关系曲线会出现快速下降现象，这是由于多次冻融导致土体硬化，在剪切过程中可能出现脆性破坏，导致拟合的结果不是很好，但在应力峰值点及峰值前曲线拟合程度高，模型计算值与试验实测值较接近，应用中偏安全。

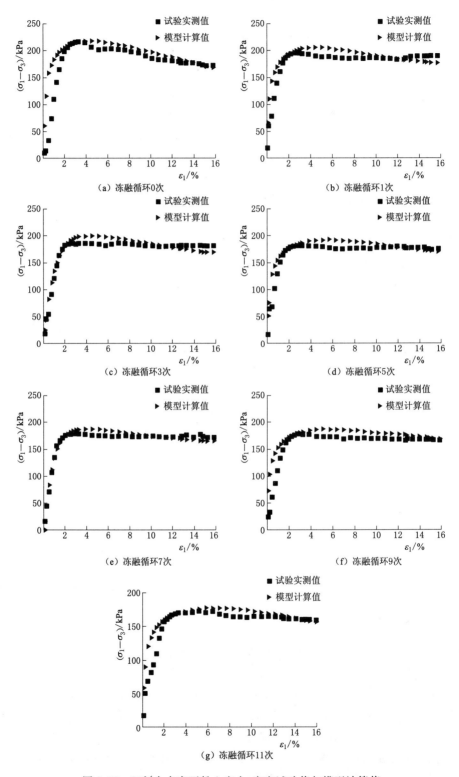

图 8.32 15%含水率下粉土应力-应变试验值与模型计算值

8.6　本章小结

本章以黄河（内蒙古段）头道拐水文站上游官牛犋堤岸处岸坡原状及重塑土体为研究对象，进行土体基本物性试验，同时考虑该区域为季节性冻土区，分别配置 15%，18.2%，21% 及饱和四种含水率的土样，制成三轴试验土柱，放入高低温冻融箱内，在一15℃及 15℃温度下进行不同次数的冻融循环试验，之后将未冻融及冻融处理后的试验土样进行三轴固结不排水剪切试验，以研究冻融循环对土体力学性质的影响规律，并结合相应的模型进行分析，充分研究黄河堤岸土体在冻融侵蚀作用下其力学机理的变化规律，所得试验结果如下：

（1）对黄河堤岸土体进行了较为系统的室内基本物理性质试验，测定了堤岸土体的颗粒级配、最大干密度、最优含水率、液塑限、比重、土水特征曲线等物理性质指标，判别了黄河堤岸土体所属类别，并得到了堤岸粉土不易击实、孔隙率高、其承载能力受含水量影响显著等工程特性。

（2）冻融期堤岸土体温度变化随时间呈"先降后升、冻慢融快"的特点。冻土层土体湿度在冻结初期下降，冻结稳定期上升，融化期趋于稳定，且冻结初期和冻结稳定期土体湿度呈日周期性变化，沿深度方向，80cm 深处土体湿度最大，并沿上下逐渐减小。冻融期土体温度主要受累积负温绝对值影响，二者呈显著的二次曲线关系，深度越深显著性越大。沿深度方向土体湿度的分布主要取决于土体颗粒粒径与土体密度。

（3）当 4 种不同含水率下的堤岸粉土，在经历不同冻融循环次数（0～15 次）后，放置在不同围压条件下（50kPa、100kPa、150kPa、200kPa）进行三轴固结不排水剪切试验（CU 试验），得到冻融条件下黄河堤岸粉土的应力-应变关系曲线、抗剪强度的变化规律、及抗剪强度指标的劣化机理。当堤岸粉土的含水率大于等于最优含水率时，其三轴应力-应变关系曲线整体呈应变稳定型或应变硬化型，且低围压下，土样含水率越高曲线峰值后硬化现象越明显，而 15% 含水率时，堤岸粉土在不同冻融循环次数后，应力-应变关系曲线存在明显的峰值后软化现象。同一含水率下，粉土应力-应变关系曲线随冻融次数的增加而逐渐降低，其中经历一次冻融循环对土体应力峰值影响最大，应力-应变关系曲线降幅最大，直至 7 次冻融循环后曲线趋于稳定。

（4）依据三轴试验数据，绘制应力摩尔圆求得不同含水率、不同冻融次数下堤岸粉土的黏聚力及内摩擦角，发现在同一含水率下，黏聚力随冻融循环次数的增加而逐渐降低，且在第 9 次冻融循环后开始趋于稳定，其中第一次冻融循环对粉土的黏聚力影响最大，同时，初始含水率越高的土样在多次冻融后，其黏聚力也越低。

（5）不同含水率条件下，内摩擦角随冻融循环次数的增加呈现先减小，在 7～9 次冻融后又逐渐增大并趋于稳定的波动变化，整体变化幅度小于 1°，受冻融循环作用的影响并不显著，但含水率的变化对土体内摩擦角影响较大。同时证明黄河堤岸粉土在冻融侵蚀的作用下，其抗剪强度的变化主要表现在冻融循环作用对黏聚力的影响，而受内摩擦角的影响较小。

（6）基于邓肯-张模型及南水模型理论，依据不同含水率、不同冻融循环次数下的三轴试验数据建立相应的本构模型进行分析，由于最优含水率及饱和含水率下粉土的应力-应变关系曲线较为稳定，可用 Kondner 双曲线函数描述其应力-应变关系特性，故选用相同归一化因子 $(\sigma_1 - \sigma_3)_{\text{ult}}^3 / E_i^2$ 对两种含水率下的应力-应变关系曲线进行归一，其归一化特性较高，且归一化效果好，并依据此归一化因子建立归一化方程，均能对两种含水率、不同冻融次数下的应力-应变曲线进行较好的预测；而由于 15％ 含水率下粉土的应力-应变关系曲线峰值后软化现象较明显，则基于南水模型在曲线表达式种加入调整系数，并结合邓肯-张模型中对切线模量 $\overline{E}$ 的计算方式，求出所需模型参数，模型预测值与试验实测值较接近，能够较好地描述黄河堤岸粉土在不同冻融循环次数后应变软化的特征。

参 考 文 献

［1］　马巍，王大雁．冻土力学［M］．北京：科学出版社，2014．

［2］　侯素珍，常温花，王平，等．黄河内蒙古河段河床演变特征分析［J］．泥沙研究，2010（3）：44 - 50．

［3］　中华人民共和国水利部．土工试验方法标准：GB/T 50123—1999［S］．北京：中国计划出版社，1999．

［4］　VIKLANDER P．Permeability and volume changes in till due to cyclic freeze/thaw［J］．Revue Canadienne De Géotechnique，2016，35（3）：471 - 477．

［5］　牛春霞，杨金明，张波，等．天山北坡季节性积雪消融对浅层土壤水热变化影响研究［J］．干旱区资源与环境，2016，30（11）：131 - 136．

［6］　任景全，王冬妮，刘玉汐，等．吉林省土壤冻融的逐日变化及与气温、地温的关系［J］．冰川冻土，2019，41（2）：324 - 333．

［7］　JING Q，ZHENG Y J，CUI X Z，et al．Evaluation of dynamic characteristics of silt in Yellow River Flood Field after freeze - thaw cycles［J］．Journal of Central South University，2020，27（7）：2113 - 2122．

［8］　OZGAN E，SERIN S，ERTURK S，et al．Effects of freezing and thawing cycles on the engineering properties of soils［J］．Soil mechanics and foundation engineering，2015，52：95 - 99．

［9］　KOK H，MCCOOL D K．Quantifying freeze - thaw induced variability of soil strength［J］．Transactions of the ASAE，1990，33（2）：501 - 506．

［10］　朱元林，吴紫汪，何平，等．我国冻土力学新进展及展望［J］．冰川冻土，1995，17：6 - 14．

［11］　齐吉琳，张建明，朱元林．冻融作用对土结构性影响的土力学意义［J］．岩石力学与工程学报，2003，22（2）：2690 - 2694．

［12］　肖军华，刘建坤，彭丽云，等．黄河冲积粉土的密实度及含水率对力学性质影响［J］．岩土力学，2008，29（2）：409 - 414．

［13］　NAGARE R M，SCHINCARIO R A，QUINTON W L，et，al．Effects of freezing on soil temperature freezing front propagation and moisture redistribution in peat：laboratory investigations［J］．Copernicus publications：Hydrol Earth Syst Sci，2012，16：501 - 515．

［14］　李作勤．粘土归一化性状的分析［J］．岩土工程学报，1987，9（5）：67 - 75．

［15］　ROSCOE K H，BURLAND J B．On the generalized stress - strain behaviour of wet clay［J］．Engineering Plasticity，Cambridge Uni，1968．

［16］　张勇，孔令伟，孟庆山，等．武汉软土固结不排水应力-应变归一化特性分析［J］．岩土力学，

2006, 27 (9): 1509 - 1514.

[17] 李向东, 张永光, 向平方. 三轴压缩下砂土本构关系的归一化特性及数值建模方法 [J]. 岩石力学与工程学报, 2008, 27 (1): 3082 - 3087.

[18] 曾志雄, 孔令伟, 李晶晶, 等. 干湿-冻融循环下延吉膨胀岩的力学特性及其应力-应变归一化 [J]. 岩土力学, 2018, 39 (8): 2895 - 2904.

[19] KONDNER R L, HQRNER J M. Triaxial compression of a cohesive soil with effective octahedral normal stress control [J]. Canadian Geotechnical Journal, 1965, 11 (1): 40 - 52.

[20] KONDNER R L. Hyperbolic stress - strain response: cohesive soils [J]. Journal of the soil mechanics foundations and division, 1963, 89 (SM1): 115 - 143.

[21] 沈珠江. 南水双区服面模型及其应用 [C]. 西安: 海峡两岸土力学及基础工程地工技术学术研讨会论文集, 1994: 152 - 159.

[22] DUNCAN J M, CHANG C Y. Nonlinear analysis of stress and strain in soils [J]. Soil mechanics and foundations division, 1970, 96 (5): 1630 - 1653.

[23] 常丹, 刘建坤, 李旭, 等. 冻融循环对青藏粉砂土力学性质影响的试验研究 [J]. 岩石力学与工程学报, 2014, 33 (7): 1496 - 1502.